国家自然科学基金重点资助项目（批准号：59838290）
上海市重点学科建设项目资助（沪教科2001－4）

当代城市规划理论与实践丛书

陈秉钊　主编

快速城市化进程中的城市规划管理

冯现学　著

中国建筑工业出版社

图书在版编目（CIP）数据

快速城市化进程中的城市规划管理／冯现学著.
北京：中国建筑工业出版社，2006
（当代城市规划理论与实践丛书）
ISBN 7－112－08533－0

Ⅰ.快... Ⅱ.冯... Ⅲ.①城市规划－研究②城市管理－研究 Ⅳ.①TU984②F293

中国版本图书馆 CIP 数据核字（2006）第 109687 号

责任编辑：陆新之
责任设计：崔兰萍
责任校对：张树梅 王金珠

当代城市规划理论与实践丛书
快速城市化进程中的城市规划管理
冯现学 著
*
中国建筑工业出版社出版、发行（北京西郊百万庄）
新 华 书 店 经 销
北京嘉泰利德公司制版
北京云浩印刷有限责任公司印刷
*
开本：787×1092 毫米 印张：20 字数：304 千字
2006 年 9 月第一版 2006 年 9 月第一次印刷
印数：1—3000 册 定价：45.00 元
ISBN 7－112－08533－0
(15197)

本社网址：http://www.cabp.com.cn
网上书店：http://www.china-building.com.cn

总 序

1898 年英国 E · 霍华德《田园城市》问世象征了现代城市规划理论的诞生。过去的一百年，世界在城镇化的重大发展时期里，城市规划理论得到重大的发展。

由于城市规划毕竟是一门应用性的学科，要把城市规划的理论付之实践，要把理论落实到地上，必然需要得到工程技术学科的支持。霍华德亲自领导，于 1903 年在距伦敦中心 56km 的赫特福德郡（Hertfordshire）购置了 1545hm^2 乡村土地，创建的第一座田园城市莱契沃斯（Letchworth），是请建筑师 R · 昂温和 B · 帕克负责编制城镇规划方案的。

也许正是在城市规划的日常实践中，建筑师的工作是大量的，所以导致城市规划学科的技术层面，物质形态的部分内容逐渐占据了突出的地位。于是《田园城市》中城市物质形态（Physical）的部分被一代又一代地强化，而作为城市规划理论更本质的部分，城市规划、建设、管理中的社会目标、经济分析、经营管理、社会团体的参与，等等，却逐渐被淡忘了。“把城市看成是一种扩大形式的建筑学，那就是建筑师设计单幢建筑，城市规划师设计建筑群”（I · 帕金森）。①

然而在城市规划工作者中，毕竟有些人看到了在物质形态的背后更本源的东西，“我们同行们逐渐了解到，最根本的社会和经济的力量，它是形成我们环境的最重要因素，任何成功的城镇设计，必须以

---

① 英国皇家城市规划学会原主席。

他们的社会和经济力量为出发点。”（W·鲍尔）[①]，包括许多建筑师也看到了，“在当代条件下，建筑继续存在于城市之中，是城市的一部分，使城市生活的某些空间得以物质化。然而，今天更胜于过去者，就是我们意识到城市要多出于它的建筑物和建筑学。……所有这些，都不仅是完全逃出了建筑师日常职业实践的范围，而且，我们习以为常的分析手段和建造项目都无法对这些条件提供答案”（I·S·莫拉勒）[②]。

《当代城市规划理论与实践丛书》不是对霍华德开创的现代城市规划理论的否定，恰恰相反，而是对当前尤其是我国在向市场经济体制转轨中，城市规划、建设和管理遇到的许多问题，对《田园城市》所包含的许多被淡忘了的内容的追回。我们是力图立足于城市规划，由此走出去，从史学、哲学、系统工程学等获得思想武器，从经济学、社会学、管理学、法学、地理学等科学中汲取养料，最后要走回来，解决城市规划当前所面临的问题。

城市规划主要是政府行为，随着我国加入 WTO 之后，政府职能将更进一步转变，本丛书将从技术层面转向政策层面，以政府的作为为主要内容。

城市规划学科是一个综合体，也是一个多面体，《当代城市规划理论与实践丛书》是力求从更多视角来观察、分析城市和城市规划。它绝非否定以往的视点，而是一种补充。因为单纯的形态设计已经不能使我们达到霍华德田园城市理想的彼岸。丛书是献给新世纪城市规划的第三个春天。

陈秉钊

于 2002 年 1 月

---

① 英国利物浦城市规划处原处长．城市的发展过程．中国建筑工业出版社，1981

② 第十九届世界建筑师大会主题报告．现在与未来：城市中的建筑学．Ignasi de sola-Morales. 张钦楠译．建筑学报，1996（10）

序

我国正快速地城镇化，城镇建设活动规模与速度空前。特别是当前我国正处于经济和社会发展的战略变化时期，政治、经济和社会管理体制改革不断深化，在此背景下，兼有社会运动、政府行为和专业技术特征的城市规划也在经历着深刻的变革。城镇建设不仅是规划、设计的行为，更是组织、管理、实施的行为。

对城市规划管理机制改革的研究，国内外各领域专家学者都已进行了大量的探索，城市规划实践中也涌现了许多很好的经验和模式。本书的特点是紧密结合我国快速城镇化的背景，从多学科的角度对城市规划管理机制进行系统的研究，对于充实和完善城市规划学科、指导城市规划管理实践，具有重要的理论价值和实际意义。

冯现学同志在我国快速城镇化的典型地区深圳，从事城市规划管理工作多年，积累了丰富的规划行政管理工作经验，有着切身的体验，同时善于思考，具有较广的视野、较深的理论知识。本书内容丰富、有所创新，具有以下特点：

第一，从行政管理学、公共决策学、社会学、制度经济学等多学科角度对快速城镇化地区的城市规划管理机制进行了研究，分析了快速城镇化进程中城市规划失效的原因，具有鲜明的时代意义。

第二，在多学科研究的基础上，提出了城市规划决策、执行、监督相对分离与协调的“城市规划行政三分论”，并分别对其制度变迁方向进行了研究，如城市规划委员会制度化、行政执行程序法定化、公众参与法制化等，有助于推动我国民主化的进程。

第三，从城市规划的未来导向性和现实针对性两大特征，及城市规划的社会运动、政府行为、科学技术三大要素构成出发，结合案例提出并阐述了城市规划决策、执行、监督机制的构成与内涵，具有较强的现实意义。

城市规划管理机制的改革是一项长期的、需要在实践中不断完善的系统工程。冯现学同志的有些观点和判断还有待于在城市规划管理实践中加以检验与完善。在快速城镇化进程中，如何发挥城市规划对经济和社会发展的调控作用，实现城市规划与政府其他职能的协同协调效应，实现城市空间资源的有效配置和合理利用，全面落实科学发展观，推动城市经济和社会的协调和可持续发展，是城市规划最重要的任务，也是城市规划管理机制研究的目标。

借此机会，希望作者继续努力，同时也希望城市规划界及相关领域的专家和学者积极参与对当前城市规划管理机制的研究，充实和拓展城市规划管理理论，创新和完善城市规划管理机制。

陈秉钊

2006 年 4 月 8 日

前言

我国城市化进程的快速推进，对城市规划和城市规划管理产生了极大的冲击。在政治、经济、社会领域的改革和发展不断深化的背景下，作为政府的一项基本管理职能，城市规划管理进行相应的调整与改革是快速城市化进程和市场经济发展的必然要求。

受传统计划经济体制的影响，我国的城市规划管理不能很好地适应由于经济的高速增长和城市化进程的快速推进带来的复杂的多变的环境，从而表现出了在宏观层面和微观层面上的失效：即未来导向性的失效和现实针对性的失效。在现实中表现为总体规划的多次修编、规划控制指标不断被突破，以及违章建筑和城中村的大量存在等。

本书跳出规划管理技术层面的研究范畴，从社会运动和政府行为两方面对快速城市化地区的规划管理失效进行分析；在当前我国渐进式改革的宏观背景下，把规划管理作为政府的一项重要职能来考察，把城市规划作为一种公共政策，放在社会运动和政府行为两大系统中寻求定位，寻求快速城市化进程中规划管理机制的改革路线图。

本书借鉴政府改革理论、公共选择理论，提出了“城市规划管理行政三分”理论；并引入应用管治理论、新制度经济学有关制度变迁的理论，提出了城市规划决策、执行、监督的相对分离与协调理论及其构建模式与途径。在城市规划决策机制部分，城市规划委员会制度的优化是实现城市规划决策过程由传统线性过程向非线性的政治化、社会化过程转变的可行路线图。在城市规划执行机制部分，提出以城市规划许可作为城市规划执行的核心内容，并通过协同机制、分级管理完善城市规划执行体系，进一步提出把行政程序法定化作为实现城市规划执行制度变迁的发展方向。在监督机制部分，提出从健全监督体系，实现全程监督、程序控制和责任追究制度等方面完善城市规划监督机制，并指出了公众参与是城市规划监督机制的制度变迁方向。

在中国渐进式改革的大潮中，本书从市民社会构建、公众参与的实现，提出城市规划管理创新的理论与机制创建。这是基于“只有把握事物发展的环境变化的方向，才能对事物发展规律有一个正确的判断”的理念，也是本书研究的指导思想及最终取向。

目录

1

绪论

1.1 快速城市化与城市规划管理

城市是人类社会现代文明的标志，是经济、政治、科技、文化、教育的中心，集中体现了国家的综合国力、政府管理能力和国际竞争力。联合国环境规划署指出："城市的成功就是国家的成功"。21 世纪世界发展的三大趋势之一就是城市化。①

1.1.1 城市化的概念

城市化是指"人类生产和生活方式由乡村型向城市型转化的历史过程，表现为乡村人口向城市人口的转化以及城市不断发展和完善的过程"。② 一般用城市人口占县域（或市域、省域）总人口的比例来表示城市化水平。但应该注意的是，城市化的概念还有其更为广泛的涵义。

首先，城市化固然是农村人口向城市集聚的过程，但这只是城市化概念的内涵之一。城市化的内涵不只是这么简单，它还包括农村居民生产和生活方式的城市化、产业结构的调整、社会生产力的发展以及城市与农村的相互关联等内容。

其次，城市化是一个国家整个国家结构的经济关系、社会结构和社会关系发展变化的综合反映，单方面地只从农村发展或城市发展的角度出发，都不能完整地理解城市化的科学内涵。城市化不仅是农村的发展，也是城市的发展，是整个社会生产力的发展。

再次，与城镇化强调农村人口向城市转移的过程相比，城市化更强调了城市的物质文明、生产方式、生活方式向农村扩散的过程。城市是现代生产方式、生活方式的聚集地，城市化过程实质上是现代化的过程。③ 城市化关注对原农村居民在失去土地后的就业机会和社会保障的提供，④ 关注城市的物质文明和生活方式等如何在原农村居民

---

① 另外两大趋势为信息化和全球化。

② 洪铁城．城市规划100问．中国建筑工业出版社，2003.33

③ 秦华．对城市化科学内涵的思考．探索，2001（6）.76

④ 温铁军认为21世纪中国问题的实质依然是农民问题，不过与20世纪农民的土地问题相比，主要体现为农民的福利性问题和就业问题（何慧丽. 回归中国 回归农民. 读书，2005（5）：164～165）。

中扩展并进而改变他们的生活、生产方式。城市化不仅仅是农民户籍的改变，更应重视城市化后原农村居民如何实现可持续发展，从而实现城市的和谐发展等问题。

另外，用区域城市人口占总人口的百分比来衡量城市化水平是一个量的指标。在城市化进程中，还应关注其质的方面。例如从区域角度看主要表现在城市化发展的速度是否与区域经济发展的速度同步，如果两者基本同步则城市化发展较为协调，质量较高；从城市内部来看主要表现在城市基础设施的完善程度、城市居民素质的高低、城市景观是否丰富而协调、城市文化是否多样、城市环境是否优美、是否有较严重的社会隔离和两极分化、具有历史和文化价值的景观和地段是否得到有效保护等方面。如果城市的基础设施较完善、居民素质高、城市景观多样而协调、城市文化多样、城市环境优美、没有严重的两极分化和社会隔离，则城市化的质量就高。也就是说，城市化的“质”不仅表现在硬件，如基础设施、生态环境、资源利用等方面上，而且表现在软件上。①

深圳——中国惟一一个没有农民的城市

“深圳是中国惟一一个没有农民的城市，如果简单以户籍人口城市化为标准的话。”深圳综合开发研究院李津逵说。但按照弗里德曼的提法，当产业都向城市集聚后，城市文明就要向农村拓展，而且向人的心理结构去拓展，这是深一层次的城市化——“今天我们多少人心理上真正变成了城市的居民了呢？他的行为方式和生活方式已经变成城市居民了吗？”

摘自：贾冬婷. 高速城市化深圳的双重图景. 三联生活，周刊，2005（48）

必须指出的是，城市化水平与经济发展水平相关，但并不呈正比关系，城市化水平高并不等于经济水平高。据联合国对拉美和加勒比海地区23个国家的统计，1900年该地区的城市居民还不到1500万，1950年该地区城市化率达到41.6%，1990年城市人口总数超过了3亿，平均城市化率高达71.4%，绝大多数国家已经完成了城市化的高

① 汤茂林. 注重城市化的“质”. 城乡建设，2001（4）：33

速发展阶段，其城市化率与西方最发达的国家相差无几[①]，但这些国家的经济发展水平却远远落后于西方发达国家。我国某些地区片面追求城市化水平而忽视相应的经济、社会发展的重要基础，比如把大量农村人口转变为城市人口，但是由于经济发展水平低不能提供相应的就业机会以及各种社会保障措施不能有效执行等，引起了许多社会问题。

1.1.2 我国城市化进程及快速城市化的内涵

建国后，我国城市化的发展历程大致可分为四个发展时期：1949～1957年的城镇化短暂健康发展阶段；1958～1960年的城市化“大跃进”阶段；1961～1976年的反城市化阶段；20世纪80年代经过拨乱反正、确定以经济建设为中心后，城镇化步入正常、快速发展的时期（图1－1）。

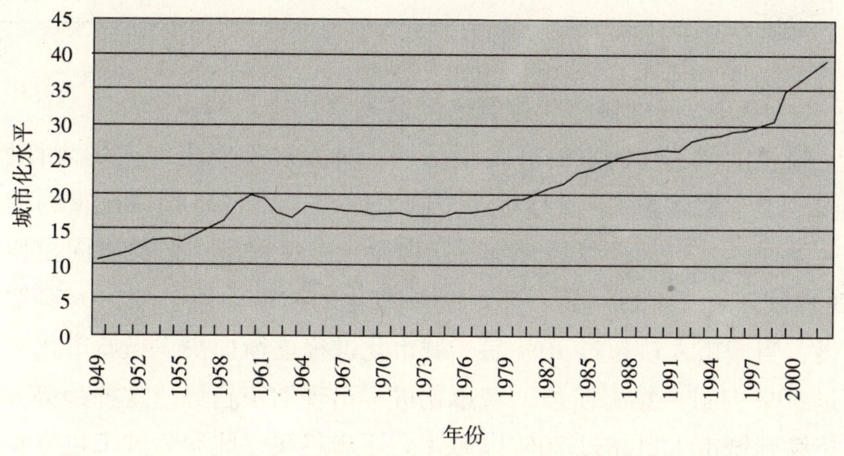

图1－1 我国城市化水平变化历程[②]

据2001年第五次人口普查资料显示，到2000年，居住在城镇的人口为45594万，约占总人口数的36%。近期发布的中国综合实力百强城市信息显示，我国城市化率在2003年已达40%。[③]

① 仇保兴．国外城市化的主要教训（续）．城市规划，2004（5）

② 中国城市发展报告（2001－2002）．中国统计年鉴（2002）：578

③ 我国城市化率逾40%．中国国土资源报．2004－11－2，1版

纵观我国城市化进程发展态势，“快速”是其主要特点之一，其内涵主要包含如下三层意思：

1.1.2.1　我国城市化进程总体态势是较为“快速”的

与世界其他各国城市化水平从20%上升至40%所需的时间上来看，我国的城市化进程从总体上是相当快速的（表1-1）。

各国城市化水平发展速度比较　　**表1-1**

国家	城市化水平从20%增至40%所需时间（年）	年平均增速（%）
英国	120	0.17
法国	100	0.2
德国	80	0.25
美国	40	0.5
前苏联	30	0.7
中国	22	0.9

1.1.2.2　我国城市化进程已经进入“快速”阶段

综观世界其他国家的城市化历程，其发展呈现出一定的规律性。美国地理学家诺瑟姆①通过对各个国家城市人口占总人口比重的变化研究发现，城市化进程具有阶段性规律，全过程呈一条被横向拉伸的S形曲线（图1-2）。第一阶段为城市化的初期阶段，城市人口增长缓慢，当城市人口超过10%后，城市化进程逐渐加快，当城市化水平超过30%时进入第二阶段，城市化进程出现加快趋势，这种趋势一直要持续到城市人口超过70%以后才会逐步趋缓，此后为城市化进程第三阶段，城市化进程停滞或略有下降趋势。而在1998年时，我国城市化水平已经达到30%左右，近几年来每年都保持了1.5至2.2个百分点的增长速度，至2004年底，全国城镇化率已逾42%。按照世界城市化进程中出现的普遍规律来看，我国已进入快速城市化的阶段。

特别是改革开放以后，在“让部分地区和部分人先富起来”政策的作用下，以珠三角为首，东南沿海开放地区经济快速发展。1980年

① Northam R. M. Urban Geography. New York John Wiley & Sons，1975

深圳、珠海、汕头、厦门4个经济特区的设立，珠三角地区城市化进入到快速发展时期。经过20多年的发展，珠三角地区涌现了多个人口超过500万的城市，按第五次人口普查资料统计，广州市、香港、深圳市、东莞市人口超过700万，成为我国大城市最密集的地区。广东省与珠三角的城市化水平已经远远高于全国的平均水平。其中，深圳用了20年的时间，走完了西方发达国家近百年才能完成的城市演化历程，也走过了日本和亚洲“四小龙”需要40年才能完成的城市功能升级转化过程，城市功能的快速形成创造了世界城市发展史上的奇迹。与此同时，珠三角大量制造业城镇开始崛起，如东莞的长安、虎门、中山的小榄等等。珠三角地区在20多年的发展过程中，能够后来居上成为我国经济最发达的地区之一，大力推进城市化进程功不可没。

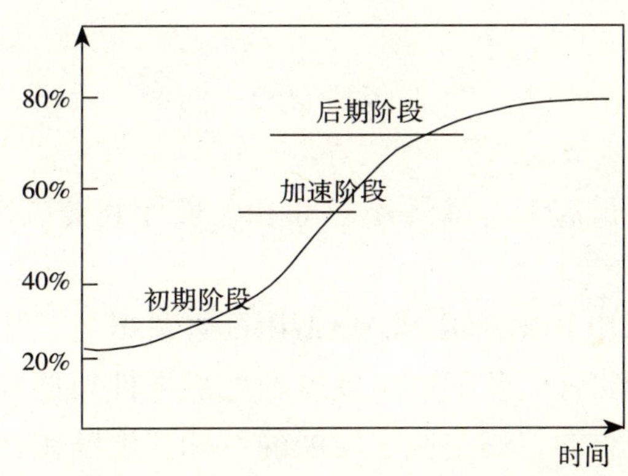

图1－2　世界城市化进程阶段性规律图

可以说，在对外开放和体制改革两大动力的强力推动下，珠三角的大、中、小城镇普遍发展，一个大都市连绵区的雏形已经形成。短短二十几年即实现了从单一城镇的发展到整个区域城镇的普遍发展。

1.1.2.3　我国城市化进程中不均衡的“快速”

尽管我国城市化进程发展非常迅速，但也不可避免地出现了区域发展的不平衡性，主要表现在：

(1) 东、中、西部三大地带之间的不平衡。以城镇非农业人口占总人口的比重作为城市化水平指标，1998 年，东部水平为 33.8%，中部为 26.6%，西部为 20.7%；东西相差 13.1 个百分点。1998 年，东部有城市 300 座，中部有 247 座，而西部只有 121 座。从城市密度来看，东、中、西部之间的差别更大。

（2）省际之间的不平衡。按照 1998 年城市化水平的高低，可以把中国 31 个省区划分为五类地区：

①城市化水平在 50% 以上，包括北京、上海和天津；

②城市化水平在 40% 至 50% 之间，包括辽宁、吉林、黑龙江、广东等四省区；

③城市化水平在 30% 与 40% 之间，包括内蒙古、江苏、湖北、海南、宁夏和新疆等六省区；

④城市化水平在 20% 与 30% 之间，包括河北、山西、浙江、福建、江西、山东、湖南、广西、四川、重庆、陕西和青海等 12 个省区；

⑤城市化水平小于 20%，包括安徽、河南、贵州、云南、甘肃和西藏等六省区。

城市化水平最高者与最低者之间相差 30 个百分点以上。

1.1.3 快速城市化给城市规划提出的新要求

城市规划的责任是依据城市发展的外部条件和自身资源禀赋，把握城市未来发展方向，确定城市发展的目标、规模和趋势，对于城市空间发展提出指引，协调城市各种发展功能的需求，满足市民对于城市经济发展、社会进步、环境改善的空间需求。

快速城市化的基本特征是高速经济发展，建设用地面积急剧扩张，城市化产生了巨大的商业机会，从而形成多元化的利益集团。对城市规划的冲击表现在规划方法、协调机制等方面。特别是由于管理机制的局限，使得目前城市规划的最大弊端就是把解决局部问题的工程技术手段当成实现城市规划社会目标的全部；本是适应全局发展的规划，由于管理部门的局限沦落为部门的实施计划。

1.1.3.1 快速城市化导致城市规划对城市发展规模失去调控作用

由于城市规模的迅速扩张，“许多城市总体规划尚未到期，但城市建设规模已完全突破原定的框框，为期20年的规划指标，不到10年、甚至5年就完成了”。①

特别是对人口增长估计严重不足，从根本上动摇了城市规划的预见性和指导意义。在城市规划中对人口状况的分析研究是一项重要的基础性工作，只有把握了人口的规模、结构特点和发展趋势，才能对城市的规模和发展方向作出正确的判断，才能在城市建设方面作出合理的决策，尤其是在住房、公共设施和市政设施等城市硬件设施的建设方面。

然而由于城市化速度的加快，伴随着产业的增长，农民工的流入规模、速度都远远超出了我们最大胆的设想。例如在《深圳市城市总体规划（1996—2010）》中，预测2000年和2005年全市人口规模分别为400万和420万人，而2000年第五次人口普查结果的人口总量为700万人，2005年尚无准确的数据，但据媒体报道大约在1000~1200万之间。②③ 大量外来人口对住房、公共设施的需求，使得各种违章建筑以及“城中村”现象在快速城市化地区尤为突出。

1.1.3.2 静态而单一性目标导向规划难以适应新形势下城市发展多元化

伴随着快速城市化，城市发展的目标更加多元化，而且随着城市的发展，指标体系还在不断变化。例如2004年深圳将率先实现现代化的目标由40项调整为38项，增加指标13项，删除指标17项，调整指标4项。④ 城市发展目标的变化给城市规划带来新的挑战。而传统的规划由于审批过程漫长，缺少有效的反馈、调整机制，往往刚审批的规划就已经“过时”了。

1.1.3.3 城市建成区向外迅速拓展导致城乡结合部建设混乱，生态用地难以维系

---

① 仇保兴．转型期间城市规划、建设与管理的若干策略．中国建筑工业出版社，2002

② 深圳人口接近1200万．摘自 http://szlife.szonline.net/Channel/content/2005/200504/20050425/150613.html

③ 深圳人口之谜．因特虎，2004-8-7

④ 深圳调整现代化指标体系．人民日报海外版（第二版），2004-2-12

快速城市化过程中城乡规划体制分割的弊病更加突出，特别是在向外围拓展的过程中带来的城乡结合部建设混乱。由于土地权属“二元制”，这一地区城市规划管理始终受到两重标准的限制，特别是对农村集体土地在城市化的“过程”中往往缺少具体管理细则，形成了规划管理的“空白地带”。① 而且当前城市规划主要关注的是建设用地，而对于城市规划中如何管理、保护、利用非建设用地的管理细则、办法都相对缺乏。加上城市建成区外围的农村居民点往往接受城市核心区的吸引，通过自发的“城市化”向城区靠拢，其建设标准很难与城市协调，土地利用率低下，造成城市外围的区域生态系统遭到破坏。

1.1.3.4 快速城市化过程中规划监督约束机制不足，违法建筑、“城中村”情况严重

由于基层规划管理和设计的力量都相对薄弱，城市规划管理部门更重视的是城市的中心地区、门户地区，对城市向外扩散的边缘地区往往忽视。而正是由于这种忽视，使在这一区域违法建设的风险较低，加上经济利益的驱动，大量的集体土地被非法转让、抢建，农业用地以使用权流转、合作开发等形式转为建设用地。导致建设布局混乱、环境恶劣，建筑隐患大。② 监督约束机制软弱，城市规划经常被政府“改来改去”或常常处于审批过程中，结果是有规划的违反规划，没有规划的自行其是，规划赶不上变化，最终导致规划缺少严肃性。

违法建筑虽然是各地城市建设中存在的共同问题，但在快速城市化地区的时空背景下，却有着不同的特征。一是违章建筑不仅存在于城乡结合部，而且存在于城乡土地空间的广大地域之间，大有“星火燎原”之势。二是在高速城市化过程中，在城市建成区内，在原农村居民点范围内形成了与周边城市环境构成鲜明反差的以原居民“一房一栋”为基本特征的特殊居住区，成为一个个“城中村”，在这些城中村中，违法建设泛滥，环境质量低下，社会治安、黄、赌、毒等社

---

① 孙玉波，城乡结合部和镇要加强规划管理，新华网，2002－8－12

② 深圳昨首次对危楼实行强制性爆炸性拆除．news. dayoo. com，2004－9－9

会问题突出。

1.1.3.5 快速城市化过程中规划对经济发展过程中人民群众日益增长的物质文化需求预见不足

在城市公共设施功能落实方面滞后，公共设施对于社区发展的适应性、对日益增长的物质文化需求的适应性不足。集中体现在文化教育、医疗卫生等方面。公共设施的标准不高、在实施中常常又难以落实。典型的例子是在旧城改造中，公共设施常常被规划在分期实施的最后一期，而当开发商在前期获利后，公共设施常常一拖再拖，最后甚至把“包袱”留给政府。

1.1.3.6 规划对多元化利益集团的博奕中如何兼顾“公平与效益”，公众利益如何保障、公众参与程度如何提高关注不够

快速城市化过程中区域发展带来的是区域之间、部门之间、利益团体之间的协调需要不断加强。但传统的城市规划手段中协调机制不健全。规划管理部门重视的是“两证一书”发放、完成上级交办任务，规划编制单位是企业运作模式，更关心的是编制结果。所有的规划协调都只能依靠执行人的个人职业道德，没有机制约束其过程中的行为。

具体体现在区域层面拘泥于“规划区”的框框，忽视了城市与周边城镇的协调发展、城市与城市间的相互作用和城市与郊区一体化发展；在部门层面则盲目地以部门的规划技术意见作为城市发展的“龙头”，忽视其他部门的发展设想和需求；在公众层面忽视公众参与，特别是多个利益团体的协调，“公众参与”仅仅停留在“公众告知”阶段，最终造成规划在执行中阻力重重。

1.1.3.7 交通规划滞后难以适应快速城市化带来的交通量高速增长

伴随着快速城市化，近年大城市机动车增长飞速，实行公交优先的城市交通战略是必然选择。然而在实践中由于城区拓展加速造成两个方面的影响：一方面对原有的城市外围地区交通设施估计不足、落实不足，例如深圳市全市的公交机动化方式分担率平均水平由1995年的35% 提高到38%，在国内位于前列。但特区外公交分担率仅为23%，而摩托车出行却占56%。另一方面由于城市化水平提高带来的

土地价值升值，使原有划拨作为公交场站的用地被挪为他用。例如：莲花山调度中心，约15000m^{2}的停车场，仅5000m^{2}作为16路公交首末站使用，其他作为大厦的配套的社会停车场。

2000年以来，深圳机动车保有量以月均超过6000台的速度高速增长，其中小汽车年均升幅超过20%，最高日上牌量近800台。2003年，深圳净增机动车12万余台，相当于内地一个地级市的汽车拥有总量。① 机动车数量的快速增长，直接导致路网车速全面下降，堵车区域不断扩大。专家指出，按国际通行标准，深圳已进入汽车消费高峰期。这除了对城市交通基础设施提出更高的要求外，还新增了大量的汽车交易市场、4S店、洗车场等用地，这些都是在原有的规划中没有安排或安排不足、布局不完善的，用简单的用地分类标准来区分新型的各种用地功能，对其规模、布局的指导都有限。

1.1.3.8 快速城市化过程中产业园区化先行导致城市功能的割裂

快速城市化过程中为了提升城市竞争力，各级政府提出多种产业发展的政策，其中大部分需要有相应的空间落实的策略，而在传统的城市规划体系中缺乏相对应的衔接，最终造成产业开发区规划建设与城市总体规划脱节，各自为政，各类工业园、软件园、生态村等肢解了城市的总体规划，给城市长远健康发展埋下了隐患。

1.2 快速城市化进程中规划管理变革的目的及意义

1.2.1 快速城市化进程中规划管理变革的目的

本书主要针对快速城市化进程中（地区）城市规划管理出现的部分失效现象，研究城市规划管理机制的改革问题。由于已经有大量的理论和实践工作者从城市规划的技术层面，研究了新形势下城市规划应作出的相应调整，本书则主要是从城市规划管理作为政府职能的一部分的角度来进行相关的探讨。作为政府重要职能的城市规划，是各级政府指导城市合理发展，建设和管理城市的重要依据和手段。城市

① 吴凡，杨静．深圳去年净增机动车12万台，深圳特区报，2004.5.19

规划的核心任务是以维护国家利益、公众利益为目的，调控空间资源的开发，实现经济社会的协调和可持续发展。城市规划作为政府行为，不仅包括对城市内部开发与建设的具体安排和协调管理，同时也包括对区域城市化与城市发展的宏观调控与综合协调。在新的形势下，作为政府宏观调控城市建设和发展的城市规划行政管理部门如何更好地履行应有的职能，促进城市的健康发展和我国快速城市化的顺利推进，是亟待研究的问题。

政府职能从内部的职权划分来说，主要涉及决策、执行和监督环节。城市化快速发展是我国经济领域出现的一个重大变化，而以决策、执行和监督相对分离（简称“行政三分”）为特征的地方行政体制改革是我国政治体制改革的一个发展方向。本书的研究目的就是在现行政治体制框架下，探讨城市规划管理机制改革的约束条件（详见本书第3章），针对快速城市化地区存在的规划失效问题（详见本书第2章），在相关理论研究的基础上，借鉴行政三分及其他理论思想，重构新形势下城市规划管理的机制，并提出渐进式改革的模式，探讨城市规划管理在决策、执行和监督环节中的模式建构（详见本书第4、5、6章）。

1.2.2 快速城市化进程中规划管理变革的意义

进一步推进我国城市化进程的健康发展，对于我国的发展有着重要的战略意义。首先它是实现我国现代化建设第三步战略部署和推进我国工业化的需要；其次它是全球化背景下提高国际竞争力的需要；同时，城市化将为保持经济持续增长提供不竭的动力，并且有利于地区的协调发展。

不容忽视的是，我国城市化的快速发展改变了原有城市规划管理的社会背景，而政府职能深刻转变的要求提供了城市规划管理变革的内部动力。我国快速城市化进程中方方面面问题的涌现，使得我们需要重新认识城市化进程中城市规划管理的作用机制。本书基于笔者多年在深圳市从事城市规划管理工作的实践经验，同时着眼于全国范围内的城市规划管理工作进展，主要是想通过对城市规划管理机制方面的研究，寻找渐进式改革体制下的城市规划管理的改进方案，为其他快速城市化地区的规划管理提供借鉴，从而更好地促进我国城市化进程的顺利推进并进而促进城市建设的有序运行和城市的可持续发展。这种由局部试点总结，然后推广至更大的范围内予以实践，是与我国渐进式改革模式的选择相吻合的，其中暗含着由诱致性制度变迁向强制性制度变迁①的西方新制度经济学的思想（详见本书第7章）。

1.3 快速城市化进程中规划管理变革的内容和框架

本书首先分析了快速城市化地区城市化进程中出现的问题，笔者认为在快速城市化地区，无论是从城市规划对城市发展的前瞻性（本书称之为未来导向性）还是从城市规划解决现实问题的实践性（本书称之为现实针对性）来分析，都存在一定程度的失效。这种“失效”一方面是指城市规划失去宏观导向、协调以及控制的功能；另一方面是指失去解决现实问题的针对性和有效性功能。通过对这些问题的综合、全面的分析，使我们不得不思考“失效”到底是城市规划制度本身引起的还是由于城市规划在整个社会系统中运行引起的？本书认为这些问题的解决从根本上来看，是要回到城市规划本身定位角度去考虑，从其在整个社会系统中的角色去研究它的作用。

城市规划的三大构成是：专业工程技术、政府管治行为和社会运动②。既然如此，解决城市规划面临的巨大任务就不能仅仅从城市规划技术的角度予以考虑。通过对城市规划、城市规划管理再定位的分析，得出城市规划在社会运动、政府行为中的角色不足，应是当前城市规划两大主要任务难以完成的主要原因。因而本书借鉴政府改革、社会运动的改革、公共管理等领域的理论，对城市规划管理中的决策、执行、监督机制的分离与协调进行研究。具体章节安排如下：

① 根据新制度经济学的解释，所谓诱致性制度变迁指的是现行制度安排的变更或替代，是由一个人或一群人在响应由制度不均衡所引致的获利机会时，而进行的自发性制度变迁，诱致性制度变迁之所以发生的基本前提是新制度安排中有获利机会的存在。而强制性制度变迁指的是由政府法令引起的对旧制度的替代与转换，强制性制度变迁的主体国家政府之所以实施制度供给与变迁，其行动的发生则来自于通过制度变迁的国家收益高于成本的激励。（梅德平．国家与制度变迁：新制度经济学的国家理论述评．湖北经济学院学报，2003（2））

② 仇保兴．城市经营、管治和城市规划的变革．城市规划 2004，（2）：18

第1章是绪论，主要介绍了本书的研究背景、研究意义和研究目的。

第2章首先阐述了城市规划具有现实针对性和未来导向性的两大特征。然后以深圳为例介绍了快速城市化地区的典型写照，同时指出了规划在其未来导向性和现实针对性方面存在的失效，并从城市规划管理的三大构成角度，从政府行为和社会运动层面对失效的原因进行了分析。

第3章从城市规划的政府行为角度来看，我国政府职能转变应该是城市规划管理改革的前提条件，因此首先分析了我国政府职能转变的历程，然后在此基础上得出我国城市规划管理的再定位：即主要集中于调控社会经济发展和应对“市场失灵”两方面。其次从政府职能的内部纵向权力划分来看，决策、执行和监督的相对分离与协调，是城市规划管理机制创新的理论基础。在本章中，对于本书所讨论的城市规划管理中的决策、执行以及监督的界限进行了界定。第三，基于制度变迁理论的讨论，指出我国城市规划管理改革的模式应该是走一条由诱致性变迁到强制性变迁、由渐进式到激进式、由局部试点到整体变革的道路。这也是我国在进行城市规划管理机制改革的过程中所应遵循的约束条件。

第4章针对城市规划的未来导向性和现实针对性，区分了城市规划的战略决策目标和战术决策目标，并分析了传统理念中城市规划决策从问题提出，目标确定，方案制订，到城市规划方案抉择的逻辑过程。在指出传统城市规划决策仅停留在线性过程误区的基础上，本书借鉴城市管治的理念研究了城市规划决策的政治过程和社会化过程。城市规划委员会作为决策核心机制，离不开信息系统和“谋”、“断”分离这两个辅助机制，而学习型政府的创建对完善城市规划决策机制，促进城市规划决策的科学化等具有重要的现实意义。作为一项比较成熟的城市规划决策制度，城市规划委员会的建立是近年来我国城市规划领域的一项重要创新举措，论文从城市规划委员会的制度化、职能整合与优化等几个方面进行了系统的分析，并论述了城市规划决策的制度变迁，归纳、总结了其主要经验。

第5章首先指出作为一项政府职能，城市规划执行实现了从计划经济向市场经济的转变。在分析了城市规划执行主体的角色之后，本书指出，在《行政许可法》施行后，规划许可成为城市规划执行的核心内容。程序控制是城市规划执行流程再造的实现方式和途径。借鉴城市管治的理念，本书提出了作为城市规划执行辅助机制的城市规划协同执行机制，以实现相关职能部门在城市规划执行上的协同。分级管理实现了城市规划执行上的分权。而行政程序法定化将为进一步完善城市规划执行机制提供法律保障，是城市规划执行制度变迁的发展方向，也是减少规划随意性、强化规划严肃性的保障。

第 6 章从对当前城市规划监督范围过于狭小的现实出发，提出必须对城市规划监督再定位——实现城市规划全过程的监督。本书从体系健全、全程监督、程序控制和责任追究等方面完善了城市规划监督机制。将城市规划行政执法纳入城市综合执法机制，实现了城市规划执行与监督的部分分离，而对综合执法的监督成为城市规划监督机制的一个新重点。公众参与机制强化了城市规划的体制外监督。最后，在指出市民社会发展促进了公众参与监督意识的觉醒，而产权制度的深化加强了公众的自觉监督意识之后，本书分析了公众参与城市规划监督的发展方向：首先是在即将修订的《城乡规划法》中予以体现，最终是《公众参与法》的出台。

第 7 章是从理论高度将城市规划管理机制的研究置于中国渐进式改革的大环境中来分析判断其意义及趋势。只有把握事物发展的环境变化的方向，才能对事物的发展规律有一个正确的判断。这是本书研究的指导思想及最终取向。

本书的研究思路及框架如图 1－3 所示。

绪论
快速城市化地区典型写照
取得的显著成绩与存在的规划失效
快速城市化进程中（地区）城市规划管理的失效
未来导向性的失效
现实针对性的失效
违法建筑与违法用地
“城中村”现象
对于快速城市化进程中（地区）城市规划管理失效的分析
（从城市规划管理的三大构成角度考察）
专业工程技术（较为成熟）
政府管治行为（不足）
社会运动（不足）
二弱一强的局面如何解决
我国政府在职能转变领域所进行的探索
政府职能转变与城市规划管理再定位
城市规划管理内部职能的相对分离
城市规划管理决策机制构建
城市规划管理执行机制构建
城市规划管理监督机制构建
快速城市化进程中城市规划管理改革研究意义的理论提升
快速城市化进程中城市规划管理机制改革的模式选择
城市规划管理改革的约束条件
城市规划管理改革的实现方式

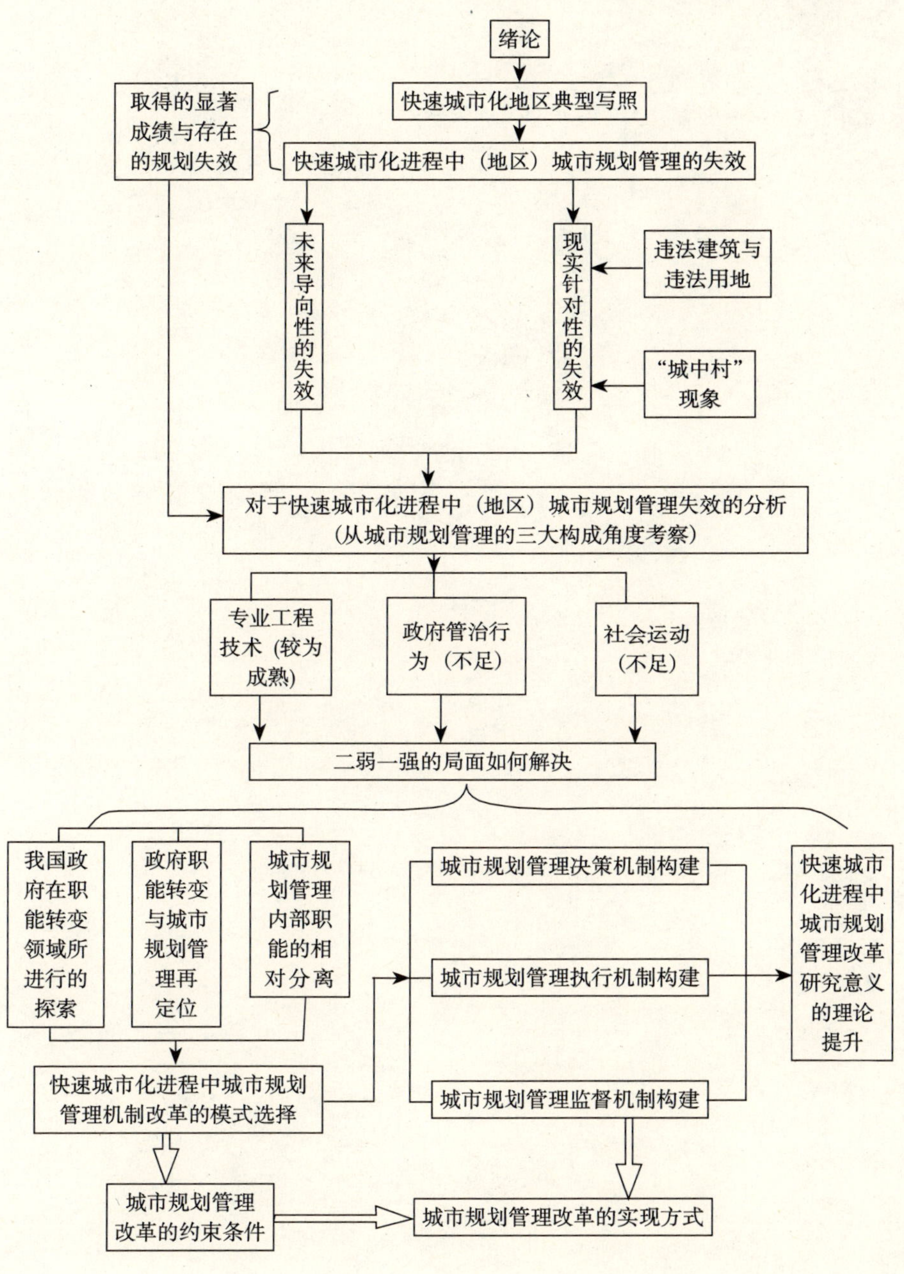

图 1－3　本书研究框架

2

快速城市化进程中城乡规划管理的失效性分析

由第1章的分析得知，我国的城市化进程中的速度快慢是不均衡的，城市化水平最高者与最低者之间相差30个百分点以上。因而对于城乡规划的现状分析应该是结合特定地区的，即这些分析需要区分地域不同带来的差异。本书将分析的地域视角集中于我国快速城市化的珠江三角洲区域。

应该肯定我国的城市规划管理工作取得了很大成绩，但同时面对社会整体的巨大转型，城市规划、城市规划管理在一些方面总是显得有些力不从心，这一直激励、鞭策着从事城市规划的研究者、实践者不断开拓，深入思考。

研究城市规划的管理离不开对城市化、城市规划问题的研究。由于城市是一个复杂的系统，城市问题、城市规划问题也广泛存在于这个巨大的系统中，几乎所有的城市问题都可以与城市规划及城市规划管理联系上。但正是由于这些问题存在的广泛性，不同的研究者从不同领域对问题有不同的分析。对城市规划问题、城市规划管理问题的分类也有所不同。对于同样的问题，视角不同，会得出不同的结论，但所有的研讨和研究都有助于我们对城市规划问题的认识和理解，从而有助于寻找更合适的解决城市规划问题的方法和思路。本书针对快速城市化进程中比较突出的问题，运用相关理论的研究成果和城市规划实践的成功经验，建立城市规划管理的创新机制，以期达到完善城市规划的三大构成要素（社会运动、政府行为、专业技术），更好地完成城市规划的两大主要任务（未来导向性和现实针对性）的目标。

“管理体制”、“管理机制”和“制度”的相关概念

“管理体制”是指人类社会组织或社区中人们之间的权力关系格局（机构的设立及其责权），关系到人们能够“做什么”的权力。“管理机制”是指（运作）涉及做事的规则，如程序、标准、原则，是在体制决定“谁（机构、岗位）”“做什么”的基础上，进一步决定“如何做”。“制度”则含义更广泛、使用更灵活（具体定义见本书3.4节），与不同的词语构成上下文时，分别有“体制”或“机制”的含义。一般说来，在谈到基本制度，如一个国家的政治、行政、经济制度时，指的是“体制”，而在一些具体的规章制度，具体的运作则是“机制”[①]。本书对于城市规划管理改革的讨论主要集中在机制层面，对这些机制层面进行的有益探讨，对我国城市规划管理的制度变革，有着积极的理论和实践意义。

摘自：①李习彬，李亚．政府管理创新与系统思维．北京大学出版社，2002：4

从城市规划的内涵上来看，城市规划就是对一定时期内城市的经济和社会发展、土地利用、空间布局以及各项建设的综合部署、具体安排和实施管理。[①] 从其类型上来看，规划具体可以分为城市总体规划和详细规划两部分。城市总体规划往往体现了规划对于城市未来空间发展方向的把握，其内容归属于战略决策目标层面，从这个意义上来看，本书认为城市规划具有未来导向性的特征；而城市的详细规划往往体现了规划对于城市当前发展需求的把握，其内容归属于战术决策目标层面，从这个意义上来看，本书认为城市规划具有现实针对性的特征。本章首先以深圳为例介绍了快速城市化地区的典型写照，然后从城市规划的作用分类角度，指出其未来导向性和现实针对性方面存在部分失效，并且对失效的原因进行了分析。

2.1 “一夜城”印象——典型的快速城市化写照

改革开放以来，中央在广东、福建东南沿海相继划定几个区域设立经济特区，旨在进行解放生产力、发展生产力的体制改革试验。同时把这些经济特区作为学习、引进、消化和吸收国外资金，引进先进技术和先进管理经验的窗口。这些区域以及周边地区就相继成为中国改革开放以来率先进入快速城市化阶段的区域。外来资本与来自内陆省份的外来劳动力在这片区域的土地空间上演绎着中国城市化史上不朽的篇章。路边历经沧桑的片片香蕉园、农田被现代化的工业小区代替，马路、铁路两旁曾有的“打炮补胎”招牌、路边店、冒着白烟的小水泥厂景象不再。而这些变化仅仅是经过了20多年，仿佛就在眼前。

① 洪城．城市规划100问．中国建筑工业出版社，2003：23

2.1.1 沧海桑田的变迁——“一夜城”崛起

以深圳为代表的城市发展正是这一时期、这一区域快速城市化的真实写照。以“一夜城”而闻名的深圳特区写下了世界城市化历史上璀璨的一页，被称为奇迹。在短短的25年时间里，深圳从一个原来总人口不足30万人、只有2.7万城镇人口的边陲小镇，发展为一个实际管理人口超过1000万人、常住人口700万人、城市功能初步完备、经济繁荣发达、结构优化合理、生态环境优良、人民生活富裕、综合实力位居全国大城市第三的特大城市。[①] 无论是深圳原居民，还是国外友人，都难以相信如此惊人的城市化速度。

国际建协第二十届大会上，国际建协主席莎拉·托佩尔松在授予深圳总体规划国际建协表扬奖时讲到：“深圳在过去15年里，人口迅速膨胀，经济高速发展，深圳市的总体规划将自然、社会、经济与城市发展有机地结合起来，为世界上经济增长迅速的城市提供了典范。”这一段评价基本体现了深圳城市规划在深圳快速城市化进程中，适应和促进了深圳经济、社会和城市的健康发展，同时深圳城市规划也在这一过程中得到了发展。

回顾深圳城市发展及城市规划的历程，大致经历了特区设立伊始至1992年的起步扩张期和1993年至今的调整提高期。城市规划顺应社会经济发展的过程和特征，成为城市发展的调控手段，规划工作在各个方面取得了巨大的成绩。

深圳的早期建设主要以经济特区为主，最初的发展思路是建设“以工业为主的综合性经济特区”，1982年编制的《特区社会经济发展大纲》，提出了“组团式结构”的城市布局方案，依托原有旧城，对罗湖、上步30km^2 进行了大规模开发。1986年编制的《深圳经济特区总体规划》进一步明确了“带状组团式”的空间结构与功能布局，在规划的指导下，城市建设尤其是以高速公路、铁路、港口和机场为主的对外交通设施建设全面展开，“带状组团式”的城市结构形态初显（图2－1、图2－2、图2－3）。

---

① 倪鹏飞．中国城市竞争力报告．社会科学文献出版社，2003

图 2－1　1979 年深圳经济特区现状图（右下图为旧城区）

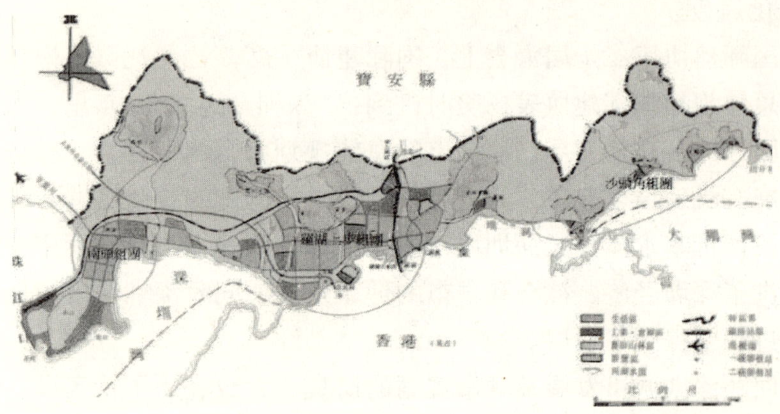

图 2－2　深圳 1982 年特区总体规划

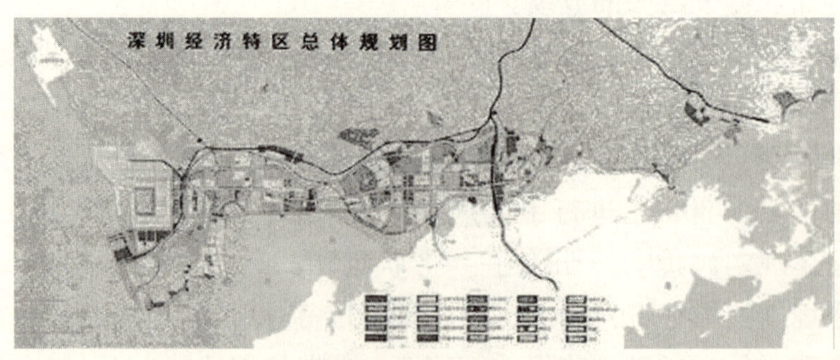

图 2－3　深圳 1986 年特区总体规划

1987 年在深圳率先实施的土地有偿使用制度改革，以及 1989 年启动的住房制度改革，引发了在中国城建史上具有划时代意义的房地产业的发展。土地价值的释放拓展了城市建设能力，城市不断扩展、改造。特区外也开始以镇村集体为单位，在农田上进行大规模散点式的开发，廉价的厂房、劳动力以及生产成本吸引了大量的加工工业，然而也随之掀起了炒卖土地的风潮，负面影响开始显现。

1993 年，随着中央政府对经济进行宏观调控，深圳市政府采取措施及时遏制了盲目的房地产开发，并提出建设国际性城市的战略目标，原宝安县撤县分设宝安、龙岗两区，深圳的城市建设开始步入调整、完善与提高的稳步发展阶段。

经济的不断发展增强了深圳对内地外围腹地的辐射力，深圳的城市建设基本形成了以特区为核心、西部沿广深公路和广深高速公路、中部沿京九铁路和梅观高速公路、东部沿深惠公路和深汕高速公路伸展的 3 条城市发展轴，呈“串珠状”绵延分布，并逐步向两侧展开。特区建设的重点放在了“带状组团式”结构功能的完善提高上，特区外则加强了环境保护及“交通—建设用地—非建设用地”的功能整合，其村镇建设也要求由“外延式”向“内涵式”集约化方向转变。在深圳建设“国际性城市”战略目标的宏观框架指导下，宝安、龙岗快速城市化由此拉开帷幕。

1996 年修编完成的《深圳市城市总体规划（1996～2010）》，将规划范围扩大到全市域，涵盖了特区、宝安、龙岗三区，包括市区到村镇共 2020km^2 的土地（图 2－4）。通过对 20 世纪 90 年代以来的规划探索和总结，深圳借鉴香港城市规划体系，根据实际情况，初步确立了“以市场为管理导向，以规划立法为主要手段，以实现城市规划编制和管理的程序化和法制化为基本目标”的五层次规划体系（这一体系自上而下包括全市总体规划、次区域规划、分区规划、法定图则和详细蓝图）。同时，深圳市“市局—分局—管理所”三级垂直管理的规划国土管理体制强化了政府对土地的控制，也促进了城市规划管理法制化和民主化的完善。

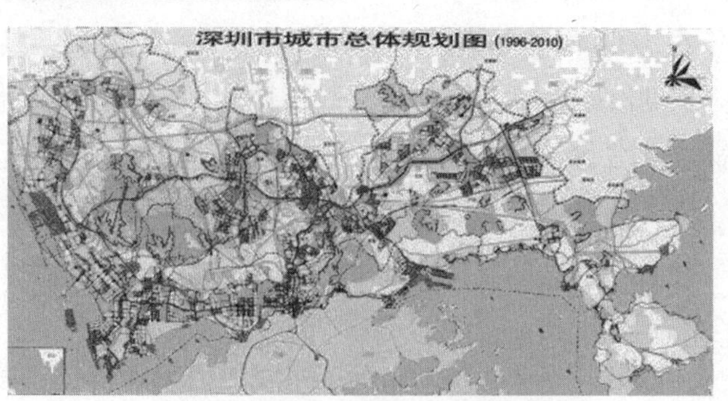

图 2－4　深圳 1996 年特区总体规划

城市社会、经济的发展对城市土地使用和空间发展提出了需求，因此推动了城市规划的发展。城市规划通过对土地使用及空间布局结构的协调和安排，对城市发展起到了导向作用，也进一步影响城市系统中社会经济各要素及其相互关系，在此基础上推动城市的进一步发展。深圳城市规划在快速城市化进程中，保持了与时俱进的创新改革，与社会经济发展过程保持了相互协调，适应并指导了城市建设，促进了社会经济的发展。表 2－1 反映了深圳城市规划在快速城市化进程中的变化轨迹。

深圳城市规划编制情况　　　　**表 2－1**

年份	规划文件	发展方向	规划用地（km^2）	规划人口（万人）
1979	《城镇发展规划》	深圳镇、蛇口、汕头南 3 个来料加工区	10.65	10（近期） 20～30（远期）
1980	《城市建设总体规划》	以工业为主，工农结合的边境城市	60	30（近期） 60（远期）
1982	《深圳经济特区社会经济发展规划大纲》	以工业为主，商住、旅游、农牧结合性经济特区	110	25（1985） 40（1990） 80（2000）
1985	《深圳经济特区总体规划》	以工业为重点的综合性经济特区	122.5	60（1990） 110（2000）

续表

年份	规划文件	发展方向	规划用地（km^2）	规划人口（万人）
1990	《深圳城市发展策略》	全市整体发展		
1993	《深圳经济特区总体规划修编》	区域性经济中心城市，现代化国际性城市	170	173（2000） 180（2010）
1996	《深圳市总体规划》	现代产业协调发展的综合性经济特区，珠江三角洲地区中心城市之一，现代化的国际性城市	377.8（2000） 478.7（2010）	400（2000） 430（2010）

辉煌的建设成就为中国在国际上赢得了荣誉，1997 年深圳获得了联合国人居中心颁发的“人居荣誉奖”；凭着“将自然、社会、经济与城市发展有机地结合起来，为世界上经济增长迅速的城市提供了典范”这一高度评价，《深圳市城市总体规划（1996～2010）》又荣获国际建协第20 届大会授予的“阿伯克龙比爵士荣誉提名奖”，此奖的颁获也充分肯定了规划手段是协调社会经济发展和物质空间建设的有效工具，规划在城乡建设中具有极为重要的作用和地位。以下为一组同一地理位置深圳早期与目前的景观比较图（图 2－5、图 2－6、图 2－7）。

图 2－5　深圳市火车站旧、新貌

图 2－6　深圳市深南路旧、新貌

图 2－7　深圳市华侨城旧、新貌

深圳过去20年的城市建设发展有三个显著的特点：首先，深圳经济特区是一个基本上按规划全面实施的城市，城市从无到有是依据规划来建设的，在快速的发展过程中出现的种种问题同样是以规划的手段来调校的，规划对于实践的指导作用直接、有效；第二，深圳是一个快速发展的城市，20年间走过了其他城市可能需要上百年时间的发展历程，在短时期内聚集了大量人、财、物并产生了巨大的效益，被誉为世界城建史上的奇迹；第三，深圳是在改革探索中发展起来的城市，逐渐完善的城市建设融投资体制、土地使用管理制度、城市规划编制与管理体制的探索与创新，为中国建立适应市场经济的城市规划机制提供了宝贵的经验。

2.1.2　快速城市化区域——城市群的雏形

深圳的快速城市化进程并非个案，而是珠三角这一区域快速城市化的一个缩影。珠江三角洲在改革开放前是一个城市化水平低（1982年仅为26%）、城市化速度慢的典型农业地区。经过20年左右的发展，成为一个沿广州—深圳和广州—珠海“人”字形发展的城镇密集连绵区，仅这一区域人口就达3000多万，到2000年珠三角城镇化水平已达到72.2%①。1978年，珠三角只有5个城市和32个建制镇，目前已达到428个城市（镇），其中特大城市2个（广州、深圳），大城市2个（佛山、东莞），中等城市5个（珠海、江门、惠州、中山、肇庆），小城市18个，建制镇401个。城镇星罗棋布、连绵成片，城镇密度达到100个/万 km^2，城镇间平均距离不到10km。

---

① 第五次全国人口普查统计，珠三角的城市化水平接近世界上中等收入国家地区的平均水平，与世界发达国家如美国（76.1%）、日本（78%）相比差距也不大。

2.2 快速城市化进程中城市规划的主要失效现象

虽然快速城市化进程中出现的城市规划建设问题并非仅靠城市规划就能解决，但作为一项重要的政府职能，城市规划不仅体现了政府指导和管理城市建设与发展的政策导向，而且由于高度的综合性、战略性、政策性和特有的实施管理手段等特点，城市规划在优化土地和空间资源配置、合理调整城市布局、协调各项建设、完善城市功能、有效提供公共服务、维护不同利益主体利益等方面具有突出的作用。因而，城市规划建设方面出现的新问题，在一定程度上反映了快速城市化进程中城市规划在引导调控城市经济和社会发展、综合协调城市资源利用方面的失效。从城市规划所应具备的现实针对性和未来导向性来分析，失效主要表现在以下两个方面。

2.2.1 现实针对性失效

考察城市规划的起源可以发现，城市规划最早是起源于针对现实社会问题的。19 世纪 30、40 年代引发于工业化工人居住的贫民住宅区的霍乱在英国和欧洲大陆蔓延，从而引发了人们对城市未来发展方向的讨论，为现代城市规划形成奠定了基础。城市规划的主要任务之一就是解决社会、经济发展过程中的城市问题，包括人们基本居住、交通、休憩等的要求。这些问题今天在我国快速城市化进程中再现，不断出现的违章建筑愈演愈烈，成为快速城市化地区城市规划建设难以攻克的“顽症”；越来越多的“城中村”成为城市规划建设多年未能彻底解决的“后遗症”。城市规划建设领域的这两大“顽症”原本属城市规划、建设、管理微观领域的问题，现在已越来越成为快速城市化地区共同面对的难题，这个问题已越来越被各个城市政府提到战略高度来研究解决。下面以深圳为例来分析城市规划在这个方面的失效性。

2.2.1.1 违法建筑伴随快速城市化泛滥成灾

违法用地、违法建筑是未经政府许可，擅自非法占用土地或虽依法取得土地使用权但未领取建设工程规划许可证，或者临时建筑工程规划许可证，而擅自新建、扩建、改建或临时用地上及逾期不拆除的建筑物。[①] 违法建筑意味着侵占公共利益，极大地破坏了土地利用规划和各项城市规划，造成了规划难以实施的被动局面。各类违法用地，违法建筑不符合规划要求和土地利用开发计划，对符合规划建设的各项建设活动起到了阻碍，造成了城市化进程不能按照规划进行，这实际上就造成了城市规划的失效。以深圳为例，自建立特区以来，违法建筑就出现了，但其发生的高潮却是在城市化快速发展的几个阶段，具有一定程度的“政策周期性”和“换届周期性”，即深圳市每一次违法建筑抢建高潮都出现在市委市政府下决心遏制违法建筑，出台推进城市化、加强规划土地管理的政策文件前后，或者在政府换届前后。除了违法建筑涉及巨大的经济利益之外，政策执行的有效性不足也是造成违法建筑不能得到彻底遏制的主要原因之一。比较典型的有：1989 年特区内实行土地统一征用，引发了一轮占地建房热潮；1992 年特区内农村城市化，出现了大规模的违法抢建。1999 年，深圳市人大出台《关于坚决查处违法建筑的决定》，并制订了关于《深圳市经济特区处理历史遗留违法生产经营性违法建筑若干规定》，规定出台以来，违法建筑总量增加近 10 倍。据深圳市国土资源和房产管理局的航空飞行测量调查显示，到 2004 年底，全市私房已达 29.6 万栋，总建筑面积 1.14 亿 m^2，占地 $102km^2$。

经过多轮抢建，违法建筑是导致深圳城市规划失效的主要原因，已经成为困扰深圳历届政府的陈年痼疾。由于其涉及范围已初步形成“燎原”之势，涉及的利益群体巨大，已经成为深圳的一个社会问题。在特区内，在 1992 年农村城市化后，在政府给原村集体划定的红线范围内，违法建筑见缝插针，拆旧建新，拆低建高。绝大部分村民的住宅都经过了违法重建。楼房普遍在 8 层以上，最高达 18 层。村民在改建过程中，把原来预留的空间“围墙”部分一并加建，楼房与楼房之间间距狭窄，形成了“一线天”、“握手楼”（图 2-8、图 2-9）等独特景观。村民违法兴建私房，根本无规划可谈，不仅超出了原来的宅基地范围，有些甚至违法占用市政用地、街道边绿化用地，国家的法令、政府的政策在这些地方完全失效，城市规划在这里成了盲

① 深圳市经济特区规划监督条例。

区。在特区外，违法建筑基本处于失控状态，大肆占用水源保护区、组团隔离带、农业保护区。城镇规划的规划控制范围已失去了控制作用。往往是市政道路、公路修到哪里，路两侧的违法建筑就建到哪里。重点建设项目选址在哪里，城市发展到哪里，违法建筑就建到哪里。越是增值潜力大，商业价值高的好地块，违法建筑就越集中。在经国务院批准的深圳市龙岗出口加工区，政府 10 年才开发建设了 $6km^2$（政府通过征地控制 $24km^2$），违法建筑就蚕食了近 $20km^2$ 土地，目前已很难找到成片未征的土地。这极大地影响了政府设立出口加工区的工业发展战略。

图 2－8　深圳市龙岗区布吉街道办港鹏新村的违章建筑

图 2－9　“握手楼”

2.2.1.2　都市海洋中的“孤岛”——“城中村”

在快速城市化过程中，另一个比较突出的问题是“城中村”问题，“城中村”是指城市化过程中，依照有关规定由原农村集体经济组织的村民及继受单位保留使用的非农建设用地的地域范围内的建成区域。[①] 城市化早期留下的“城中村”范围成为违法建筑的“重灾区”。据深圳

① 深圳市城中村（旧村）改造暂行规定。

市查处违法建筑办公室的调查显示，深圳市90%以上的违章建筑发生在“城中村”，其中违法私房占50%以上。目前深圳城中村的数量和规模比较大，全市共有以行政村为单位的城中村241个，其中特区内91个，特区外150个。全市以自然村落为单位的城中村和旧村多达2000多个，总占地面积102km^2，居住人口215万，其中原村民35.8万人，大量的外来人口是城中村赖以生存的市场基础。

图2－10　白石洲鸟瞰

白石洲——深圳最大的城中村之一

“我的家就在白石州的里边，这里的人们有着那么多的时间。有人正在问着谁家能租个单间，有人正算你口袋装了多少现钱。洗头店里辛勤的是外地的小妹们，她们的裙子短得可怜……”这首改编自《钟鼓楼》的歌，在深圳街头流传已久。只不过，何勇的《钟鼓楼》是对过去的追忆，而这首《白石洲》唱的是正在发生的真实生活。

白石洲是深圳最大的城中村之一，站在华侨城“波托菲诺”的二层景观平台俯瞰，下面是一片大体量的高楼森林包围着的灌木村庄，那些低矮破旧的小楼，密密匝匝地挤在分割整齐的棋盘格子里。这片灌木村里，正是容纳了十几万人的白石洲，1000块钱租金可以住上一个月。而与之仅隔一片“燕栖湖”宁静水面的“波托菲诺”，则是深圳最贵的房地产项目之一，每平方米均价过万，意大利式建筑，美轮美奂的人工湖景，营造着另一个世界。

> 城中村现象的出现宛如“琥珀”的形成。20 多年前，这些散落的小渔村，在快速城市化的潮水中来不及退却，像一滴突如其来的松脂裹住了一个呆头呆脑的苍蝇，随着时间流逝，村庄被改革开放分泌出来的成果包围得严严实实。
>
> 摘自：贾冬婷．高速城市化深圳的双重图景．三联生活周刊，2005（48）

城中村的另一个问题是普遍开发强度过大，公共空间（包括绿地）缺乏，环境质量低下；市政基础设施不足，排水、雨、污不分，电力电信线路杂乱，管道煤气不通，且公共服务设施缺乏。由于城中村普遍地未经规划审批，采光通风条件不足，建设质量低劣，存在严重的安全隐患。这些城中村实际上是城市规划未覆盖的区域，其整体功能离城市标准相距甚远，其形态、形象与现代化城市的要求格格不入。城中村正在成为农村城市化进程中城市规划建设管理必须革除的一大“顽症”。

从城市规划对城市化进程中的各项规划建设所应发挥的控制和引导作用来看，违章建筑的泛滥和城中村问题的日趋严重，说明城市规划面对现实发展的需求的引导作用以及解决现实城市发展中出现的问题的针对性和调控作用，出现了较大程度的失效。虽然这两大问题涉及面很广，并非城市规划单方面就能解决的问题，但这与城市规划在城市化转型过程中的角色转变不足，不能适应快速城市化进程中市场经济发展的要求以及城市规划的政府行为发挥不足不无关系。

2.2.2　未来导向性失效

在快速城市化进程中，城乡规划管理在现实针对性层面出现了失效行为，同样在未来导向性方面也存在一定程度的失效行为。这方面集中表现在对快速城市化地区的规划管理缺乏可持续的视角，以及在这些地区的规划管理缺乏全局性和控制性的思考。

2.2.2.1　城市规划对城市未来长远发展的空间导向作用失效

粗放的土地开发模式，低水平、外延式的低级工业化，这种以“三来一补”工业主导的工业化过程不可避免的是各种层次的工业区、开发区建设热潮。在过去的 20 多年中，珠江三角洲地区以各地区市、镇、村为单位开发建设的工业园区大量圈占土地，土地开而不发的现象普遍导致土地粗放开发、经营浪费现象严重。

仅以深圳全市为例，深圳市、区、镇、村级工业小区 500 多个，其中 400 多个分布于特区外，平均每个工业小区用地规模不到 $17km^2$，工业小区的分散布局不仅不利于土地集约利用，而且还肢解了城市规划，使城市规划所要求的城市空间的整体性、全面性以及土地利用的均衡性作用失效，工业园区需要的高水平的城市生活配套设施得不到保障，市政基础服务水平也仅停留在村、镇级水平。

在快速城市化过程中，城市规划对城市未来长远发展的空间导向失去了作用。短短 20 多年，人地矛盾突出，资源不足问题①已经成为广东经济社会发展中的重大制约因素。据 2003 年广东省国土资源管理工作会议的资料显示，全省人均耕地面积已降至每人 0.46 亩，还不到全国人均水平的一半。深圳市市长李鸿忠在 2004 年的市政府工作报告中也发出了深圳市“土地空间、能源、水资源、人口负荷、环境质量四个难以为继”的感叹。这是基于 2002 年卫星影像图的分析，深圳全市自然条件适于建设的用地中，除去已划定为水源保护区、农业保护区、组团隔离带及其他禁止建设的用地外，可建设用地总量为 $767km^2$，而目前城市建成区面积为 $520km^2$，可建设用地储备不足 $250km^2$。如延续过去的土地粗放开发模式，只可开发 10 年。要实现深圳市城市总体规划提出的战略空间布局和各项目标，土地资源的制约以及已既成事实的违法建筑群、城中村都是城市规划未来导向作用发挥的障碍。

如何实现从“速度深圳”到“效益深圳”的历史性跨越，也是摆在城市规划管理者面前的一个具有挑战性和紧迫性的命题。此外，在规划的未来导向性方面，城市规划管理的前瞻性、综合性和协调性方面都存在着一定程度的失效。

2.2.2.2 城乡规划全局性、控制性差

战略性目标不仅要考虑到现实，最重要的是着眼于未来，不仅是

① 深圳市 40% 的可建设用地储备在龙岗区，也不过是 $100km^2$（原有国有储备和城市化转地之和）。

局部，主要应着重于全局。对深圳城市规划战略决策目标而言，其关注的对象不能仅仅局限于深圳经济特区（面积为327.51km^2，仅占深圳市2020km^2面积的1/6），应是全市域包括深圳经济特区和宝安、龙岗两区。战略性目标要在现实的基础上控制未来，这对城市规划来说是一项必须实现的目标，但在现实中却往往被忽略了。以深圳市为例，经济特区是历来发展和关注的重点，而所谓的"关外"两区由于设区较晚（1992年）经常被边缘化。主要体现在以下几个方面：①体制上"一市两制"；②思想上重内轻外；③管理上有心无力（规划国土虽然垂直，但体制不配套）；④后果反差：内有序外无序，土地粗放开发，可持续性差。这种重"内"轻"外"造成了特区内外建设水平的巨大差异，不利于特区内外经济的协调发展。

考察深圳农村城市化进程中的城市发展水平，可以发现特区内外的"二元"结构特征，尽管都是处在经济高速增长期，"外向型"特征是共同的，由于开发模式，管理模式的不同，出现明显的差别。①

特区内的开发是在政府统一组织下的"五统一"（统一征地、统一规划、统一开发、统一出让、统一管理）开发模式，是集约化、规模化开发，基本实现了与人口城市化水平相适应的城市功能配套。到1997年底，特区内人均居住面积14.45m^2，自来水供水管道总长1170km，管道密度达9.4km/km^2，液化石油气供应人数达155.3万人，普及率达88.75%，人均绿地13.89m^2，建成区绿化覆盖率为44.06%。而特区外的公共服务设施和市政建设相对比较落后，尤其在体现生活服务质量的医疗卫生、生活用水等方面，如千人床位数特区内达到了2.4张/千人，特区外仅为0.8张/千人；人均年生活用水量特区内为123.9m^3/人，特区外为76.3m^3/人。

特区外"自下而上"的工业化进程，选择的是外延式粗放开发模式，土地资本带来超额利润的诱惑使各镇村不顾自身条件及子孙利益，盲目地乱（无序）开发，"引资招商"，开发面积不断扩张。以宝安区为例，1991年至1997年全区共出让土地19.95km^2，仅占同期

---

① 蒋尊玉，冯现学主编．为了美好的家园——深圳市龙岗村镇规划管理与实践探索．海天出版社，2000：32

各类实际建设用地的14.5%，而闲置土地却高达64.3km^2，相当于合法出让土地的3倍之多。2003年统计数字显示：特区内每平方公里土地的平均产出是4.25亿元，最高是福田区为7.8亿元；而特区外的宝安、龙岗则分别是0.73亿元和0.58亿元。而且随着工业厂房面积的增加，单位厂房面积的集体净资产、工缴费、人均收入都有下降的趋势，显示土地的投资回报率越来越低。这表明在现有的发展模式下，经济增长是依赖于土地数量的增加，而非土地利用效益的提高。

深圳近些年的发展，在特区内城市规划大部分是有效成功的，但局部出现“城中村”问题；而在特区外，则出现了抓局部中心城建设而放松大部分地区规划的局面，导致大量的村、镇各自为政地进行土地开发，使得水、土、资源环境等迅速恶化。出现以上现象主要是由于城市规划缺乏全局观，对特区内外快速城市化的发展趋势的认识不同，由此导致对特区内外城市规划建设的控制程度上的差异，城市化水平和质量相差悬殊。特区外的失控不仅导致当前土地价值的流失，还会给未来的城市建设品质提升带来巨大的前期成本，限制产业发展空间的进一步拓展，不利于深圳的可持续发展。深圳现存可建设用地80%位于特区外，且大多数为建成区边缘的零碎用地，缺乏区位较好、规模较大的连片未开发土地，使得深圳在吸引大型企业投资选址、新产业抢滩等方面处于十分被动的局面。

2.2.3 对城市规划失效的反思

为了解决上述城市规划失效问题，应该说城市规划管理部门从自身角度进行了不少改革与努力，但这些努力收效甚微。这不得不引起我们对于快速城市化进程中城市规划失效深层次原因的反思。

城市规划的三大构成是专业工程技术、政府行为和社会运动。从深层次看，我们为解决失效所做的努力既是一个制度创新的过程，也是一个利益关系的协调过程。而制度创新有两个层面，一个是技术层面的，一个就是政策层面的。我们可以借鉴国外在特定领域进行制度创新的技术层面的经验，但是我们不能照搬国外协调利益的政策层面的方法[1]。在城乡规划管理改革领域，如同我国其他改革领域一样，普遍存在着技术层面的超前而利益调节层面落后的局面。特定时期的规划技术、政府职能行为和社会运动方式，决定了特定时期的城乡规划的内容和方式。适应于旧环境、旧体制下的城乡规划管理机制在新环境、渐进式体制改革的大形势下，已经出现了种种的不适应，并且这种不适应已经造成了快速城市化进程中我国城乡规划管理一定程度上的失效。如果城市规划工作者的努力都是从城市规划本身的技术角色出发，而没有充分考虑到城市规划所应体现的社会目标以及政府行为特征，其最终难以避免地走向“失效”。因此城市规划应从技术角色向体现社会化目标的公共政策角色转变。这使得笔者将视角集中于城乡规划管理的三大构成中，除技术以外的另外两个因素，即政府行为和社会运动方面。本书认为只关注规划管理技术方面的问题，也许可以解决城乡发展初期的问题（事实上我国城市化进程中，对于城乡规划管理技术的深入研究确实使得城市的发展取得了令世人瞩目的成绩），但随着社会的不断发展，城乡规划管理同时更需要从政府职能运作和社会运动的角度重新审视其内在的管理机制问题。从这两个视角出发，可以考察出快速城市化地区城乡规划管理失效的深层次原因，从而为现实环境下城乡规划管理机制的变革提供方向性的指引。

在社会运动方面，快速城市化阶段要求城市规划对于人口持续高速增长以及由此引发的对于住宅、基础设施等的需求需要更加关注；同时对于快速城市化地区的经济发展模式、产业结构以及与此息息相关的土地开发利用模式、生态环境等也需要以新的视角加以考虑；应当明确，在市场经济条件下，城市的发展是政府、企业和社会相互协商、共同作用的结果，应该把城市规划放在社会的整体环境中加以考虑。在政府行为方面，快速城市化地区尤其需要突出在市场经济条件下，政府对城市建设的宏观调控作用，从而更好地引导城市合理有序的发展。对于传统的城市规划管理的决策、执行、监督环节，需要根

---

① 例如股份制是世界通用的一种经济组织形式，在股份制的改造方面，在技术或操作程序上我们完全可以借鉴别国的经验。但是股份制改造又是一个利益关系的调整过程，由于各国在产权制度、法律制度及文化传统等方面的差异，企业股份制的建立又是一个错综复杂的利益博弈过程。因此，股份制的利益或者制度层面是无法借鉴别国经验的。

据快速城市化进程的要求加以改革和完善。这些深层次、涉及城市规划管理机制问题的解决，有助于化解前文所述的快速城市化地区规划管理在现实针对性和未来导向性方面的失效。从而更好地推进我国的城市化进程，保持社会整体的可持续发展。下文主要是从社会运动和政府行为角度探讨快速城市化地区规划管理失效的机制性问题。

2.3 社会运动与快速城市化进程中城市规划的失效

2.3.1 人口特征与城市规划相对失效

改革开放以来，以珠三角为代表的东南沿海地区经济快速发展。发展的动力来自承接大量的港澳地区转移的“三来一补”工业，这种“三来一补”工业大多是劳动密集型企业，吸引了大量的外来人口。可以说，这一地区快速城市化进程中非农业人口的增长主要是来自外来劳动力的增长的贡献。根据“五普”资料，广东全省流动人口总量已突破3000万，其中80%以上集中在珠江三角洲地区，使得该地区成为全国流动人口最密集的地区，也成为我国城镇发展受户籍制度束缚最深、影响最大的地区。目前珠江三角洲的外来打工人员已占总人口的45%左右，有些城镇外来人口已经超过本地户籍人口，甚至超过几十倍。

2000年，珠江三角洲经济区总人口是户籍人口规模的1.81倍，其中环珠江口的内圈层为2.13倍。表2－2是珠江三角洲部分镇的人口构成情况。

珠江三角洲部分镇的人口构成情况　　表2－2

城市（镇）	2000年总人口（万人）	其中户籍人口（万人）	外来暂住人口（万人）	外来暂住人口占总人口的比重（%）
深圳市	700.84	119.18	581.66	83
东莞市	655.43	154.51	500.92	76.4
虎门镇	64	11	53	82.8
常平镇	29.43	6.25	23.15	78.66

续表

城市（镇）	2000 年总人口（万人）	其中户籍人口（万人）	外来暂住人口（万人）	外来暂住人口占总人口的比重（%）
珠海市	123.54	55.59	61.95	55.0
中山市	236.33	125.12	111.21	47.0
小榄镇	27.3	15.32	12	44.0
佛山市	533.77	290.18	243.59	45.6
惠州市	321.63	230.33	91.3	28.4
江门市	395.68	332.37	63.31	16.0
肇庆市	337.31	296.03	41.28	12.2

外来人口对深圳市城市化发展速度与水平的贡献见表 2－3 和2－4。

以户籍人口数计算的城市化水平（%） **表 2－3**

年份	1986	1987	1988	1989	1990	1991	1992	1993	1994	1995	1996	1997	1998	1999	2000	2001	2002	2003
全市	51.0	56.1	58.1	60.7	62.7	64.2	71.5	73.1	74.0	75.4	76.3	77.5	78.5	79.3	80.2	80.2	80.3	100
特区外	19.0	22.6	24.9	26.1	27.2	27.8	30.7	33.6	34.8	37.8	39.0	40.3	42.7	45	46.8	46.4	47.1	100

资料来源：深圳市统计信息年鉴（2004 年）（整理）

以常住人口数计算的城市化水平（%） **表 2－4**

年份	1986	1987	1988	1989	1990	1991	1992	1993	1994	1995	1996	1997	1998	1999	2000	2001	2002	2003
全市	73.3	78.4	83.6	86.7	87.3	89.0	91.2	92.0	92.7	92.9	93.2	93.5	93.7	93.9	94.3	94.4	94.6	100
特区外	53.4	62.5	71.9	76.2	79.0	81.7	83.6	86.6	87.0	87.4	87.7	87.9	88.3	88.5	89.1	89.4	89.9	100

资料来源：深圳市统计信息年鉴（2004）（整理）

从上表可以看出，深圳城市化的快速发展主要来自于外来人口的贡献。正是由于来自数量庞大的外来人口对住房的需求，才提供了原村民进行违章私房建设的巨大市场。“三来一补”工业企业大多数是劳动密集型企业，由此带来的大量的外来劳动力以及从事第三产业的流动人口，使本地农民建私房有了源源不断的出租市场需求，正是在这种“招商引资”—“建厂出租”—“建私房出租”的简单以土地换取经济效益的发展模式激励下，各村镇的当地农民建私房出租高潮伴随着外来人口的增加一浪高过一浪。以东莞市为例，据东莞市规划局1999年统计，全市有私人住宅90万栋，当地户籍人口人均两套。在市政府所在地，莞城农民住宅用地达到8.9万栋占地6.4km^2，建筑面积1320km^2，农民私房面积是同一时期市区商品房建筑面积的2.5倍。另据深圳市国土资源与房产管理局的调查，截止2004年11月底，全市私房总数量达到29.6万栋，总建筑面积1.136km^2，占地约101.7km^2；而同期政府提供的公共住宅仅占深圳住房体系的4.5%，从1992年到现在仅建设28600套经济适用房。可以讲，庞大的外来人口对住房的需求以及政府提供有效供给经济适用住房的不足是违章建筑发展以及泛滥的一个客观原因。违章私房和各村镇违法开发建设大量的“三来一补”厂房在珠三角洲各地普遍存在，这种状况严重地影响城市规划的实施。既是城市规划现实针对性作用的失效，同时也直接影响城市规划未来导向作用的发挥，使城市规划作为调控城市未来空间资源的作用失效。

2.3.2 外向型经济、超常规发展与城市规划相对失效

外向型经济发展是珠江三角洲地区快速城市化、经济超常规发展最显著的一个特征。由于珠江三角洲特殊的区位条件，改革开放前，其与毗邻的港澳地区客观上构成了一个落差很大的区域二元经济结构。改革开放以后，广东先行一步的特殊优惠政策环境，使港澳资本连同劳动密集型产业、技术、管理等借两地落差形成的势能，大规模地向珠江三角洲地区转移，使得珠江三角洲非农化发展步入新的快速发展阶段。大量本地农村劳动人口“洗脚上田”，并吸引数以千万计的内地农村剩余劳动力向广东省转移。

珠江三角洲外向型经济发展的主要模式是“三来一补”企业的迅猛发展。与国内较具代表性的工业化模式如温州的民营企业模式及原苏南的乡镇企业模式不同，珠江三角洲的工业化主要依靠改革开放后的“三来一补”企业以及近年来的三资企业。以深圳和东莞为例，受港资驱动的外向型的增长，到2002年底，深圳“三来一补”企业8500个，实收工缴费5.4亿美元。相应的，在特区外的经济活动中，国营、集体经济和股份合作制企业经济所占比重很小，在工业产值中

仅占18%，特区外联营工业经济几乎为零。东莞2002年全市工业总产值1092亿元中外资及“三来一补”经济占了850亿元，比重为78%；出口结构中，一般出口占出口总产值比重仅为4.5%。“三来一补”企业的普遍特征是规模小，外向型，是一种“定单式”工业项目，时效性和机动性很强，一般没有自己的厂房物业。“三来一补”企业选址的机动性和追求最低生产成本的最优生产环境特性，与村镇、土地利用最佳经济效益的完善结合，使得珠江三角洲农村找到了一条迅速实现工业化致富的最简单有效的道路——“招商引资—转让（出租）土地—厂房出租—收取租金”（可以称为工业房地产模式），而地方经济的积累也主要来自土地，主要包括厂房出租金、地租金、工缴费、农宅出租金、有限的税收和其他第三产业的收入，形成了以土地出让为基础的经济发展模式。

这种建立在以“土地换取发展”基础上的经济发展模式和工业化道路，虽然促进了珠江三角洲广大地区的普遍富裕，完成了工业化所需的原始积累，但是这种建立在以“招商引资”为考评机制的发展模式不仅导致各地政府互相压价出让土地，恶性竞争，政府工作的重心是“一切为着招商转”，政府各部门和全社会必须树立“亲商、富商、安商、稳商”观念。实际造成了城市规划围着招商转，各地政府怕失去招商项目，要求规划部门快批快办，修改规划甚至违反规划的现象普遍存在。在“时间就是金钱，效率就是生命”的高速发展阶段，在利益的驱使下，村与村之间、农民与政府之间的角逐游戏，使得规划对土地开发的控制作用失效。

在以土地作为发展条件的珠江三角洲广大地区，在过去的20多年时间里，实质上是通过各层级政府的层层放权，实现了全方位、多层次的土地开发主体建设的模式，实现了乡村的初级工业化。以深圳宝安区为例，从1991年到1997年，宝安区各类非农建设用地增加了137.5km^2，相当于以前发展规模的2倍多。按投资主体来分，国家建设用地56.32km^2（含外商投资1.28km^2），占同期非农建设用地总规模的40.8%；集体建设用地64.96km^2（其中乡镇企业用地22.96km^2，村镇建设用地42km^2），占同期非农建设用地总规模的47.2%；农村居民建房用地16.6km^2，占同期非农建设用地总规模的12%，全区未批准用地有 71.1km^2。

这种以土地资源作为城市化主要生产要素的发展模式实际上是拼资源拼环境的发展模式，不仅使城市规划综合协调城市未来空间发展导向的作用失效，而且直接影响了土地的可持续发展。

2.3.3 传统城市规划理念、方法的不适应与城市规划相对失效

快速城市化过程意味着经济快速转型，由农业经济迅速地转变为非农业经济，意味着社会的快速转型，城市化人口比重或非农业人口数量迅速提高，社会形态由农村形态迅速地转变为城镇形态；也意味着自然地理空间发生着巨大的转变，自然生态向人工生态转变。在这样巨大的转型过程中，城市规划作为促进以上转型的重要手段，其作用发挥的过程和效果直接体现在城镇规划建设的实际效果上。从深圳乃至珠江三角洲过去 20 多年的实际来看，城市规划虽然在城市化进程中不断改革，基本适应了各地区城市市区的规划建设要求，但从现在的乡村城市化地区的总体面貌来看，城镇规划建设失效程度不容忽视。

（1）对脱胎于计划经济的城市规划理念模式产生了冲击。传统的中国城市规划源于对前苏联计划体制的规划理念的吸收和接受，这在改革开放以前与我国的计划经济体制是完全一致的。按照集中计划体制的原则，在建国后 30 多年时间里发挥了重要作用。作为传统城市规划的理念是基于物质规划的蓝图，城市规划的主要过程体现在对蓝图的设计上，是基于“设计—实施”的规划过程的阐释。城市规划作为城市发展的目标和依据，实质上是国家计划在城市建设层面的延续和具体化，规划目标也就是为了城市发展描绘了一个前景蓝图。城市规划管理就是城市规划实施，实际上就是照图施工。

在计划经济体制条件下，城市土地产权已全部控制在政府手中，城市建设由供给驱动，建设投资主体也由一元化政府承担，是一种不可避免的方式。改革开放以后，随着投资管理体制改革，尤其是在快速城市化的珠江三角洲地区，城市建设投资主体多元化，城市化过程中从中央到地方各级政府的层层放权，释放了禁锢多年的发展权，以多元化投资、分散化的工业化进程为代表的快速城市化向城市规划提

出了严峻的挑战。城市规划的传统理念已经不能适应市场经济条件下自下而上的发展需求。城市规划必须由面向计划而转变为面向市场、面向发展。这是规划观念上的大转变，观念上不能与时俱进就会导致规划失效。

（2）自下而上的规划需求向自上而下的规划综合模式提出了挑战。快速城市化进程要求城市规划一方面要对自下而上的发展需求作出迅速的反应，另一方面要有超前的规划引导。然而事实上，传统的城市规划过程往往是根据来自上级的指示以及计划逐级编制规划，由于多层级的规划编制与审批时间太长，与多重发展主体的需求相比，自上而下的城市规划供给不足，这也是导致城市规划“未来导向性失效”的制度性因素。在快速城市化进程中，如何根据市场的情况及时有效地进行城市规划决策是城市规划必须解决的课题。

（3）快速城市化过程中意味着经济主体多元化，也就是经济发展主体的发展需求多元化，这就是城市规划在坚持规划既定程序和技术规范的同时，要面对多元化的发展作出迅速的反应，对发展的需求建立高效的反应机制，同时，要发挥“龙头”引导作用还应尽量主动、超前，这就对城市规划管理者、规划师提出了较高的要求，他们不仅应具备规划专业知识，还应具备宏观经济、微观市场经济的知识，最重要的还应从经营城市的角度，具备经营策划及管理学的知识。

（4）快速城市化过程伴随着市场化的过程，城市规划对城市建设的调控模式必须由传统的物质规划的状态控制转向城市规划的过程的动态控制，从原有的着重城市未来理想状态的具体描述到对未来城市空间开发过程的引导和调控，是对未知的发展进行引导和控制，目的是使市场偏离目标程度维持在允许的限度内，规划管理程序由“设计—实施”变为“目标—控制”。

（5）快速城市化的发展不仅要求规划的理念、规划的过程更新，而且对规划技术、内容上也要走出传统城市规划的“终极规划模式”，不是只在给定的框架内具体而详细地描绘规划蓝图及作出说明，而应将对未来的城市目标研究后按照政府行为目标以及社会行为目标加以区分，通过政府行为目标的实现一方面实现社会公平的调控，另一方面保证城市化的实质功能性目标（主要体现在公共设施、市政基础设施、生态用地、历史文化保护等方面）的实现。而对于社会目标，一方面要为市场经济发展留有足够的弹性，另一方面要为政府的管治提供较为明确的依据，因而控制性详细规划、法定图则、城市设计等规划技术革新体现了政府与社会双重的需要，既要有弹性又要有刚性。

（6）快速城市化过程还伴随着社会变革的过程。芒福德曾经指出"真正影响城市规划的是深刻的政治和经济的变革。"农村城市化过程本身就是一场深刻的社会变革，传统的以农业、农村、农民为主体的社会形态将会被城市社区、市民社会所取代。就像中国的经济体制改革过程一样，要适应市民社会发展的需求，建立广泛参与城市规划过程机制，城市规划的体制改革也可能选择"渐进式"而不是"激进式"模式。

2.4 政府行为与快速城市化进程中城市规划的失效

在传统计划经济时期的官僚体制条件下，政府管制的模式是僵化的。在市场经济和快速城市化双重压力下，一方面对于外来资本要求便捷、迅速的审批感到无所适从，导致大量的违法工业区布局散乱。另一方面，对于大量出现的违法建筑问题仍然沿用过去的定规章、发文件等自上而下的围堵方式，却并未从公共决策的科学程序出发，致使文件屡屡失败。据统计，从特区成立以来，25 年间深圳关于违法建筑和违法用地的法规、规章文件颁布了 20 个（见附录 A）。政府可谓高度重视，但收效甚微。这主要是政府的政策只堵不疏。自 1992 年深圳完成第一阶段城市化以来，全市没有一个政策文件引导、解决农村私人建房的问题；同时，也没有出台解决原村民生活出路的可行政策。可见政府仍然停留在传统的官僚管制方式上，尚未从现代公共管理的角度研究公共政策的决策、执行规律。

城市规划行政主管部门作为政府组成部门，在管理上也存在着如何转变角色的问题。在我国，规划局作为城市政府规划行政主管部门，是地方政府的一个组成部门，它是按照科层组织原则而运转的。基本原则是"谁官大就听谁的"。但官大并不一定业务水平就高，这就出现了一个难以克服的难题，说了算的可能不一定就是"内行"。

因此，利用部门外的专业人士作智力资源的补充是十分必要的。而这一思想正好与西方政府的“管治”思想不谋而合。基于这样的认识，规划管理领域可考虑做出从“管制”到“管治”的转变，即主要考虑：政府、专家、开发商三者的相互关系，政府内部横向各部门之间和同一部门内部纵向上下级之间的关系；以及不同专业人员的相互关系。核心问题是处理好权力结构、空间秩序和利益格局的相互关系。在这方面，规划委员会制度是一个非常好的模式（详见本书第4章），我们可以借鉴西方的城市规划管理经验。

管治理论

管治，又叫治理，英文为“governance”，按照词典的解释为：“统治、管理和统辖”的意思。最早将现代意义上的“管治”概念引入人们视线的应该说是世界银行，世界银行在1989年《撒哈拉以南非洲发展问题的报告》中首次使用了“管治危机”一词，并指出管治就是“为了发展而在一个国家的经济与社会资源的管理中运用权力的方式”。世界银行和国际货币基金组织等国际组织在通过贷款等手段在世界各国推动经济发展和改革过程中，为排除非市场因素的干扰，通过大力发展“管治”的作用，绕开他们无权过问的政治问题，用对“公共事物的管理”的关心来解决问题。在“管治”的框架下，他们可以不预先设定实际决策当局，而是与能够解决问题的组织合作，不管这个组织是合法的还是某个强有力的社会组织[①]。

管治的基本内涵是有争议的，其争议的焦点是对待政府的态度，因此理解管治的含义还要区分不同专业和不同学派的情况[②]。以全球管治委员会在《Our Global：Neighborhood》报告中对管治的界定最具代表性和权威性：管治是各种公共或私人机构管理其共同事务的总和，它是使相互冲突的或不同的利益主体得以调和并且采取联合行动的持续过程，它既包括要求人们服从的正式制度和规则，也包括各种非正式制度安排。简单地说与传统的以控制和命令手段为主、由政府分配资源的垂直管理方式不同，管治是指通过和集团的对话、协调、合作以达到最大程度动员资源的统治方式，以补充市场交换和政府自上而下调控之不足，最终达到"双赢"甚至"多赢"的综合管理方式[③④]，因而也有些中国学者建议将之译为"协治"。

摘自：①李惠等主编．中国政企治理问题报告．中国发展出版社，2003；

②何兴华．管治思潮及其对人居环境领域的影响．城乡规划，2001（9）；

③Brenner，N.（1999）．Globalization as Reterritorialisation the Re－Scaling of Urban Governance in the European Union．Urban Studies，36（3）；

④Friedmann，J. Urban and regional governance in the Asia Pacific. Vancouver：the University of British Columbia，1998

在快速城市化进程中，社会急速转型，仅从城市规划技术本身或城市规划管理体系内部的改革以及传统的官僚管制无法有效解决"规划失效"问题。应该发挥城市规划政府行为作用，从当今政府治理的新模式——"管治"方式出发，研究城市规划管理体制的作用机制。研究公共政策，一方面要发挥从城市规划的公共政策作用的社会环境出发，研究城市规划在实现社会目标过程中的社会运动角色，另一方面研究公共政策的决策、执行、监督机制。因此务必要从城市规划的决策、执行、监督以及实现社会目标方面存在的问题进行研究，从而进一步探索建立新形势下的城市规划管理机制。

城市管治

城市管治（Urban Governance）讨论的中心是面临全球化的挑战，政府在城市管理中如何通过改变角色的定位，从"管理"（行政手段）转变为"管治"（协商手段）以提高城市竞争力。具体包括两个层面：第一个层面是涉及不同政府（中央政府与地方政府）之间的管治，强调处理好集权与分权的关系；第二个层面涉及一个城市内部的政府、社会、市场之间关系[①]。

与广泛的社会管治不同，在城市规划、城市地理界讨论的城市管治是有其比较固定的研究范围。在市场经济环境中，空间资源的分配是协调各社会发展单元的相互利益的重要方式，也一向是政府握有的为数不多而行之有效的调控社会整体发展的手段之一。但随着社会经济环境的变革，传统的城市规划与管理中所奉行的单一、纵向的空间资源控制方式已越来越难以付诸实施，而必然需要系统而明确地引入“管治”的思维。因而，以实现空间资源合理配置为目标的城市规划与管理是城市管治的核心，是“广泛社会管治”的重要组成内容和基本实现渠道之一。因此，从城市规划、城市地理的角度理解，城市管治是一种地域空间管治的概念，它既包括经济、社会、生态等可持续发展概念，也是将资本、土地、劳动力、技术、信息、知识等生产要素综合包融在内的整体地域管治概念；既涉及中央元、又涉及地方元，也涉及非政府组织元等多元主体的权利协调。

摘自：①张庭伟．新自由主义、城市经营、城市管治、城市竞争力．城乡规划，2004（5）

2.4.1　城市规划决策存在的问题

政府职能在实际的运行中一般主要涉及决策、执行和监督的问题。本书即从城市规划是政府职能的一部分的角度，从决策、执行和监督三个环节分析，指出现行规划管理机制存在的问题，是导致规划失效的深层次原因。

2.4.1.1　战略决策目标多变，缺乏稳定性

在传统计划经济体制下，由于城市规划决策的封闭性等原因，城市规划往往是由政府行政首长一个人说了算，导致了城市规划的未来导向性目标往往由于政府领导的换届和调动等原因，不能得到一致地连续的有效的执行和贯彻。城镇体系规划编制理念落后，缺少约束力，可实施性差。脱胎于计划经济体制下的城市规划管理在决策过程中受来自各方面的制约，使城市规划战略决策目标多变，稳定性较差。花费大量人力物力编制的城市总体规划战略指导作用不明显，编制内容庞杂，编制和审批周期过长，对分区规划或详细规划缺乏明确的指导和约束。用以指导发展的控制性详细规划法律地位和权威性不

高，可操作性差。经过批准的城市规划缺乏有效的法律保障，在实施中受干扰较多，调整随意性大，行政干预规划现象较普遍。一方面，规划在编制批准后都会受到社会经济等多种因素变化的影响，需要依照法定程序进行适当的调整和修正。另一方面，现在的编制和管理的分离使得规划的协调机制、滚动研究和实施反馈机制没有完全建立。行政管理部门由于普遍的人员编制不足以及技术素质上的欠缺，导致规划本身可操作性差，规划审批、建设项目审批、重大问题研究等方面水平不高，而现行的规划院体制在为城市规划提供技术支持方面也存在如下一些问题。

（1）来自思想认识层面的因素

受传统的计划经济思想的影响，无论是城市规划决策者还是参谋者在计划经济向市场经济转变过程中，对社会、经济和城市发展的预测基于计划经济的经验和知识以及对世界范围内类似经验的借鉴，对市场的发展总是预测不足，偏于保守。

深圳经济特区从零起步，用了18年GDP达到1000亿，再用5年达到2000亿，而突破3000亿仅用了2年时间，未来10年内，深圳市生产总值完全有可能突破万亿。传统的计划经济“对号入座”的规划思路，已经远远不能适应如此快的经济发展速度，从而导致城市规划的频繁修编。1980年8月深圳经济特区成立，当时拟定的《深圳市城市建设总体规划》，提出“以工业为主、工农相结合的经济特区，建设成为新型的边境城市”的指导思想，初步确定特区范围为327.5km^2，规划用地49 km^2，规划人口近期30万人，远期60万人。特区建立后的迅速发展，导致1985年的规划指标在1984年底已远远超过，1984年底编制的《深圳经济特区城市总体规划》根据城市带状分布的特点，采用多中心组团式结构布局，确定2000年城区建设面积123 km^2、总人口110万人（其中常住人口80万人，暂住人口30万人）。为适应深圳城市高速超常规发展的要求，1989年4月完成的《深圳经济特区总体规划修改论证综合报告》，对2000年的规划指标进行了调整，人口调整为150万人，用地规模扩大至150 km^2。1996年6月完成的深圳市总体规划修编，把规划的范围由原特区的327.5 km^2，扩大至全市2020 km^{2}的地域，规划的年限为近期2000年，远期

2010 年。规划人口 2000 年为 400 万人，2010 年为 430 万人；建设用地规模全市 2000 年为 380 km^2，2010 年为 480 km^2。虽然不变是相对的，变是绝对的，但如此频繁的城市总体规划调整一定程度上影响了城市规划对城市建设和发展的宏观调控的权威性和有效性，导致城市规划战略决策目标的多变。

（2）历届政府换届，“改朝换代”、“另立年号”的传统，“新官不理旧账”导致发展重点不同

我国当前的行政管理体制是行政首长负责制。从某种意义上讲，城市发展的好坏反映了城市政府和市领导与管理城市以及促进城市发展的水平。历史的实践经验表明：城市要发展，关键在领导。半个世纪以来，由于领导者拍板不当给城市发展造成的影响和损失，其事例并不少见，教训也是深刻的。从对城市长远发展造成的不良影响来看，除了市长本身的素质之外，我国政府换届及市场的变动，对城市战略目标的影响也是非常巨大的。例如从 1993 年到 2004 年，华北某市经历 7 任市长的轮换，市长如同走马灯似的频繁更换，必然使城市的战略目标缺乏连续性。每任市长都会从良好愿望和自己的兴趣出发，提出“为民”办的好事、实事，但总是缺乏连续性。这种状况既不利于城市长远目标的实现，也不利于经济的持续发展。

当然，要区分好主观臆断与与时俱进的科学调整之间的关系。在快速城市化进程中，人的认识上的局限性也决定了人的认识的螺旋上升过程。不变是相对的，变是绝对的。经过科学的、民主的决策过程的变动是必需的。比如：作为一个新兴的城市，20 多年的发展对深圳城市性质的定位经历了一个很大的变化，从 1980 年设市之初的“以工业为主、工农相结合的经济特区，建设成为新型的边境城市”，到 1984 年 11 月的“以工业为重点的外向型、多功能、产业结构合理、科学技术先进、高度文明的综合性经济特区”，再到 1996 年 6 月的“以高新技术为先导，先进工业为基础，第三产业为支柱，工业、金融、贸易、信息、运输、旅游高速发展，文化高度繁荣，经济效益和生活质量较高的现代化国际性城市”。最近几年随着改革开放的深入，特别是加入 WTO 以后，深圳作为经济特区的政策优势逐渐丧失，而

深圳自身的发展定位在“泛珠三角”区域经济一体化日益加深的背景下，在向“以提高国际竞争力为核心，把深圳建设成为亚太地区乃至全球性的国际化经济贸易中心城市”的目标的前进过程中，如何确定深圳与香港的竞争与合作的关系以及在珠三角地区的发展定位、是继续向特区迈进还是转变成一个普通的城市等等，都是关于深圳如何发展的，至今仍然有待研究的重要问题。

2.4.1.2　城市规划决策前瞻性差，与战略要求相距甚远

城市发展的布局、结构，不仅要满足当前的发展，还要考虑城市未来20年甚至50年、100年的发展可能，留有余地。《广州市城市总体规划（1996~2010)》在1996年底经广东省人民政府审查同意上报国务院审批。1997年4月，国务院办公厅将该规划批交建设部研办，经过层层审查后，1999年广州市规划局对该规划进行了调整修改。建设部于2000年10月完成审查工作并将有关材料及《广州市城市总体规划（1996年~2010年）报国务院待批。2000年6月也就是在待批过程中，由于广州的行政区划发生了变化，花都、番禺撤市划入广州市，根据国务院办公厅的要求，原上报的广州市城市总体规划暂缓审批，待调整后重新报批。

2002年1月广州市规划局开始对《广州市城市总体规划（1996年~2010年）进行调整，并于2003年3月完成《广州市城市总体规划（2001年~2010年）初稿。其送审稿在2002年10月经市政府常务会议审议通过后，2004年1月，市政府将《广州市城市总体规划(2001-2010)（送审稿）报送市人大常委会。如果按照《广州市城市总体规划（1996~2010)》的报送审批进度，那么《广州市城市总体规划（2001年~2010年）能够在2007年、2008年获批就已经算很顺利的了。届时，距离规划的最后一年2010年仅剩下2年的时间，失去了规划本该有的前瞻性，又如何能突显这个规划的“龙头”意义呢?

2.4.1.3　城市规划决策综合性、调控性差

现有的政府职能设计条块分割（调控分割)，专业规划各自为政，总规不总，专规不专，控规不控。深圳盐坝高速公路（盐田—坝岗）A段项目总投资约83500万元，盐坝A段设计为了节约建造成本，不

惜破坏深圳保护近20年的东部旅游生态资源，造成不可弥补的遗憾。环保专家十分关注修建盐坝高速公路对深圳东部黄金海岸所造成的山体破坏。在建设过程中，施工单位受到多方指责。为恢复沿线护坡植被，首期投入就超过1000万元。

2.4.1.4 城市规划的战术决策目标无法适应市场的要求

快速城市化进程中城市建设活动的日益活跃对城市规划提出了新的具有挑战性的新课题，对城市规划的战术决策目标提出了更高的要求。但是在计划经济向市场经济的转轨过程中，我国的政府供给由于受计划经济思维模式的影响，往往习惯于按计划设计好程序和步骤“对号入座”，缺少针对市场上出现的新事物、新问题的深入思考，不能提出针对性强的解决方案和指导策略，从而导致有用的规划没做，无用的做了一大堆。

2.4.1.5 战术目标缺少对市场的反馈

由于传统的城市规划决策是一个封闭的系统，缺少公众的参与和市场上各种利益主体的意见表达渠道，致使不能有效圆满地解决现实问题，一方面不能为市场提供有效的服务（公共物品提供），另一方面不能防止市场失效。特别是在城市化快速发展时期，公共基础设施的有效提供不足，工业区生活设施、市政设施、服务设施严重缺乏，造成违法私房泛滥，破墙开店。

道路修到哪里，村镇就建到哪里，是快速城市化地区的一个普遍现象。农民洗脚上田以后，为了追求经济利益，将住宅和厂房沿马路建设，有的甚至放弃了原有的村落，整个村搬迁至公路沿线，形成了以马路为轴心的城镇带状发展区。珠江三角洲十里长街、百里长街随处可见，道路两侧厂房、商铺、住宅比肩而立（间或有几片推平未建裸露着的黄土空地），形成了奇特的狭长城市（村庄）走廊，极少见到开敞的绿色空间。在失去了传统乡野环境的同时，这些城镇又没能建设成与现代化城市景观相匹配的城市景观。另一方面私人住宅的建设，建筑布局基本上没有什么规划，主要依照业主的嗜好而建，加上村民为了节省钱，往往都借用图纸套图，在施工中再根据自己想法局部调整，由于村民审美观差异，加上建筑市场的不完善，许多私房系个人“抄（袭）更（改）”设计，设计水平高低不一，建筑见缝插针，东一栋，西一栋，日照间距和消防间距不符合规范。这些建筑被人们戏称为“握手楼”。“屋内现代化，屋外脏乱差”，是这类村镇现状的形象描述。“城市不像城市，农村不像农村；城市又像农村，农村又像城市”是快速城市化地区城镇景观混乱的生动写照。

公共服务设施和市政设施的建设水平远远滞后于经济发展水平，是当前快速城市化地区城镇建设中的一个突出问题。目前村镇建设过于重视经济效益，对与人民生活息息相关的公共服务设施和市政设施则不够重视，尤其是村镇一级公共服务设施建设长期停滞不前。具体存在以下问题：①公共设施配套基本不成体系；②公共设施建设标准不一，浪费现象与滞后现象并存；③市政设施的规划建设缺乏协调，管理混乱。

2.4.1.6　战术目标对新事物的发展认识不足，缺乏学习意识

决策的前瞻性，源于决策前期的研究、研究机制、专家咨询，决策人的学习制度的建立……。科技在发展，社会在进步，市场在细分，各种要素在组合，城市规划战术目标在决策过程中面对新事物应持有的学习、接受态度缺乏，物流用地、物流建筑、研发中心等早已提出新的要求，战术目标在实际决策过程中缺乏应有学习进步的要求，在市场细分和要素组合的大潮中显得滞后不前。

2.4.2　城市规划执行存在的问题

对于城市规划执行中存在的问题，我们可以从一个实例中着手分析：

申请在已经取得土地使用权的用地上进行厂房、宿舍建设

××电子（深圳）有限公司因扩大生产需要，申请在领有《房地产证》的空地上建设二期工业厂房、宿舍。主管机关于××年6月1日受理其申请，下面摘要其主要办理过程（其中部门领导、单位领导审批意见比较简单，从略）：

接受日期 转出日期 承办部门 承办（审核/批准）人承办意见

①×××-06-01 ×××-06-01 分局窗口 经办人A

②×××-06-02 ×××-06-26 规划科 经办人B+科长审核+分管领导批准

…经审核其厂区总平面规划．总体布局合理，根据分区规划，项目所在小区为工业用地，符合规划。文转地政科按其初步规划方案分宗出拟建的二期项目用地后再办理规划要点等后续手续。

③×××-06-26 ×××-06-29 地政科 经办人C+科长审核

…先转产权科办理宗地分割。

④×××-06-30 ×××-07-10 产权科 经办人D+科长审批

…待该公司补齐有关房地产登记资料后、再作分宗处理。该文暂作缺件处理。

⑤×××-08-09 ×××-08-10 产权科 经办人D+科长审批

该公司已补齐有关房地产登记资料，我科已对该地进行了分宗处理，文转规划科

⑥×××-08-11 ×××-09-01 规划科 经办人B+科长审核+分管领导审批提出规划设计要点。

⑦×××-09-06 ×××-09-07 分局窗口 经办人A

待补地形图。

⑧×××-09-07 ×××-09-07 地政科 经办人C+科长审核

经核查，该分宗用地范围与规划路网有冲突；另外，按科内会商意见，该分宗用地的地价或市政配套费协议书应对应其《房地产证》签订。转产权科研处。

⑨×××-09-08 ×××-09-28 产权科 经办人D+科长审核

我科已根据规划重新分宗，转规划科重新提规划设计要点。

⑩×××-9-29 ×××-10-25 规划科 经办人B+科长审核十分管领导审批

重新提出规划设计要点。

⑪×××-10-26 ×××-10-31 地政科 经办人C

转征地办核权属后再办理地价测算。

简要评述：根据该项目的情况，XXX局的主要任务是：①查核房地产权利状态；②每个项目是否符合规划计要点；③是否符合用地政策：如二者符合；④进行分宗；⑤提出规划设计要点⑥测算地价；⑦签定土地使用权补充合同。实际办理了前5项，启动第6项，总共用了122天（其中缺件待补30天），文件在局内部流转42人次。

资料来源：深圳市规划与国土资源信息中心办文系统

从这个项目的经办过程可以看出，当前城市规划执行程序中存在以下突出问题：

（1）流程设计不够科学合理。以官僚体制为特征的传统的管理流程设计往往从方便内部管理出发，实行职能主导，而不是流程主导，一项审批（执行）被不合理地在内部各部门之间分割与肢解，各考虑各的问题，各做各的决定，忽视整体的使命，无人对整个过程负责（无主办单位）。上述案例中仅受理标准与科室审查材料标准不一致就导致文件挂起30天，内部环节之间转文就达14次，这些环节都是方便自己，延误相对人的流程设计造成的。

（2）职能分工不合理的权责不明晰、不一致，致使流程趋于复杂，造成相对人时限的不可预测性状态，内部扯皮、推诿现象严重。上述案例中清楚地表明对于项目的宗地的分宗核定（是否符合规划）职责在何环节是不清楚、不明确的，导致几个环节的返工延误。

（3）办文缺乏标准化。城市规划执行中的标准化非常重要，诸如办理事项的标准化，受理材料的标准化，以及办理主体权限的标准化，都是城市规划执行程序重建应重点解决的问题。

除此之外，由于规划决策（编制与审批）与执行（实施＋许可）一体化的问题，也使得我国城乡规划管理存在如下问题：

（1）计划经济体制下“三权”一体化，主要体现在规划主管部门的集权化、封闭化的决策以及决策者与执行者“导航与划桨”的合一。

在当前政党体制特征下，政府与党委的关系是党委决策、政府执行，政府实行的是行政首长负责制。那么涉及全市城乡规划的重大决策问题，市长们作为市委的副市记，一般会提交市委决策，市委决策是按照党内民主集中制的原则，会议由市委书记主持，而市长作为副书记，一般只起到民主决策过程中的参与作用，市委决策范围一般是关于干部的任免、奖惩、调动，以及全局性、重大问题和突发事件等。而按照一般的运行特点，市委关于城市规划的决策一般不会很多，往往是在每年的市委全会上对涉及城市规划的城市发展目标给出方向性的决策，决策是以市委××届××次会议决定形式出现的。而作为城乡规划决策的关键性人物则是市长，因而就有了“有什么样的市长就有什么样的城市”之说。

（2）计划经济体制条件下的城乡规划决策是与审批紧密相连的，城市规划管理主要是城市规划的编制，审批调整、修编等，同时也负责规划实施的审批管理，规划主管部门集“裁判员”和“运动员”于一身，是全能型的决策模式。在快速城市化过程中，投资主体多元化，大量增长的城市建设项目的规划许可申请，使规划部门“官僚型”的角色日渐突出。

2.4.3 城市规划监督存在的问题

从当前城市规划问题存在的普遍性、突出性来看，城市规划监督方面存在的问题也十分突出。从温家宝总理指出的8类问题来看①，城市规划监督存在的问题，既有对规划决策的监督问题，又有对城市规划执行方面的监督问题，也有对城市规划监督检查方面的问题。从目前全国各个城市普遍存在的大量的违法建筑和违法用地的状态来看，可以得出一个基本的判断，城市规划监督处于基本缺位状态。

2.4.3.1 城市规划决策监督的缺位

根据《城市规划法》和《组织法》，城市规划决策过程是在城市政府行政运行的框架下完成的，市长是最后的决策者，对决策目标的确定，决策过程及最后的抉择，从目前的法律约束来看，没有强制性条款要求城市决策过程接受监督。而目前判断决策失误又缺乏客观标准，因而就造成了事实上的对规划决策的监督只能是事后监督，只有等到规划决策变成了现实造成了重大损失，才能从人们事后的评价中来反思，对事前、事中的监督基本缺失。因此，城市规划决策缺位普遍存在。下面以人大监督形式、公众内部监督形式为例来分析。

（1）人大监督

人民代表大会的规划决策监督是其立法权派生出来的，是国家权

---

① 温家宝总理归纳为8类问题：a. 不顾城市建设和发展的客观规律、盲目扩大规模；b. 违法建设屡禁不止；c. 旧城区超强度开发建设，环境恶化；d. 交通规划和建设管理滞后；e. 城市发展与区域发展不协调，基础设施重复建设严重；f. 村镇建设散乱，区域环境恶化；g. 历史文化风貌和自然景观受到严重破坏；h. 许多城市的新建筑缺少整体意识，片面追求高楼群、宽马路、立交桥、盲目追求玻璃幕墙，建筑和城市形象缺乏文化品位。（温家宝，切实加强城乡规划工作，推进现代化建设健康发展，城市规划，2000（2））

力机关的监督，具有最高法律效力。其监督的形式主要有：

①听取和审议政府工作报告。这是国家机关监督政府行为的基本形式，包括三个层次：一是人民代表大会全体代表听取和审议政府工作报告。一般来说政府工作报告中会有城市规划有关的内容，但就全国范围来看，有关城市规划决策的详细情况及评价，人大代表通过每年一次的全体代表大会是无法获取的，因而监督也就成了形式上的监督。

②人民代表大会常务委员会听取和审议政府的专题报告。如有涉及人民群众普遍关心的有关城市规划决策的重大问题，经政府的请求或者常务委员会组成人员、专门委员会的建议，可以在每两个月举行一次的例会上进行审议。

③人民代表大会开设的专门委员会（如城建环保委员会）听取规划主管部门关于城市规划决策方面的工作报告或汇报。

④质询或询问，是指人大代表或人大常委会组成人员依法对城市规划的某些行政行为提出质问或询问，质问与询问的不同点在于质问要求被质询的政府或其部门在法定的时间内正式答复，后者一般是口头询问，当场答复。也可以在一定时期内作出书面答复。

⑤视察，这是人大组织人民代表经常进行的活动，常以“执法检查”形式进行了解城市规划工作情况，听取群众意见的活动。

⑥人大代表的建议、批评和意见。近年来，人大代表通过建议对城市规划决策提出很多意见，政府及其城市规划主管部门也从中吸收了不少好的意见，改进政府决策。

⑦其他形式的人大监督还有调查、处理公民来信、来访、审查政府的行政法律、规章、决定和命令，对政府组成人员的任免并听取其述职报告等。

总体而言，由于城市规划在我国经济和社会发展中的地位日益提高，人大越来越关注对城市规划决策的监督。但其监督形式，总体上还是侧重于事后监督，事前和事中监督相对较少。

（2）内部同体监督基本缺位

从城市规划决策过程来看，属于同体监督（监督机构同处于被监督的政府架构内部），监督者受制于决策者，监督机构缺乏应有的独立性和地位，监督者不可能作出客观的判断。这是因为“同处一个权力金字塔内的组织和政治力量，很难形成有效的监督和被监督机制，监督者和被监督者在利益、价值观、工作作风及思维方式上都有一致性。一件事情，在公共权力金字塔外的人看来是极不应发生的，而塔内人则习以为常，……”。[①] 所以行政系统内部监督者普遍存在“三不敢三怕”的心理，即下级不敢监督上级，怕打击报复；上级不敢监督下级，怕丢了选票；同级之间不敢监督，怕伤了情面[②]。由此可以判断，城市规划决策过程的内部监督也只是形式上的。内部监督的另一种途径就是上级城市规划主管部门对下级的决策监督，目前仅仅是通过对上报审批的总体规划的编制成果进行监督，上、下级之间的监督制约机制处于缺位状态。

（3）社会的、公众的监督基本处于可有可无的状态

由于《城市规划法》并未规定城市政府在进行城市规划决策过程中应经过公众参与的过程，因而城市规划决策过程中的公众监督在全国范围来看还处于研究探索阶段，未形成制度。在已进行探索的城市，以形式化的居多，对于实质性监督效果，提高决策科学性的程度难以有客观的评价标准。实际的情况是，城市规划的过程及成果公开性、透明度不够，公众知情权得不到保障，更不用说参与权、监督权了。

2.4.3.2 城市规划执行监督的部分到位

由于城市规划执行属于具体行政行为，是城市规划权中的实权，实权是城市规划管理者最重视的，因为这意味着城市规划执行者手中拥有执行过程中的自由裁量权。城市规划执行的监督就体现在对执行者在执行过程中是否依法行使职权、是否滥用自由裁量权的监督。从目前情况来看，各地城市规划行政主管部门从行政监督的角度加大了对自由裁量权的监督，主要是根据自己的实际情况制定了内部的操作规程即程序，希望以程序的控制来规范自由裁量权。“用程序控权来取代实体控权，或者说以正当程序模式的行政法来弥补严格规则模式

---

① 杨宇立，薛冰．市场公共权力与行政管理．陕西人民出版社，1998：285

② 雷翔．走向制度化的城市规划决策．中国建筑工业出版社，2003.6

行政法不足，已成为当代行政法的主流”①。深圳市规划行政主管部门自1996年开始坚持实行以规划内部操作为特征的窗口办公制度，对内部运行的程序进行研究创设，制定《操作规程》（后来改为《依法行政手册》)，对各个岗位的自由裁量权进行控制，取得了较好的效果。在具体的建设项目选址过程中，在对建设项目的建设用地规划许可的执行过程中，执行者个人的专业背景、价值观念与相对人的关系都会成为自由裁量的主观要素，而对这些因个人因素而出现的自由裁量是没有客观监督标准，就只有依靠执行者的道德修养以及行政制约的威慑来实现。但从全国的范围来看，城市规划法治体系还不完善，执行者的自由裁决空间过大，没有充分的法律控制。另一方面，从城市规划执行的纵向监督体系来看，上级规划主管部门对下级城市规划主管部门的监督目前还停留在“发文件”（层层转发中央、国务院或相关部委关于加强城乡规划监督的文件)，这种方式的监督效果是随着层级的延伸逐级衰减的（这就是通常所称的“上有政策，下有对策”)，往往会以替换性执行（你有政策，我有对策)，选择性执行(断章取义，为我所用)，附加性执行（搞土政策)，敷衍性执行（软拖硬泡，虎头蛇尾）等对付过去，即便上边有检查组来检查，也会以“三好”（好材料，好现场，好接待）过关。第三方面是城市规划执行过程中的体制外监督，目前的状况是通过对行政相对人的行政救济的行政复议、行政诉讼、行政赔偿的方式实现的，这是国家保障人民权益的事后补救的一种方式。对执行过程的社会监督是靠行政机关的政务公开实现的。总之，城市规划执行的监督随着行政许可法的颁布实施，将会得到不断完善。

2.4.3.3　对城市规划实施监督检查的缺位

城市规划的实施监督检查本身就属于狭义的城市规划监督的范畴。在以往的城市规划及城市规划管理概念中，城市规划的监督也主要是指这部分内容。从目前运行的情况看，可以作出这样的判断：仅仅履行一小部分的监督职能，主要是指对依申请而进行的例行行政检查，一是建设工程开工订立道路红线界桩和复验灰线，二是建设工程

① 孙笑侠．法的现象与观念．北京：群众出版社，1995：185

竣工规划验收，还有查处部分违法建筑和违法用地（往往是根据第三者的投诉），对于其他部门（包括依职权的检查和大部分的违法建筑和违法用地的查处）基本未履行到位。这就是说，体制内的以及体制外的对城市规划实施监督检查的监督是不到位的。主要表现在：

体制内，由于城市规划实施监督检查职能本身就含有较强的对抗性（要查处违法建筑和违法用地，相对人因利益受损会采取对抗行为），容易得罪人，没有油水（许可权没能赋予相对人谋利的许可行为），因而内部的行政监察对他们履行职责的监督只停留在一般的形式上。而对来自上级规划主管部门的监督基本上是突击应付得过去就行。

体制外，人大、政协也仅仅在政府进行开展某项查处违法建筑或违法用地的"运动式"工作活动时，组织人大代表、政协委员进行"执法检查"或视察，象征性地表示对政府工作的支持及监督。社会公众的监督一般是由投诉信函、电话或通过媒体曝光以给城市规划行政主管部门提供信息并监督其履行监督查处职能。

改革开放以来，为适应社会主义市场经济的建立，城市规划进行了不间断的改革，为中国的社会经济发展和城市化健康发展及城市建设作出了应有的贡献。但总体而言，城市规划从计划经济时代的"作为国民经济计划的延伸"向市场化的"与国民经济和社会发展计划相协调"发生转变。规划工作者先是从加强总体规划的审批，以尽可能把城市发展纳入整体控制到寻求适当市场的地块指标的控制，继而寻求把"蓝图"法定化。城市规划工作者注重对未来城市物质空间的理想设计，而对于实现这些理想的社会条件及保障措施却关注不够，这与规划失效有较大的关系。

从城市规划在整个社会经济城市发展中的角色思考，城市规划体制改革的研究与进展却是停步不前，主要表现在：

首先，作为影响城市长远发展计划的决策制度改革与现行的体制缺乏有效协调，虽然区域协调机制已初步建立，但决策参与的广泛性未有进展，"长官色彩、专家色彩"过浓。其次，城市规划作为调整城市公共空间利益的公共政策依然得不到体现，长期以来被作为规划师价值的体现，缺少对经济、社会等的研究，"图上画画，墙上挂挂"

的境遇不能彻底改变。因而无论是市长、市民都认为规划是规划师们的“作品”，并非代表全体公众的利益政策（而常常又被扣上滞后、阻碍经济发展的帽子）。再次，城市规划的执行机制依然体现在管理者依据蓝图的审批，缺乏利益相关者的共同参与，依然体现出对申请者“凌驾”关系（或单向关系），申请者对审批结果只有接收而无权申诉（大多数地方）。规划管理者（政府一方）与利益相关者的关系表现为自上而下的管制关系，不能很好地协调一致。最后，缺乏公众参与的规划决策在无公众监督的动态状态下独立地执行，使城市规划建设在理想主义者手中不稳定地摆动。今日中国规划的监督，严格来讲是非常薄弱的，最多只能讲有内部以上对下的行政执法监督，缺乏对规划过程的（决策、执行）的整体监督（业务监督，公众的监督）。

由以上对目前规划管理的决策、执行和监督 3 个环节存在的问题可以看出，城乡规划作为政府职能的重要组成部分，其内在的行政行为环节已经出现了相对于快速城市化地区的不适应。在某种程度上说，已经阻碍了我国城市化的进一步发展，这种不适应导致了规划管理在未来导向性和现实针对性两方面的部分失效。

综上所述，在快速城市化进程中，社会急速转型，仅从城市规划技术本身或城市规划管理体系内部的改革以及传统的官僚管制无法有效解决“双重失效”问题。本书认为应该从城市规划的公共政策出发，以及从当今政府治理的新模式——“管治”方式出发，研究城市规划管理的作用机制。研究公共政策，一方面要从城市规划作为公共政策发挥作用的社会环境出发，研究城市规划在实现社会目标中的社会运动角色，另一方面要研究公共政策的决策、执行、监督机制。因此务必要从城市规划的决策、执行、监督以及实现社会目标方面存在的问题出发进行研究，从而进一步探索建立新形势下的城市规划管理机制。

小结

在中国快速城市化进程中，适逢中国经济体制改革从计划经济体制向市场经济体制转型，世界经济格局发生重大变化，经济全球化推动了产业的全球化布局调整；经济的快速发展，国际国内良好的环境推动了中国在20世纪的最后20年启动了中国城市化的发动机。东南沿海的开放地区，成为中国快速城市化的“龙头”、“示范区”。这些地区已经或正在用比过去一般城市化进程时间短得多的时间跨度，实现人类历史上巨大转型：从农业社会向现代文明社会转型。在这一快速转型过程中，经济的、社会的、文化的、体制的……，几乎涉及到社会复杂系统的每一个方面都在这场转型中经受着或大或小的冲击与变化。人作为这个社会系统内部最小的细胞，不仅自己的思想、行为都发生了前所未有的变化，而且总是从认识社会、认识自然、改造社会、改造自然的认识为起点，不断地思考、创新，力求在这场巨变中争取主动。

从城市规划领域所涉及的主体构成要素，作为技术的城市规划，作为政府行为的城市规划，以及作为社会运动的城市规划，在这场变革中都积极发挥着作用。但受到社会系统中传统条件的制约，各种要素又以不协调的方式在发生着作用。作为城市规划最集中、最显著特征的城市规划技术（专业特性），在过去的20多年中，伴随着城市化进程及城市规划具体问题的层出不穷，得到了较大的发展。可以说，过去20多年，源于物质规划的中国城市规划在专业技术领域正逐步接近世界城市规划专业技术水平。但我国规划行政管理制度，还存在着许多不足。作为城市规划的三大构成，政府行为、社会运动作用与专业技术角色的作用，可以说是“二弱一强”（政府管治行为和社会运动行为作用较弱，城市规划技术相对较强），改革不协调，缺脚短腿。这也就不难解释城市规划为什么在社会系统中，在政府行政序列中始终感到曲高和寡，而出现无法融入社会大系统的困境。

在已经经历过快速城市化的地区，无论从政府的行政领导者，还是从城市规划的行政管理官员（技术官僚），亦或是在不同领域从事城市规划工作的规划师，都力图在自己的思维创新极限中把握城市社会、经济、文化各领域的发展脉络，用一句政治领域的用词：“驾驭”城市化的发展。然而回头一望，却再也找不到“北”（方向）。从深圳多年的实践来看，在辉煌的光环背后，是深圳目前面临的违章建筑和“城中村”问题。同时，面对发展空间的制约，当代深圳市主要领导不得不在一年时间里实现早就应该完成的城市化。这应是当代深圳市领导总结了过去20多年深圳城市发展失效后，作出的有利于深圳未来发展的重大战略决策。在这样的背景下，作为政府行为的城市规划，应该认真反思过去二十多年失效的根本原因，从现象背后的原因出发，循着问题—原因—答案的路径，找到治本之策。

本章首先以深圳为例介绍了快速城市化地区的典型写照，然后从城市规划的作用分类角度指出其未来导向性和现实针对性方面存在部分失效，并且对失效的原因进行了分析。通过分析，指出未来导向性和现实针对性失效的主要原因是对于城乡规划管理构成的社会运动和政府职能两方面的理解匮乏，因而在关注现有规划管理技术演进的同时，需要综合政府职能和社会运动的知识，将其移植到城乡规划管理中来，为城乡规划管理机制创新提供新的研究视角。

3

快速城市化进程中城市规划管理机制改革的模式选择

- 3.1 我国在政府职能转变领域所进行的探索
- 3.2 政府职能转变与城市规划管理再定位
- 3.3 城市规划管理内部职能的相对分离
- 3.4 制度变迁中的规划探索

从上一章可以看出，在快速城市化进程中，城市规划管理无论是从实现城市规划对未来的导向性作用还是解决现实问题的针对性作用来看，都存在部分“失效”的问题。总结其根本原因在于城市规划三大构成的关系失调。传统的城市规划技术脱离于行政、社会而力图独自发挥作用，在于城市规划管理机制出了问题。因此要解决“失效”问题，必须正本清源，首先找回城市规划、城市规划管理角色，即城市规划、城市规划管理再定位。从政府职能的角度出发，把握城市规划管理再定位的方向。角色定位是前提，运行机制是关键。在现行体制下，从“经济体制改革→行政体制改革→政治体制改革”的渐进式路径选择，决定了作为行政行为的城市规划管理，必须从城市规划行政的角色出发，在渐进式改革的大框架下，实现城市规划管理在行政框架内的运行机制优化，无论成功或失败，对于行政体制都会产生一定影响，而对政治架构不会产生大的影响，这也许就是邓小平设计的“摸着石头过河”的出发点。

研究城市规划管理制度、体制必须从行政体制改革入手，城市规划管理体制改革作为行政体制改革的组成部分，是渐进式体制改革的组成部分。构建新型城市规划管理体制及运行机制，对解决城市规划失效问题起着至关重要的作用。关于城市规划管理体制与机制，传统的理解有两层含义：一是作为政府行政架构的组成部分，在行政框架下按照行政体制改革的统一要求，随着机构改革而进行机构与人员的变化；二是作为有专业技术成分的管理，主要是指城市规划编制、审批、实施及规划实施监督检查以及规划行业的管理。近年来，把城市规划作为公共政策的认识日渐明显，因而从政府改革理论角度研究城市规划决策也日渐兴起。在政府改革的总体框架下，新“公共管理”的理论不断出现，对政府法治及职能改革提出了新的要求，从而也为城市规划管理改革提供了理论依据。

从城市规划管理作为城市政府的主要职能特征来看，政府职能转变的方向是城市规划管理再定位的前提；城市规划管理内部的行政三分和城市规划管理权力的社会化是实现再定位的可能途径。以需求诱致性为特征的中国渐进式改革路径是城市规划管理机制改革的约束条件。

“行政三分”的由来

“行政三分”是指将行政管理职能分为决策权、执行权、监督权三部分，在相对分离的基础上，三者相辅相成，相互制约，相互协调。

这一理论起源于英国。1979 年撒切尔开始出现在英国的政治舞台上。她一上台就开始了行政改革：

先调马克·斯宾塞连锁店的主管雷纳任她的效率顾问，并在首相办公室设立一个效率小组。随后雷纳开始组织对政府的各部门运作状况进行全面、深入的调查。调查的重点是经济，目的是“追求所谓的金钱的价值”。[①]这次调查活动是其后行政改革的先导和改革措施制定的基础。

1980 年英国的部长管理信息系统在环境事务部成立。它成立的目的是要使“高层领导能随时了解部里正在做些什么事情？谁负责这些事情?”等。这些措施的执行使得目标管理、效绩评估等现代管理手段融入其中，并为分权和权力下放创造条件。1981 年，朱伯特调研小组（雷纳调研的一个项目）提出了一份报告，主张开展以“分权化”为主题的机构改革。

1982 年 5 月，英国财务部公布了“财务管理新方案”，这成了英国政府部门管理改革的总蓝图。新方案有 4 个共同特征，分别是：（1）高层管理系统（信息系统）；（2）目标陈述（议事、咨询、选择）；（3）绩效评估（监督、检查）；（4）分权和权力下放（形成了独立的执行性的核算中心）。财务分权“实现了责任与人权、财权的统一”。更重要的是，分权原则得以发展和系统化，其主要标志是1988 年的伊布斯报告。伊布斯于1983 年接替雷钠任撒切尔的效率顾问。1988 年提出了一份题为《改善政府管理：下一步行动方案》的报告（improving Management in Government：The next steps）。报告的实质是“主张政策与执行职能的分离”。其中的“政策”即现代的“决策”之意。这样，英国便展开了以政府内部的决策权、执行权以及监督权相分离的行政改革。这便是“行政三分”最初形成和提出的来源。随着这一理论的提出及英、美等国家的政府运作，便逐渐形成了当今的“决策权”、“执行权”、“监督权”既分离又制约的原则。

我国的政府机构改革从建国后一直未曾间断，只是改革的目的、方法、内容不尽相同。进入改革开放后，尤其是1990年代中后期，为适应经济体制发展和政治体制发展的需要，2001年11月，中央编制办决定在深圳市进行政治体制改革试点，深圳大学马敬仁教授和深圳市委党校卞苏微教授作为专家设计了改革方案的框架体系和整体思路。2002年11月8日，中共第16次全国代表大会召开，报告中指出要“按照精简、统一、效能的原则和决策、执行、监督相协调的要求，继续推进政府机构改革。”②2002年底方案初步形成，改革方案是在决策权，执行权和监督权三项职能相对分离的基础上，形成既相互制约又相互协调的政府架构。其宗旨是“分权、重组、创新、协调、提高”③。马敬仁教授将其概括为“行政三分”。2003年3月，按照上述原则的行政改革在深圳市正式启动，标志着“行政三分”在我国开始试行。

摘自：①周志忍．英国的行政改革与西方行政管理新趋势．北京大学学报（哲学社会科学版），1994（5）：50~52

②江泽民．全面建设小康社会开创中国特色社会主义事业新局面：在中国共产党第六次全国代表大会上的报告．中国人民出版社，2002：35

③行政三分深圳启动．成都商报，2003

3.1 我国在政府职能转变领域所进行的探索

3.1.1 政府职能的内涵和特征

3.1.1.1 政府职能的内涵和构成

政府职能的内涵，是指政府为实现国家利益和满足社会发展的需要而负有的职责和所发挥的功能。进一步说，政府职能是国家职能的重要组成部分，其与国家职能关系如图3-1所示。

国家职能包括立法职能、司法职能、行政职能。这三种职能共同构成了国家职能，而政府职能属于行政职能的范畴，行政职能是国家

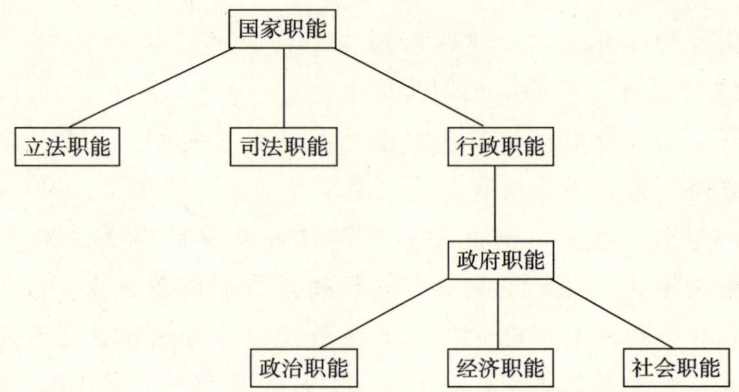

图 3－1　国家职能与政府职能

职能的重要表现形式，即国家的内政、外交。大量的这些公共事务是通过政府的管理来实现的。当然，行政职能、政府职能要受到立法职能、司法职能的制约，当然它的职能反过来也会影响到立法职能和司法职能。

政府职能是一个完整的体系，可以也应该对它作分类研究。依据不同的标准或从不同的视角出发，政府职能可以分为不同的类型。从体现国家职能角度看，政府职能包括阶级统治职能和一般社会公共管理职能；从政府管理的作用的性质看，可分为统治性职能、保卫性职能、管理性职能和服务性职能等。从政府管理职能的运行来看，可分为计划职能、组织职能、协调职能和控制职能等。而为了更好地观察政府职能的具体领域和具体运作规则，从而优化政府职能的选择，人们更注重从政府管理的领域看政府职能的构成，即把政府职能分为政治职能、经济职能、社会职能三大类。

（1）政治职能

政府的政治职能是指通过行政权力机关行使约束性、控制性、防御性、保卫性以及镇压性的功能，防御外来的入侵和渗透，镇压被统治阶级的反抗，制止和打击不法分子的各种破坏活动，建立和维护有利于统治阶级的社会秩序及内外环境，妥善处理统治阶级内部的各种关系，其核心功能是巩固国家政权。

（2）经济职能

政府的经济职能是广义的政府社会职能的一部分，指政府在社会经济生活中依法履行的职责及其所发生的功能。这是政府管理中一项基本的职能，自国家产生之日起就已经存在，并以各种不同的方式作用于社会经济生活。

在我国，政府经济职能的最初设计，是以高度行政集权的计划经济体制为背景的，实践证明这种职能模式难以适应现阶段生产力发展的要求。党的十一届三中全会以来，我国实行了以市场经济为取向的体制改革，这一改革的一个重点内容就是政府经济职能的转变。通过这一转变，形成适应社会主义市场经济体制环境的新的政府经济职能体系。

(3) 社会职能

广义的社会职能包括经济职能，这里指的是狭义上的，即除经济职能以外的社会职能。它主要有以下两个方面：文化教育职能、社会服务和保障功能。政府的文化教育职能是指通过文化管理机构依法对教育、科技、文化、卫生、体育、新闻出版、广播影视等社会科教事业和社会文化事业的管理。而政府的社会服务和保障功能，一般是通过建立各种有关机构，创办和管理社会福利、社会救济、社会保险、环境保护、治理污染等项事业来实现的。

城市规划就是对一定时期内城市的经济和社会发展、土地利用、空间布局以及各项建设的综合部署、具体安排和实施管理。从其管理内容来看，在政府职能中的政治职能、经济职能和社会职能都有所涉及，因此城市规划是政府职能的一部分。

3.1.1.2 政府职能的特征

政府职能的内涵和基本构成如上所述，下文主要是进一步阐述政府职能的特征，从而加强我们对城市规划管理职能特征的认识。

一般而言，政府职能主要有三个特征：共同性、差异性和阶段性。

首先看政府职能的共同性，所谓政府职能的共同性，就是不管什么政治制度下的政府职能，都要对社会的公共事务进行管理，这一点是共同的。比如我国政府要加强基础设施建设，要建一些公益性的大项目，如修铁路、修机场、修码头，城市要解决交通、供水、供气、供电这样一些公共设施，这是政府应承担的职责。

其次是政府职能还具有差异性，这些差异性集中地表现在三个领域：第一，不同社会政治制度下的政府，它的职能的阶级属性不同。第二，它的职能范围有差异，就是一个国家的历史、文化、政治制度存在的差别，决定了各个国家政府管理社会经济的模式的差异，管理社会模式的差异在一定意义上也就会影响到政府职能作用的范围。比如在英美为代表的所谓自由市场经济模式下，政府管理经济的范围就小一些，在像中国这样一种政府主导型的市场经济模式下，政府管理经济的范围就比英美要多一些。第三个领域是，在不同的社会政治制度下，政府职能管理的侧重点也会有差异。例如，在欧洲一些收入比较低的国家，尽管他们也提出控制人口，但是他们是一个低生育的国家，那么控制人口就不可能成为整个政府职能的重点，这个问题在中国，就是非常重要的问题。中国是一个人口众多的国家，人口出生率也比较高，如果不严格地控制人口，就会给中国社会带来很大的人口压力，所以说加强对人口的有效控制就成为我们政府职能中非常重要的问题。

职能的第三个特点是阶段性的特征。也就是说，政府职能是一个动态的，是随着社会经济的发展变化，随着时间、地点的变化不断变化的，而不是静态的。这种动态性，不仅表现在一个国家内部政府职能配置在不同发展阶段可能有差异，而且从国际社会中我们可以看到，政府职能的配置也在不断地发生变化。例如，从西方国家来讲，当亚当·斯密当时主张自由资本主义的时候，政府扮演着守夜人的角色，即政府基本不干预经济生活，而是主张政府就是要保护私人的财产，保护人的人权，除此之外政府不要干预社会更多的经济事务，所以说亚当·斯密这种思想一直影响着西方世界长达150年。但是20世纪20年代末西方出现了大的经济危机后，西方国家意识到政府一点都不干预经济是不行的，加上美国当时有政府干预经济的实践并取得了重大的成效，再加上凯恩斯的政府干预理论，从20世纪30年代以后，整个西方世界对经济采取了积极的干预手段，确实也促进了资本主义经济社会的发展。但是到了20世纪70年代以后，这种现象又发生了变化。随着金融危机的出现，政府干预也带来了一些副作用。西方的许多学者对政府干预经济的理论提出了严厉的批评，其中有代表性的观点如货币主义。这样一些理论基本上是强调政府要放松对社会经济生活的干预，给市场更大的自由度，这种理论思想从20世纪80年代开始应该说在世界各国占领了比较重要的地位。直到现在，西方世界对政府究竟应不应该干预经济、在多大程度上干预经济仍然有很大的争议。

国内学者对于政府职能改革的一些观点

对于当代行政改革的特点，国家行政学院学者周志忍归纳为：一是当代“公共组织改革最值得注意的是它的广泛性”，几乎所有国家都卷入了改革的浪潮中。二是当代各国行政改革在总的方面趋于一致，而且这种趋同似乎超越了意识形态上的差别。三是当代行政改革与过去的改革在总方向上完全相反，前半个世纪的行政改革趋势和结果是政府膨胀和扩张，当代行政改革的特点是政府的退缩和市场价值的回归①。

国家行政学院教授李习彬从系统科学的角度对我国当代以体制改革为中心内容的政府管理进行了多层次的分析，构建了包括7个层次的政府管理创新体系（包括假设基础、管理哲学、政治体制、行政体制、组织结构、立体机制、管理人员、手段与方法），介绍了指导体制问题分析与体制改革方案设计的三元整合理论（三元整合理论，即以集体控制行为、规范行为与子系统自主行为这三种基本整合方式作为变量，以三元行为及其组合描述不同体制的特征，为体制中一些基本关系的分析处理，为分析社会的稳定性和发展特性，为描述改革、发展与稳定三者之间的关联提供了统一的理论框架）和管理组织三层设计理论（管理组织三层设计理论将管理组织设计分为体制设计、结构设计及运行设计三个层次），提出了创建适合国情的公共管理理论的构想，并建立了社会系统科学基础理论及其实践运用的现代思维内容体系的初步框架。提出“所谓体制，不过是社会系统组织整合的框架结构”②。

李习彬等指出，我国的政府改革要比西方复杂、困难许多，西方的政府再造不涉及根本的政治体制，行政体制与经济体制政府基本职能未变。主要只涉及政府履行某些职能的方式的机制问题和局部行政体制改革，而我国的改革不仅涉及经济、政治、科教、文化等几乎所有领域，而且涉及政府管理创新的所有层次。我们需要同时重新塑造政府、企业和社会。培育市场体系，建立民主的法制国家。这些将改变上至政府，下至企事业，甚至每一个公民生产生活的环境和内容、生活方式和思维模式，乃至思想观念、甚至信念。

摘自：①周志忍．当代国外新政改革比较研究．国家行政学院出版社，1999：3

②汉斯·班贝格．德国的行政现代化：新瓶装旧水．国家行政学院国际合作交流部编译

3.1.2 政府职能转变20年

从1978年至今，由于我国是在1992年党的十四大上确立建设社会主义市场经济体制的目标的，那么，大概可以以1992年为界，将我国的行政组织改革划分为两个时期：1978～1992年期间的行政组织改革是社会主义市场经济前探索时期的行政改革的尝试。与之相对应，从1992年至今，行政组织改革目标明确，紧紧围绕社会主义市场经济进行行政管理体制改革。

3.1.2.1 社会主义市场经济目标确立前探索时期的行政改革

第一次：1982年机构改革。

1978年，党的十一届三中全会以后，我国进入新的历史时期，全国工作重点转移到经济建设上来。许多工作部门纷纷要求加强本部门工作，因而不断恢复增设许多新机构，在短短5年中，国务院机构猛增到100个单位，工作人员增至5万多人，其数量达到建国以来的最高水平。随着经济体制改革的深入，要求政府转变职能，适应商品经济的需要。为此，1982年中央提出精简机构的改革目标。改革后，国务院的部委机构减为43个，直属机构减为15个，办事机构减为2个和1个办公厅，机构总数共61个。

第二次：1988年机构改革。

由于1982年的机构改革只停留在机构本身的撤并上，没有从根本上触动旧的体制（政府的职能本身没有“精减”），因而改革后机构的数量很快又有反弹。到1986年底，国务院机构又增加到72个。中央决定将行政机构改革深入下去，继续下放权力。改革采取了自上而下、先中央后地方、分步实施的方式来进行。通过改革，国务院部委由原有的45个减为41个，直属机构从22个减为19个，非常设机构从75个减为44个。这一次机构改革第一次明确地提出转变政府职能，明确提出转变政府职能是机构改革能否成功的关键。因此，1988年的机构改革与1982年机构改革的最大不同在于，前者不再是搞简单的机构撤减合并，而是以转变政府职能为关键的契机，在转变政府职能的基础上进行机构调整。此次转变政府职能的中心内容是政企分开、下放权利。由于当时经济体制仍停留在计划经济体制的思维框架上，因此，政府职能的转变也不可能做到一步到位，只能是过渡性转变。

3.1.2.2　社会主义市场经济体制确立后的行政组织改革

第一次：1993年机构改革

1993年的机构改革，是在提出建立社会主义市场经济体制的前提下展开的。与前几次机构改革相比，这次机构改革把适应社会主义市场经济发展的要求作为改革的目标。改革的重点是转变政府职能，转变政府职能的根本途径是政企分开。要按照建立社会主义市场经济体制的要求，加强宏观调控和监督部门，强化社会管理职能部门，减少具体审批事务和对企业的直接管理，做到宏观管好，微观放开。政府的行政管理职能，主要是统筹规划、掌握政策、信息引导、组织协调、提供服务和检查监督。1993年机构改革，由于历史条件的制约和宏观环境的限制，人们对社会主义市场经济还处于认识过程中，计划体制的思维惯性依然存在；此外，改革还涉及权力的重新配置和重新调整。因此，这次机构改革虽然取得了一定进展，但政府职能转变并没有移位。

第二次：1998年机构改革

与以往几次改革相比，这一次是我国政府机构改革发展的新阶段。无论在改革目标与原则的确立，还是在改革重点的突出与难点的突破上都是前所未有的。机构改革的目标：建立办事高效、运转协调、行为规范的行政管理体系，完善国家公务员制度，建设高素质的专业化行政管理干部队伍，逐步建立适应社会主义市场经济体制的有中国特色的行政管理体制。这次改革强调要“按照发展社会主义市场经济的要求，转变政府职能，实现政企分开。要把政府职能切实转变到宏观调控、社会管理和公共服务方面来，把生产经营的权力真正交给企业”[①]。截至2002年6月，经过4年半的机构改革，全国各级党政机关共精简行政编制115万名。这是新中国成立以来规模最大、力度最强的一次行政改革。在1998年行政改革中，对机构改革的认识和实践，已经从以往简单的撤并和增减，拓展到行政区域体制、政府职能、管理机构、人员编制、运行机制相结合的全方位综合配套改革，无论从内容还是从范围来说，都是以往几次改革所无法比拟的。

第三次：2003年的机构改革

这次机构改革是改革开放以来的第五次行政组织改革。按照十六大报告提出的要求，要“按照精简、统一、效能的原则和决策、执行、监督相协调的要求，继续推进政府机构改革”为总原则，新一轮机构改革的目标则是形成行为规范、运转协调、公正透明和廉洁高效的行政管理体制。这次改革既是前4次改革的延续，又具有新时代新阶段的特征。与1998年机构改革相比较既有其连续性又有本质的区别，最主要的是，社会背景发生了两大变化：一是其间中国加入了世贸组织，一是中国共产党十六大提出了全面建设小康社会的时间表，对政治体制的民主化和法制化的改革提出了新要求。所以，在这个新的时代条件下，这轮机构改革不仅是机构调整和职能转换的问题，而且是要探讨整个政治体制改革所需要的行政管理体制的建立问题。2003年10月14日，十六届三中全会通过了《中共中央关于完善社会主义市场经济体制若干问题的决定》，《决定》指出需要“明确中央和地方对经济调节、市场监管、社会管理、公共服务方面的管理责权”。

2005年10月中旬在北京闭幕的中国共产党十六届五中全会，

① 九届全国人大一次会议关于国务院机构改革方案的说明，1998

确立了以科学发展观统领经济社会发展全局、构建社会主义和谐社会的发展战略，描绘了中国未来5年的发展蓝图。会上审议通过的《中共中央关于制定国民经济和社会发展第十一个五年规划的建议》中明确提出了“转变政府职能是深化改革的重点”。2006年政府职能转变步伐加快：继续推进政企分开、政资分开、政事分开，政府社会管理和公共服务的职能明显增强；党中央、国务院发布《关于进一步推行政务公开工作的意见》，各地区、各部门加大政务公开力度；加快建设体现科学发展观和正确政绩观要求的经济社会发展综合评价体系和干部实绩考核评价体系，有关部门开展绿色GDP核算指标体系试点。行政问责制度进一步强化：加大推行行政执法责任制的力度，有关部门抓紧制定行政过错责任追究制度；不少地方建立和完善了岗位责任制、首长问负责制、限时办结制、过错追究制等一系列制度。①

3.1.3 我国政府改革的方向判断

应该注意到的是，中国的渐进式改革具有明显的诱致性和演进主义的特点。个人、企业和其他基层单位为了自身利益而进行的制度创新极大地影响着改革的进程，自下而上的局部性试验引导着自上而下的全局性变革，“摸着石头过河”的朴实意识似乎比理性的设计、全面的规则更能体现改革的潮流。这种情况的出现并非偶然，因为改革的方式是与改革的性质相适应的，与市场经济的自发程序相适应的制度变迁方式必然要更多地体现诱致性和演进性的特点，自下而上的诱致性变迁不仅可以减少自上而下的强制性改革由于信息不足而导致的风险过大的危险，而且可以从根本上改变传统体制下形成的集中的利益结构、信息结构和决策结构，反映市场机制和市场化改革的要求，调动基层单位的积极性，为改革的持续推进提供强大的动力，创造广阔的空间。

从我国城市化进程的特点来看，由于所处的阶段特殊且各地区域

① 国家发改委经济体制综合改革司特稿．改革继续攻坚：2006五大重点．21世纪经济报道，2006-1-25（6）

不平衡，政治体制改革与经济体制改革两者不同步，社会变革过程也较为快速，我国政府管理改革肯定要复杂得多，困难得多。但从西方国家政府改革的成功经验可以看出，明确政府角色，理清政府职能，进行不涉及改革政治体制的“政府再造”，不需要对政府组织结构框架进行伤筋动骨的改造，而是对公共体制和公共组织进行根本性的转型，以大幅度提高组织效能、效率、适应性（adaptability）以及创新的能力（capability to innovate），并通过变革组织目标、组织激励、责任机制、权力结构以及组织文化等来完成这种转型过程。政府再造就是通过重新认识政府的角色，转变政府职能，创造具有内在改进动力公共部门，建立具有自我更新能力的机制。这就要求在下一步各级政府进行行政管理体制改革时，要跳出机构改革的旧模式，不再简单地进行机构撤销，不再精简人员，而是要从转变政府职能、完善政府功能、提高政府效能、建设一个负责任、有权威、高效廉洁的服务型政府方向要求出发，切实推进职能的重新界定，解决政府职能“错位”、“越位”、“缺位”问题。通过决策、执行、监督的职能分开，强化决策的宏观战略性，健全监督职能，再造执行流程。总之，政府改革的方向要明确两个方面，一方面要明确界定政府的职能外部边界，即按照经济调节、市场监管、社会管理和公共服务的定位要求，进一步界定政府与社会、政府与企业的关系，让政府回到自己应有的位置上；另一方面要明确政府职能内部的细分分界，即进一步划分政府运行中的权利，明确决策、执行、监督的相对边界，优化内部运行机制。

城市规划管理作为政府职能的一部分，随着我国政治体制的改革，在快速城市化的背景之下，也必须作出相应的调整。如何加强规划的宏观、未来导向性（掌舵而不是划桨）；如何做到规划面向顾客而非面向政绩的需要；如何体现规划管理的分权以及增强社区、公众对于规划全过程的参与；如何加强对规划全过程的监督与评价等，都是需要我国城市规划管理者在新的形势下，进行机制层面的研究问题。作为政府职能一部分的城市规划管理也需要依照此趋势进行再定位。

奥斯本与盖希勒提出政府再造需要10项原则

美国学者奥斯本、盖希勒于1992年出版了《改革政府——企业精神如何改革公营部门》一书。该书不仅成为当年的畅销书，而且受到克林顿的极度推崇："美国每一位当选官员应该阅读这本书。我们要使政治在20世纪90年代充满新的活力，就必须对政府进行改革。该书给我们提供了改革的蓝图。"政府再造就是用企业化体制来取代官僚体制，即创造具有创新惯性和质量持续改进的公共组织和公共体制，围绕过程和结果，而不是职能或者部门展开工作，从而使组织充满活力。也就是创造具有内在改进动力的政府部门，使其具备"自我更新的机制"。或者说，使政府具备能够应付未来无法预知的挑战的能力。不仅要提高今天的效能，还要创造在环境变化后也具备改进效能、能力的政府组织。

奥斯本与盖希勒提出政府再造需要10项原则：

1. 起领航、催化作用的政府：掌舵而不是划桨（Catalytic Government）；

2. 社区拥有的（Community—owned Government）政府：授权而不是服务；

3. 竞争性政府：把竞争机制注入到提供服务中去（Competive Government）；

4. 有使命感的政府（Nission - driyen Government）：转变照章办事的组织；

5. 结果导向的政府：按效果而不是按投入进行拨款（results-oriented Government）；

6. 顾客驱使的政府：满足顾客的需要而不是官僚政治的需要（customer - driyen Government）；

7. 企业化的政府：有收益而不是浪费（enterprislng Government）；

8. 有预见的政府：预防而不是治疗（anticipatory Government）；

9. 分权的政府：从等级制到参与和协作（decentralized Government）；

10. 市场导向政府：通过市场力量进行变革（market - oriented Government）

摘自：戴维·奥斯本，彼德斯·普拉斯特里克著．谭功荣译．摒弃官僚制——政府再造的五项战略．中国人民大学出版社，2002

3.2 政府职能转变与城市规划管理再定位

城市规划就是对一定时期内城市的经济和社会发展、土地利用、空间布局以及各项建设的综合部署、具体安排和实施管理。从其管理内容来看，在政府职能中的政治职能、经济职能和社会职能都有所涉及，是政府职能的一部分。因而快速城市化进程中的城市规划管理的变革理所应当地需要考虑政府职能的变革方向。政府行政范围取决于社会自治能力和市场机制起作用的范围，因此城市规划管理的职能再定位也需要集中在这两个层面。

3.2.1 社会经济发展与城市规划管理

3.2.1.1 社会管理与城市规划管理

随着由计划经济向市场经济的转型，以市场为取向的经济制度解构了传统的政治经济一体化、经济生活单一化、利益主体同质化的局面，从而为市民社会的形成提供了社会结构支撑。同时，市场经济为市民社会走向成熟提供了社会文化支撑。市民社会的基本社会价值是：个人主义、多元主义、公开性、开放性、参与性、法治原则①。市场经济的发展必然造就市场主体的民主意识、法律意识、主体意识、契约意识、理性精神等与市民社会相融的现代意识，从而形成并不断强化市民社会的基本品格和价值原则。

市民社会是指个人、团体按照非强制性原则和契约观念进行自主活动，以实现物质利益和社会交往的所有社会秩序和社会过程，这是指国家的非政治生活领域，亦即国家政治生活之外的。从市民社会的

① 何增科．公民社会与第三部门．社会科学文献出版社，2000：5

基本品质看，市民社会与商品经济特别是市场经济相联系，非商品经济不可能形成市民社会。市民社会只有在市场经济的基础上才能建立起来并走向成熟。

从我国社会发生的变化来看，我国社会领域与政治领域的分化已成为不争的事实。实际上，随着我国国家与社会的分化，我国社会的自组织力量正在不断发展壮大。

我国经济和社会格局的变化，导致产生了大量不受政府直接控制的商业、信息咨询、文化和其他各种民间中介组织，逐渐形成了相对独立的民间社会。在改革开放前的总体性社会（计划经济），中介组织在中国几乎没有存在的可能。改革以来，过去一元化的组织结构得到了改变，由于民间社会力量的发育和成长，同时也由于政府控制范围的缩小和控制力度的减弱，社会组织化的需求已经出现。其结果就是一些如行业协会、企业管理会、个体劳动者协会、消费者协会、商会、学会、研究会、基金会、联谊会以及各种名目的俱乐部等中介组织的出现，并开始在社会生活中发挥作用。总结以上论述，可以从图3－2、图3－3看出其变化过程。

在原有的计划经济体制下，政府和社会具有一元性，其具有同构化的特征（如图3－2所示，政府和社会在一个框图内），而随着市场经济的发展，政府和社会出现了二元性（如图3－3所示，政府和社会分化为两个框图，且本着“小政府、大社会”的原则，政府框图小于社会框图）。在原来的政府职能内部出现了决策、执行、监督环节分化的要求，同时由于二元性的出现，政府职能需要外化到社会中去，即社会需要参与到决策、执行、监督的各个环节中去。由此呈现出“小政府—大社会”的组织形态。城市规划管理作为政府职能的一部分，随着这些变化，同样需要做出反应。目前提倡的顾问规划师制度、“规划下乡”，正是政府向社区授权以及城乡规划的公众参与的具体体现。在这些创新实践过程中，客观上也是政府培养、树立自己的“对立面”，构建管治基础平台的过程。通过输送规划知识，培训参与、监督意识，使城市规划过程不再是政府自我的独自行为，也正是目前中央提出的构建和谐社会的要求。城市规划管理的职能需要为这种市民社会中多个群体的参与提供可能的渠道和政策接口。

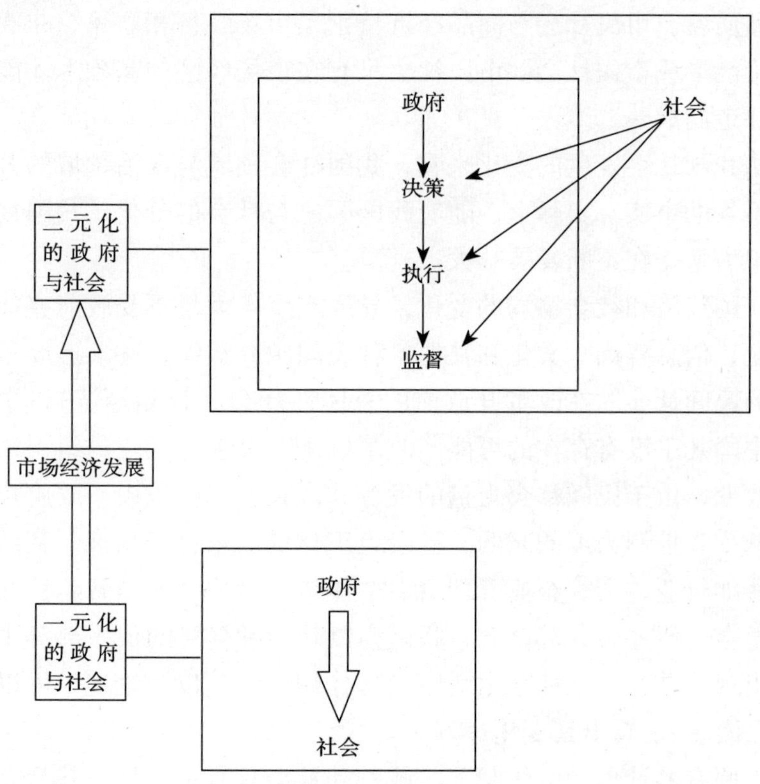

图 3-2　政府—社会模式的转变（一）

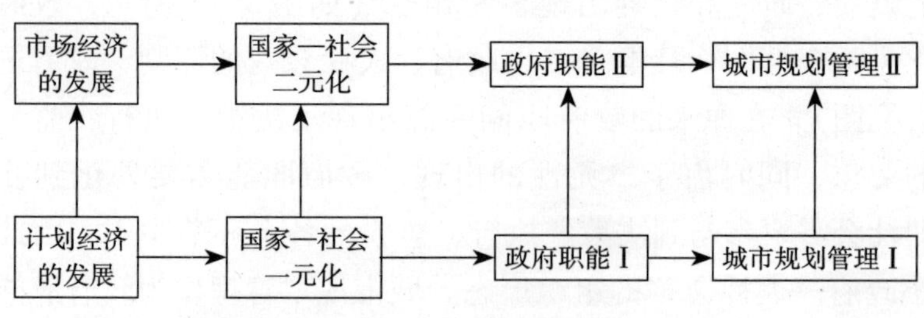

图 3-3　政府—社会模式的转变（二）

3.2.1.2　经济调节与城市规划管理

城市规划管理有着较强的经济管理职能色彩，按照我国政府职能转变的大方向，加强中、长期规划的研究和制定是转变现有城市规划管理机制的重要任务和途径。随着我国加入世界贸易组织和经济市场化程度的提高，经济发展中的不确定因素越来越多，特别是国际经济发展趋势的变化，对国内经济的影响日益广泛和深入。我国进入全面建设小康社会的新的发展阶段，各种新的矛盾和问题与以往存在的深层次矛盾交织在一起，使城市规划管理面临很多新的重大课题。只有加强对影响经济全局的重大问题的研究，正确判断国际环境的变化趋势，才能从统筹城乡、统筹地区、统筹经济社会、统筹人与自然相和谐、统筹国内经济与对外开放的高度，从全面、协调和可持续发展的高度，提出符合我国国情的中、长期城乡发展规划的重大战略、基本任务和产业政策，把经济增长的潜力最大限度地挖掘出来，使国民经济能够在较长时期保持快速健康增长，推动社会全面进步，从而在落实科学发展观，建设和谐社会中发挥更大的作用。

同时，必须进一步提高城乡规划的科学性和前瞻性。编制规划应明确强制性内容。要把规划的视野从单独的城市扩展到区域。城乡规划既要能够解决政府有效监管的问题，又要把握社会主义市场经济的客观规律。要把规划编制重点，从开发建设布局转向重视资源保护利用和空间管制；从确定城市规模、指标转向重视控制合理的环境容量和科学的建设标准；从确定发展项目转向主要确定保护内容。要以有效引导城市发展为目标，区分强制性和指导性内容。提高近期建设规划针对性和可操作性，切实指导各项建设活动。西部地区的城乡规划，要适应西部大开发战略的实施，把生态环境建设放在重要位置。

3.2.2 “市场失灵”与城市规划管理

翻开萨缪尔森的《经济学》，里面说市场是会“失灵”的。所谓“失灵”，就是指经济学者无法用供求原理来解释的现象。为了挽救供求原理，经济学者就敷衍说市场“失灵”了。

要解释“失灵”，就必须深入了解事情的原委，重视某些重要的约束条件，挖掘哪些现象与经济理论产生了冲突。只要解释者调查真实的世界，只要他们找到了在起作用的约束条件，那么现实与理论的矛盾就会化解，所谓的“失灵”就会立即消失。

3.2.2.1 市场监管与城市规划管理

从城市规划管理的职能来看，除了对社会整体的宏观把握和未来导向性方面进行引导，还需要对市场运行中出现的各种弊端进行监管。例如，2004 年度有关我国房地产市场的发展问题。从 2004 年前期的宏观经济指标来看，我国经济确实存在过热现象，兼有社会风尚鼓励奢侈，资源不公正的占用等现象。其中房价持续上涨尤为抢眼。围绕这一问题，政府、开发商、社会公众、独立研究机构，展开了一系列论战。部分开发商宣称，土地招拍挂制度导致地价不正常上扬，使得房屋建筑成本上涨，房价自然水涨船高；而政府部门指出决定房价的基本因素是市场的供求关系而非成本，房价上扬与土地招拍挂制度无必然联系；部分独立研究机构声称中国房地产市场存在严重泡沫；社会公众有真实住房需求，但苦于房价太高，无法落实。在这种情况下，如果政府不进行监管和干预，势必对我国的经济发展产生不利影响。从宏观层面，政府于 2004 年 10 月开始采取加息政策，对房地产金融市场加以调控；同时对招拍挂制度进行适当调整，如上海土地拍卖新规定出台："有限区间内价高者优先"，即低于标底价或超过最高限价者，一律视为无效报价；对于开发商的进一步监管还体现在对其上报的房屋销售价格数据进行进一步核查，同时委托相关研究机构加强对我国土地市场供应和房地产市场的实证研究。

3.2.2.2 公共服务与城市规划管理

城市规划及其管理应强化对影响公众利益的公共物品的保护与控制，以弥补市场失灵。[①] 近来建设部加强城市规划管理，出台关于加强总体规划中关于强制性内容的若干规定，即是发挥城市规划保护公共资源的作用。例如建设部出台《城市绿线管理办法》以及紧接着即将出台的城市紫线、城市蓝线和城市黄线管理办法。深圳市在组团规划划定的"两线三区"（基本生态控制线和规划建设控制线；基本生态控制区、规划建设区和限制区三类不同的管制区域），即是这方面的具体体现。

---

① 对于什么是市场的失灵，有各种不同的看法。比较流行的观点认为，当市场不能导致资源的有效配置时，它就是失灵的。例如，由于公共物品没有交易和相应的交易价格，就没人生产，或生产远远不足。但公共物品是一个社会发展必不可少的，这样，市场调节就无法提供足够的公共物品。公共物品的供小于求是资源配置失误，这种失误是由于仅仅依靠市场机制引起的，这就是市场失灵。

在一个社会中，公有财产资源、公益物品和外部效应问题的存在导致了政府配置职能的产生。政府需要校正市场的失灵。城市规划管理需要在加快市政公用事业市场化进程、积极推进垃圾、污水处理等公用事业、公共服务产业化进程、小城镇建设的配套基础设施、城乡环境综合整治、提倡使用清洁能源等方面加强工作。与国外的城市政府相比，我国的政府承担了大量的经济管理任务。而经济发展所必需的公共设施和公共服务，城市政府却没有拿出足够的精力和财力予以提供。

另外，从公平角度来谈这个问题，还涉及到规划赔偿机制建立的基本原理。人类社会是公平的，包括发展权的平衡，同一地区的发展更应该是平等的。当这个地区都处于均质状态（比如没有城市化的时候，都处于乡村状态），大家是公平的，一旦城市化，由于外界因素的介入，影响了均质状态，产生了不平衡，外界因素介入就应该考虑该影响对原地区的各方利益是否持一种公平的态度，如果不是，就必须采取再弥补的方式以达到维护公平的均衡状态，这是规划赔偿机制的生态平衡原理。

规划补偿机制的理念，就是对一个地区的不同区域，因规划方案的不同所产生的发展权益的不同而进行补偿的制度。这种制度是建立在相对平等的条件下的，因土地的不同用途所带来的效益不同（无论是直接的还是间接的），如果精确计算，则无法实现真正的公平。这就必须区分区域的土地是用于开发的还是被永久保护的，而采取一种均衡补偿的方法。其中对于永久性保护的土地，就要参照开发区域所能给地区带来的收益状况的一般估算为标准（包括直接的和间接的），来进行补偿，这样才能使得城乡规划的实施得到利益相关者的真正拥护。以深圳为例，这样的地区应该包括：基本生态控制线范围内的区域，基本农田保护的区域，一、二级水源保护区，被列为未来发展土地在被征用、转用而近期不发展的区域。

再从微观层面看，如果城市规划管理忽视城市化进程中对公共物品、公共设施的需要，就会使得规划出现失效现象。以第2章中涉及过的深圳城市“城中村”现象为例进行分析。对于快速城市化进程中所产生的巨大廉价租赁市场需求，城市管理政策并未给予充分的考虑，没有采取应有的措施加以调和，忽略了廉价租赁市场选择城中村的合理性和必然性，忽略了村民获取经济利益的强烈愿望和强大动力。在管理缺失和市场需求双重因素的作用下，城中村客观上成为市场的惟一选择。仅以深圳市福田区为例，城中村容纳了全区50%以上的居住人口和80%以上的流动人口，这不仅缓解了廉价房的建设压力，降低了社会经营成本，而且满足了深圳市早期经济扩张对廉价劳动力的需求。

从我国政府职能转变和城市规划管理再定位的关系来看，首先应该明确城市规划管理应将视角集中于两大方面：一方面是在社会经济发展方面发挥促进与调节作用；另一方面是在弥补市场失灵方面，发挥监管作用及维护公平的作用。其次应该将城市规划管理的变革方向融入到我国政府职能转变的大环境中来考虑。政府职能变革从而导致城市规划管理变革的要求，为城市规划管理内部职能的分化与权利的外化提供了政策层面的前提保障。

“市场原教旨主义”与“市场失灵”

相比2004年的宏观经济运行的激烈变化，2005年的些许平缓给了政府和民众自我反思的空间：经济运行一度失控的危险，让政府认识了提高市场经济驾驭能力的迫切性和重要性；而改革对效率的追求，在“市场万能”的催化下直接损伤了公正，使民众在情绪化地把改革与不公平联系在一起。

2005年7月以来伴随着原教育部副部长张保庆在卸任前的最后一次公开发言中对教育产业化的激烈抨击，已成为众矢之的的教育体制改革遭遇致命一击；国务院发展研究中心研究员葛延风等人的《对中国医疗卫生体制改革的评价与建议》，也直截了当的指斥医疗体系改革是失败的；事关国资改革是否造成国资流失的“郎顾之争”，最终以顾雏军入狱而收尾……

某种程度上的“产权崇拜”和“市场万能”在诸多改革中的负面作用，已经引起了中央的关注，“胡锦涛在集体学习中对经济工作者提出‘努力成为对祖国对人民有贡献的学问家’的寄语，实际上已经间接批评了一些学者”。

摘自：宁南，王晓玲．“市场原教旨主义”走下神坛．商务周刊，2005（24）

3.2.3 城市规划管理的再定位

3.2.3.1 作为政府序列中的城市规划管理

既然具有行政管理性质，城市规划管理纳入政府序列就是理所当然的。在政府序列中，城市规划管理并不具有比其他政府部门更多的综合协调与组织职能，而是与其他部门平等的职级。在现实生活中，城市规划与政府政治的紧密结合形成这样的事实，即城市规划所需要的合法化、制度化的权力，恰恰从属于政府的政治权力结构，而城市规划在具有了发挥作用的条件的同时，却又失去了其作用的独立性。我们在城市规划规范理论中所理解和向往的那种规划作用力的强大和价值的独立，由于规划权力制度的依附性而被侵蚀和溶解掉了。这显然与城市规划及城市规划管理具有的综合性、整体性、系统性等特征所要求承担的综合、协调职能有距离或不对应。这就要求城市规划和城市规划管理在已有的或已敲定的制度框架下，寻求城市规划管理本质特性实现方式的变革（机制的更新）。同时，也要求城市规划管理要找准自己在政府架构中的具体位置，从根本定位出发，明晰在整个城市社会发展中对社会、经济、政治等各方面问题关心、关注、思考方式以及发挥作用的方式。

城市规划管理作为政府指导与调控城市建设与发展的基本手段，它是通过对土地使用的调控来实现对城市发展的影响。这种控制，无论是在市场经济，还是计划经济，都是对制度预先确定的过程结果进行控制，而不可能是对这种预定的过程的直接否定或者更改。①

城市规划行政主管部门作为政府序列中的一个组成部门，在城市政府中的角色决定了城市规划管理，一是必须与政府具有决策和执行权力的机构和官员携手，二是要与其他政府部门保持良好的公共关系，三是将城市规划对城市发展的空间的技术性方案政策化。

3.2.3.2 行政综合化的城市规划管理

（1）作为具有政府行为特征的城市规划，要在创新公共行政体制改革的环境下，按照政府职能转变的要求，满足经济调节、市场监管、社会管理、公共服务的定位取向，充分发挥城市规划的调控作

① 张兵．城市规划实效论．中国人民大学出版社，1998.78

用，强化城市规划管理与国民经济计划的协调统一，要健全城市规划决策中弥补市场失效的公共物品规划供给决策机制，要适应市民社会发展的要求，建构推动社区发展的规划管理方式。

（2）按照行政组织综合化要求强化城乡规划的宏观调控职能。行政综合化要求政府在进行组织设计时打破原有的条块分割关系，围绕政府某一项基本职能而把与之相关的组织和人员重新整合为一个综合政府部门。从政府职能发展的趋势来看，政府将会逐渐从一般社会事务管理中退出，更好地从事宏观调控和综合协调工作。这既是市场经济发展对政府职能的发展要求，也是政府自身改革的重心由专职职能转向综合协调的要求。这就要求政府将具有宏观调控的计划制订、资源调控、规划调控等职能合并，打破部门界限，组建调控经济发展和城乡规划建设的发展与规划决策组织，将原来分散在各个部门的决策权集中，使计划与规划统一。

（3）计划经济体制向市场经济体制的转变过程亦是政府职能社会化的过程。政府职能社会化是指政府把其职能范围中的部分社会服务职能交给社会中的非政府组织，这是政府职能向社区授权的改革方向。从我国当前情况来看，国家与社会的关系正在从高度一体化转向适当分离，市民社会正在兴起，社会的自主性、自组织度都在不断增加。城乡规划决策职能中的决策目标提出，决策方案制订均可以通过政府向社区或非政府组织授权或部分授权。例如，深圳计划主管部门公开向社会征集每年的计划方案，以及将部分“十一五”课题向社会公开招标等做法。

3.2.3.3　城市规划管理职能的再定位

城市规划管理职能再定位要从城市规划在整个社会系统中的作用、城市规划作为政府行为在政府组成结构中的角色，以及作为一门应用科学的技术角色入手，实现城市规划原本角色的回归。

美国营销大师杰克·特劳特史蒂夫·瑞维金在其《新定位》一书中指出：“若想定位成功，……必须从局外角度而不是局内的角度考虑问题。”城市规划管理在社会系统中的角色（定位）问题，要从城市规划管理的外部来分析。由于规划行为散布于人的生活的各个领域，是一种边界比较模糊的行为类型[①]。城市规划管理在整个社会系统中，规划部门在政府部门满意率比较低，意见比较多。近年来各大城市中开展的社会评议机关活动中，规划部门总在倒数后五名之列。之所以出现这样的问题，归根结底是城市规划管理角色不明，职责不清，承受了社会系统中对于与规划行为有关联的非规划管理职责范围内问题的责任。

定位一：由计划管理模式向市场型管理模式转变。

在计划经济条件下，采用的是自上而下集中分配的体制，从资源供给、项目布局、财政分配、社会调控等方面决定了城市建设的性质、规模和速度。按照计划经济的理解，城市规划被认为是“国民经济计划的继续和延伸”，只要计划制定得当，并以行政手段保证其权威性及其全面执行，城市的各类生产要素就可以有效配置，城市本身也可获得协调发展。城市规划管理主要是对城市建设的调控采取一种机械的强制性和计划控制的方式。无论从一般意义“计划”与“规划”的英文对应同为 Planning 而可以相互替换，还是从政府调控的角度具有一致性，都可以看出在我国国民经济和社会发展计划与城市总体规划之密切了。这样一来，计划经济与城市规划因为同字同源从而拥有相类似的残缺基因的确是不足为奇了。我国实行了 40 多年前苏联式的计划经济僵化体制更将这种残缺当成宝贝而进行强化。前苏联式的城市规划及城市规划管理在解放后前 40 年三线建设的重大工业化城市中特征明显。

随着改革开放的深入，社会主义市场经济逐步建立；市场经济是依靠“看不见的手”——价值规律来调节经济活动的。在市场经济条件下，城市建设投资主体多元化代替原来的政府投资一元化，城市规划实施主体也由原来的政府一元化向由政府、开发商和社会公众多个利益相关者组成的多元化实施主体转变，因而城市规划管理要具备反映多方利益的开放性。从适应计划经济的“集中决策体系”转向适应市场经济的“分散决策体系”，充分调动和诱导市场经济主体——企业和个人在创造私人财富时，尽量不妨碍他人的发展与幸福，这应是城市规划理论创新的核心理念之一。城市规划管理应面向追求效率优先的市场，保持规划作为调节各方利益公平的重要手段而发挥作用。

① 何兴华．规划局工作的社会满意程度分析．城市规划，2002（10）

定位二：从目标管理方式向资源经营方式转变。

在传统规划模式下，城市规划对城市土地和空间的价值认识不足，管理模式上是按计划安排建设项目和使用土地，按照既定的目标自上而下进行管理，对于作用于不可再生资源的城市规划缺乏经营的理念，往往造成国有资产的流失以及城市建设资金的短缺。在市场经济条件下，要以经营的理念来规划、建设和管理城市；在城市规划管理中，树立“经营策划”的理念，从城市经营的角度出发，提出若干对城市长远发展具有重大影响的建设项目，并对项目的融资、策划、营销的整个过程，对项目的规模、建设方式、可行性工作进行预先规划，体现城市规划对城市发展的运营特色。

在当前城市运作日益企业化的趋势下，市长的角色正在由消极的公共财产“守夜人”的资产管理者，向负担着国有资产和公共资源升值的资本运作者转变，成为城市经营的经理人。城市规划管理实现从目标管理到对资源的管理转变，实现通过对资源的经营变成城市资产乃至资本，提升城市竞争力。

定位三：由面向实施的规划转向看护规划。

计划经济模式下，城市规划管理将主要精力和重点放在按照计划要付诸实施的“城市规划区”或“市区”，在空间上并未将市区之外的郊区（城市化扩张活跃的城乡结合部）纳入管理范畴。在城市规划管理的内涵上，往往注重的是市场能够发挥作用的地方，比如各类能够带来一定经济效益的功能区，对这些区的规划管理过细、过深，而对市场调节失灵的地方，比如影响城市长远发展控制地区和生态敏感区，则管理上缺位或力度不够。因此，在市场经济条件下，城市规划管理的转变就要从面向局部城市规划区的实施的规划，转变为空间上覆盖整个城市的城乡行政辖区的规划。深圳市政府在 1993 年开始新一轮规划管理体制改革时，出台深府（1993）283 号文件把整个市辖行政区纳入城市规划区，龙岗区 1997 年开始的镇域规划提出“规划全覆盖”理念，就是为了使规划管理在空间上不再有盲点。在城市规划管理的内涵上，将重点转移到市场失效的方面，在规划中明确界定城市建设区、控制区与不可建设区，维护城市整体、长远的利益，为公众“看护”好公共的利益是市场经济条件下城市规划管理应强调的角色。广州的战略规划中，提出了不可建设区和控制发展区，上海的总体规划中明确了发展敏感区或生态敏感区，龙岗区镇域规划、试点村规划中提出农业保护区、水源保护区、生态保护区、控制建设区，都包含了市场经济条件下规划应尽到的“看护”责任。

3.3 城市规划管理内部职能的相对分离

以上分析，指出了我国政府职能转变领域所进行的探索，由此得出了我国城市规划管理的再定位。在此基础之上，本书将视角集中于城市规划管理内部职能的相对界限的问题上。如本章前面所述，从城市规划管理职能的内部来看，决策、执行、监督的相对分离与协调，是城市规划管理机制创新的理论基础。因此有必要先分析一下城市规划管理中的决策、执行以及监督的界限。

迈向新城市时代中国城市规划管理的外部环境和内部氛围都将发生新的变化，依法管理将成为新时代城市规划管理的主要趋向。规划管理目标、管理对象、管理内容、管理重点、管理范围及至管理方法都将要求有新的变化。改革旧的城市规划管理的目的之一，就是要使规划管理从“忙于应付”的状态中解脱出来，它自然包括对“万能规划”的修正。

改革政府理论是20世纪80年代以来美国在行政改革实践中提出来的。该理论汲取了小政府理论和放松规制理论的精华，主张用企业精神改革政府，重塑新的政府治理模式。[①] 这对快速城市化进程中城市规划执行与决策的分离具有重要的借鉴意义。

改革政府理论的核心是把企业管理方式引入到政府行政管理过程中，将政府的决策与执行职能分开，即把政府的政策制定职能（掌舵）与服务提供职能（划桨）分开，也就是把高层管理与具体操作分开，使高层管理者能够集中精力进行决策和指导。这样掌舵者就可以看到一切问题和可能性的全貌，并且能对资源的竞争性需求加以平衡，而划桨人则聚精会神于一项使命，并且力争把这件事做好。掌舵

① 刘熙瑞．公共管理中的决策与执行．中共中央党校出版社，2003

型组织机构需要发现达到目标的最佳途径，划桨型组织机构倾向于不顾任何代价来保住“他们的行事之道”。[①] 政府掌舵与划桨职能分开以后，可以使其各有使命感和目标感，各有其行动范围和自主的权限。

改革政府理论扩大了公共管理的决策与执行主体，由过去单一的政府决策，政府执行，转为公众参与决策和执行。为了使公共政策更符合公众利益，“可以让所有利害攸关的人参与到政策制定的过程中来，保证一切观点得到听取，一切可以采取有意义行动的人和组织都受到鼓励，加入到解决问题的行列中去”。改变过去由政府统一行使“掌舵”与“划桨”的职能而把自己限制在相对狭窄的策略范围里，按照政府的思维定势来决策的做法。

借鉴改革政府理念，结合我国的具体国情，逐步实现城市规划执行与决策的相对分离。我国正处于工业化社会，只有极少一部分地区处于信息社会的前沿，经济发展阶段的不同对上层建筑提出的要求也不一样。在西方国家已经过时的等级结构和规章制度是中国公共部门可以借鉴的具有生命力的模式。中国的政治文化、政府体制与西方国家也迥然不同，由于“大多数发展中国家的公共行政尚处于前韦伯主义阶段，全球问题的形成，造成了公共行政现代化与现代性趋势之间深刻的矛盾冲突，其直接的结果是，发展中国家公共行政现代化改革的一系列政策和措施，都在很大程度上具有过渡性”。[②] 在我国渐进式的改革背景下，城市规划执行机制的创新既要把握当今国际公共管理的发展趋势，又要突出特色。

3.3.1 城市规划决策、执行与监督的权力分界

从城市规划管理过程来看，城市规划的编制与审批属于决策权的范畴，城市规划执行应对应于城市规划的实施管理。传统的城市规划管理把建设项目选址规划管理、建设用地规划管理、建设工程规划管理、历史文化遗产保护规划管理和城市规划实施的监督检查5个层面

---

① ［美］戴维·奥斯本，特德·盖布勒著．改革政府——企业精神如何改革着公营部门．上海译文出版社，1996.12

② 陈周旺．全球问题视角下的公共行政改革．东方文化，1999（2）.25

的内容归入了城市规划实施管理[①]。任志远在《21 世纪城市规划管理》一书中，给出了直观、明确的图示（图 3－4）。

从图 3－4 中可以看出城市规划实施管理包含了城市规划执行和监督的内容，这里的监督是属于执行中对具体实施者的监督，是狭义的监督。从城市规划实施过程和内容看，可以将规划的实施行为划分为对实施行为的许可（批准）和具体实施行为，从而也可以把规划的执行分为对规划具体实施行为的许可执行（行政审批权）与具体的规划实施执行（实体的执行）。本书虽对具体的规划实施执行有所涉及，但重点是研究作为政府行为的执行行为，它属于行政许可的范围。作为行政许可的规划执行权应包括：建设项目规划选址权，建设用地规划许可权，建设工程方案设计审查审批权，建设工程扩建设计审查审批权，建设工程施工图设计审查审批权，建设工程规划许可权，临时建设工程的许可权等。

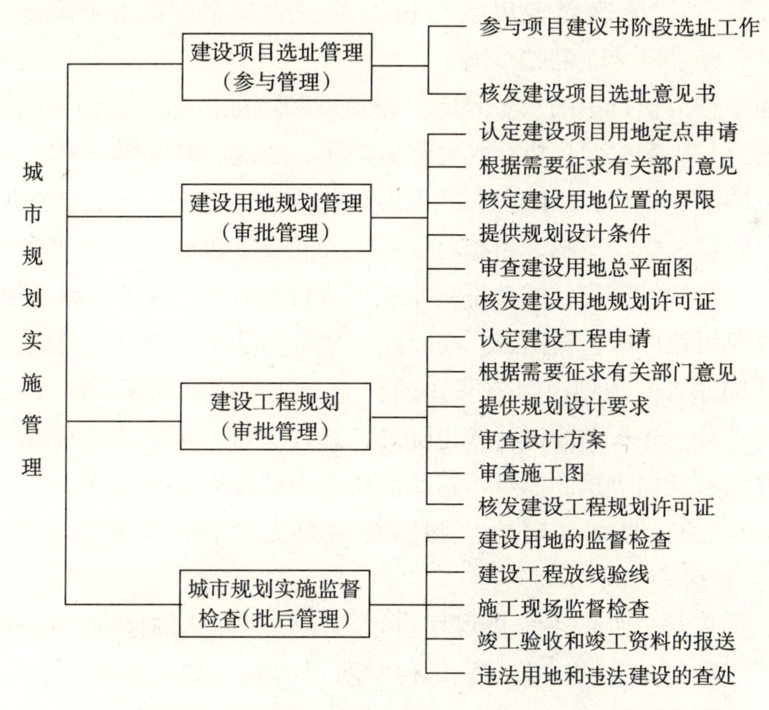

图 3－4 城市规划实施管理

① 建设部城乡规划司编．城市规划决策概论．北京：中国建筑工业出版社，2003

作为决策实施的载体和途径，同时也是监督的主要对象，城市规划执行在整个城市规划管理机制占有举足轻重的地位。而明确界定决策和执行、执行和监督的权力边界，构成了城市规划执行机制有效运行的必要前提。

3.3.1.1　城市规划决策与执行的行政行为的区别

作为政府行政行为的城市规划过程，包括城市规划的编制、审批及实施过程的规划许可和规划实施监督检查。从行政行为可分为抽象行政行为和具体行政行为来看，城市规划决策（包括规划编制、决策、审批）属于抽象行政行为，是一个价值判断过程，不涉及具体的行政相对人，以满足城市的整体及公共利益取向为判断标准。而城市规划执行则属于具体行政行为，是将规划决策从图上落实于地上的管理行为。它是通过对城市建设项目的规划许可来实现的，具有具体的针对性，具体行政行为具有行政相对人。

3.3.1.2　明确界定决策与执行的权力边界，防止执行权力的扩大

由于权力执行中的双重效应（正效应和负效应），当代各类管理权力包括公共决策权力，执行权力都由法律、法规、制度严格界定，任何管理主体都必须在自己的职权范围内开展活动。扩大执行是指公共决策执行主体扩大职权范围，超越职权实施公共决策执行的活动。城市规划决策与执行权的分界目的就是防止规划执行权力的扩大，把城市规划修改、改变用地性质、提高容积率、改变建筑物功能等涉及改变规划执行依据（即原有的规划决策方案）的权力交还给规划决策。这种权力的转移要求对上述权力的监督权也随之转移，即从原来的对规划执行的监督转移到对规划决策的监督，这是防止权力转移失效的保障。

3.3.1.3　明确界定执行和监督的权力边界，实现监督权力的转移

长期以来，人们习惯于规划执行与监督一体化的体制，规划监督仅局限于内部的狭义的监督，即通常所说的城市规划实施的监督检查（批后管理），即使如此，也仅仅对其中的建设工程放线验收、建设工程竣工后的规划验收等进行监督，因为这些环节要办理相关凭证作为后续的手续（如办房产证）的前置办理条件。而对于建设用地的监督

检查，施工过程中的跟踪检查，违法用地和违法建设的查处等监督行为履行缺位和不到位的情况比较普遍。因此，将狭义的监督行为从与执行一体化的体制设计中分离出来，而与广义的监督体系（指对决策、执行过程的监督）整合，构建大监督体系，是“行政三分”后突出的特点。（当然，这种狭义的监督因其与规划执行有紧密的联系，在机构组织设计时应考虑监督方式的协同，可能的方案是联合监督模式——由监督部门派驻执行部门，实行双重领导）。

3.3.2 决策、执行和监督分离的相对性

3.3.2.1 决策、执行过程的连续性

现代决策过程包括确定目标（情报研究活动）、拟定备选方案（设计活动）、选择行动方案（抉择活动）、决策评价（审查活动）和实施反馈（反思活动）若干环节。由此可见，决策是一个连续的过程。正如阿尔蒙德所说：“政策的决策和实施是两个连续的过程。我们很难确定一个界限，说明决策在哪里结束，实施在哪里开始。”[①]

城市规划决策由于城市规划的层次之间的紧密联系使得规划决策与执行的划分更加难以有明确的界限。一个完整的城市规划编制和审批过程包括：城镇体系规划—城市总体规划—分区规划—详细规划几个阶段，从宏观到微观的每一个阶段相对下一个阶段而言都是决策（目标），从微观到宏观的每一个阶段都是上一个阶段的执行（实施手段），事实上，每个决策阶段又包含了许多更小的决策—执行（目标—手段）。“每一项决策都包含目标选择和有关目标的行动，而那个目标又可能是另一个与此区别很大的目标的中介。如此递推下去，直到达到一个相对最终目标为止”。[②]

从城市规划执行本身考虑，对应于城市规划决策的战略性和战术性层次划分（详见 4.1.2 节），城市规划执行也可分为战略性规划执行和战术性规划执行。战略性规划执行要求执行主体具有全局眼光、战略眼光，要通过执行保持规划战略方案的稳定性和长期性，这其实

① 阿尔蒙德．比较政治学．上海泽文出版社，1987. 281

② 西蒙．管理行为．北京经济学院出版社，1988

就要求执行主体要从决策者的角度去考虑执行，对执行过程中遇到可能产生全局性影响的情况，就要提交决策层面进行研究论证。战术性规划执行过程中也存在着对原来规划决策方案执行改革的情况，比如：存在着改变原来规划设计控制指标的情况，有的是增加公益性或公共性指标（比如增加幼儿园面积），有的是增加营利性设施（比如商业面积）。作为执行主体如果只是机械地执行，不加分析和判断，都一味地提交决策部门或简单予以拒绝，就造成了消极执行。这就表明，从宏观层面到微观层面，城市规划决策与执行边界的模糊或联系的紧密，这就是决策与执行你中有我，我中有你的关系，决策与执行绝对分离是办不到的。

3.3.2.2 机构设置中的决策、执行、监督一体化

当前从国家到地方（省、市、县）都设有城市规划管理机构，其名称、级别、人数各地不尽一致，五花八门，但其计划经济体制下全能政府的职能设计具有典型的决策、执行、监督一体化特征。城市规划行政主管部门的主要职责是①：

（1）研究制定本城市的城市发展方针、政策、规模、性质、发展方向和地方性法律、规章以及地方规章性文件（行政措施），组织编制市域城镇体系规划；

（2）参与同本城市规划有关的建设项目的选址和可行性研究，提出选址意见书；

（3）负责本城市总体规划、分区规划和详细规划的编制、报批和实施管理工作；

（4）负责本城市规划区内建设用地和各项当前建设的规划管理工作，核发建设用地规划许可证和建设工程规划许可证；

（5）及时监督、检查、处理各种违法占地和违法建设活动，保证城市规划实施；

（6）搞好本城市勘察、规划设计院的行业管理工作；

（7）负责向上级城市规划行政主管部门汇报本城市规划的编制、审批、实施情况。

---

① 任致远.21世纪城市规划管理.南京：东南大学出版社，2000

在这种机构设置条件下，城市规划决策、执行、监督同体，只是在内部设立了相对分离的机构，比如规划处（科）、建审处（科）、用地处（科）、监督处（科）等，这种设计在官僚体制下造就了决策与执行难分而监督缺位的局面，规划主管部门集“裁判员”和“运动员”于一身，既负责城市规划的编制，审批调整、修编等，同时也负责规划实施的审批管理以及批后的监督管理。

随着经济体制改革和政治体制改革的不断深入，我国行政体制改革也取得了很大的进展，对于决策、执行和监督相对分离的模式的探索也不断出现。十六大报告中指出：“按照精简、统一、效能的原则和决策、执行、监督相协调的要求，继续推进政府机构改革，科学规范部门职能”，为我国政府管理体制改革指明了前进的方向。这里的“决策、执行、监督相协调”，就是指三者分离的相对性。监督贯穿于决策、执行的全过程，执行者拥有参与决策的权力，决策者同样对执行者负有责任。

3.3.2.3 城市规划执行与监督分离的相对性

正如前文所述，城市规划执行的界定本身存在着一定的难度，一直以来人们把城市规划实施的检查监督纳入城市规划实施管理的范畴。城市规划的实施又包括城市规划实施行为的政府许可过程及实施主体的实施过程。从公共政策角度看，公共政策执行存在政策执行者和政策接受者两个主体，这里政府的城市规划执行行为可理解为政策执行者的行为，规划实施主体的行为可理解为政策接受者行为。按照米尔布里·麦克拉夫林提出的执行调适理论，政策执行过程是一个寻找政策执行者与政策接受者都能接受的调适策略的过程。麦克拉夫林在其代表作《相互调适的政策实施》一书中对调适理论模式做了详细的论述（刘熙瑞，2003，P197）。其要点有：

（1）政策执行者和政策接受者之间往往有许多需求和观点并不一致，为保证政策的有效执行，双方必须相互做出让步和妥协，寻求一个两者都能接受的政策执行方式。

（2）政策执行者的目标与手段应富有弹性，可因环境和政策接受者需求与观点的改变而变化。

（3）政策执行者与政策接受者在相互调适中处于平等的地位，是一个双向交流过程，并非通常所说的“上令下行”的单项流程。

(4) 政策接受者的利益、价值与观点将反馈到政策上，以左右政策执行的利益、价值与观点。

政策执行者和政策接受者的互动关系可用图3-5表示①。

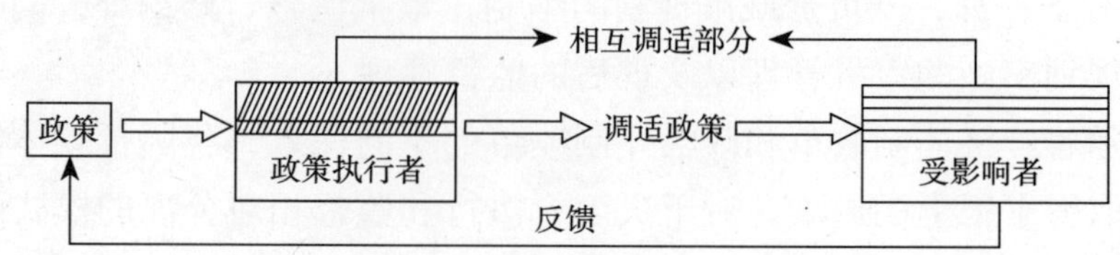

图3-5 麦克拉夫林的政策执行相互调适过程模型

按照政策调适理论，政策执行的有效与否取决于政策执行者与政策接受者之间的调适程度。为了提高政策执行的有效性，不仅要根据政策接受者需求调适政策的内容，而且要根据政策接受者的需求和政策环境的变化调整政策执行的手段和方法，从而使政策执行手段具有更大的灵活性。对于城市规划实施主体在实施过程中的监督（比如施工过程中非故意地增加面积）属于监督行为，虽然可以分离出去，但由于其与城市规划许可执行联系紧密，在其监督过程可能会对政府许可执行要求提出适当调整与修改的要求，这就是城市规划执行中的调适，因而城市规划的监督与城市规划执行虽有分离的必要但绝对分离也是不利的。

3.4 制度变迁中的规划探索

城市化过程是社会转型的过程，必然伴随着社会制度的变革和创新，城市规划管理机制作为城市规划管理制度的组成部分，在快速城市化进程中的改革路径选择必然遵循制度变迁的相关规律，因而制度变迁的模式对于城市规划制度改革和机制创新具有边界约束的作用。

① 郭景，姜爱林．论土地政策的执行．软科学，2003 (4)

3.4.1 制度变迁及其模式选择

3.4.1.1 制度的含义

关于制度的定义历史上中外学者从不同角度给制度定义出不同的答案，直到现在也还没有统一的结论。《韦伯斯特字典》以及《美国文化遗产大字典》里给出的解释是：“制度就是行为规范。”这有些类似“X 就是 Y 的解释”。在辞海里，制度的第一含义是指要求成员共同遵守的，按统一程序办事的规程。在中文里它的含义可以归纳为：以法令为主要表现形式的规则和以财产让渡为内容的规定。

新制度经济学家从最一般意义上给制度下过定义的有诺思、舒尔茨和拉坦等。诺思在《制度——制度变迁与经济绩效》一书中讲到：“制度是一个社会的游戏规则，更规范地说，它们是决定人们的相互关系的系列约束。制度是由非正式约束（道德的约束、禁忌、习惯、传统和行为准则）和正式的法规（宪法、法令、产权）组成的。”制度与人的动机、行为有着内在的联系，它是一种“公共品”，制度作为社会游戏的规则，是人们创造的、用以约束人们相互交流行为的框架，制度提供的一系列规则由社会认可的非正式约束（制度）、国家规定的正式约束（制度）和实施机制构成。这三部分就是制度构成的基本要素。这三个要素中，制度的实施机制是判断一个国家制度是否有效的关键，这是因为，除了完善国家正式制度和非正式制度，国家制度的实施机制是否健全是国家制度有效的根本保障。离开了实施机制，任何制度尤其是正式规则就形同虚设。“有法不依”比“无法可依”更坏。历史上以“人治”为主的国家，并不是没有制定法律，而是没有建立起与法律制度配套的实施机制①。

3.4.1.2 制度变迁

（1）概念

制度变迁是指制度的替代、转换与交易过程，它的实质是一种效率更高的制度对于另一种制度的替代过程。诺思认为，制度

① 卢现祥．新制度经济学．武汉大学出版社，2004

变迁是一个制度不均衡时追求潜在获利机会的自发交替过程。林毅夫认为制度变迁是人们在制度不均衡时追求潜在获利机会的自发变迁（诱致性变迁）与国家在追求租金最大化和产出最大化目标下，通过政策法令实施强制性变迁的过程。

（2）制度变迁模式分类

林毅夫是在借鉴了西方经济学有关制度变迁的理论的基础上，发展了拉坦的诱致性制度变迁理论，提出了强制性变迁的概念和理论。林毅夫定义了诱致性制度变迁的强制性变迁。他认为，诱致性制度变迁指的是现行制度安排的变更或替代，或者是新制度安排的创造，它由一个人或一群人在响应获利机会时自发倡导、组织和实行。强制性制度变迁仅仅靠诱致性创新的话，那么一个社会中的制度安排就会满足不了需求，因此需要国家干预以补救制度安排供给的不足，这就是所谓的强制性制度变迁。

诱致性制度变迁和强制性制度变迁是从制度变迁主体来考察的。需求诱致性制度变迁是来自于地区政府和微观主体对潜在利润的追求，改革主体来自于基层，程序为自下而上，具有边际革命和增量调整性质。在改革成本的分摊上向后推移，在改革的顺序上，先易后难，先试点后推广，先经济体制改革后政治体制改革相结合。其优点是：具有坚实的组织保障机制，具有自动的稳定功能，改革震动效应在预期内，具有内在的优化演进机制和广泛的决策修正机制，降低了决策失误率。它的缺点是：改革难以彻底，核心制度难以突破，或者强制性制度供给长期滞后，制度需求缺口大；改革时间较长，改革成本较大，且有向后累积的趋势；改革主体可能会出现逐步位移。强制性制度变迁是国家在追求租金最大化和产出最大化目标下，通过政策法令实施的，它是以政府为制度变迁的主体，程序是自上而下的激进性质的存量革命，进一步从制度变迁主体来看，又可以分为以中央政府为主体的制度变迁和以地方政府为主体的制度变迁。

从制度变迁的路径及速度来考察，相应地又可分为激进式的制度变迁和渐进式的制度变迁。激进式改革坚持“跨跃深渊时不可能用两步”的改革哲学和理论基础，以终极预期目标为参照系数，采取迅速果断的行动，一步到位安排预期制度的方式，“破”与“立”同时进行，也就是在新制度安排的同时，否认现存的组织结构和信息存量。渐进式改革坚持“摸着石头过河”的改革哲学和理论基础。在开始阶段，可以进行具有地方特色的试验，当试验成功后就扩大这些试验，也就是先试验后推广，先局部后整体。渐进式改革是一种增量改革，边际改革，也就是在保留、改革旧体制的同时，不断地引入新体制因素。

从制度变迁的规模来考察，制度变迁模式又可分为整体制度变迁和局部制度变迁。整体制度变迁是一个国家或者一个地区制度体系的改革，这种制度变迁涉及几乎所有的制度，这又可称为宏观制度变迁。在宏观制度变迁的背景下，各种制度变迁交叉推进，如由计划经济制度向市场经济制度变迁，或者由市场经济制度向计划经济制度变迁。与整体制度相对应的制度均衡可以称之为一般制度均衡。局部制度变迁是同一轨迹的单个制度变迁，如粮食流通制度变迁、土地制度变迁、社会保障制度变迁等。与局部制度相对应的制度均衡称之为局部制度均衡。当然，这种变迁也可以与整体制度变迁同时进行，因为整体制度变迁就是由同一轨迹的单个制度变迁加总组成的。

3.4.2 城市规划管理机制改革的路径选择

制度变迁是新的制度替代了旧的制度，合理的制度沿时间空间展开后会逐渐变得不合理。人们惟一的选择就是改变失去了合理性的制度，创造新的合理的制度，即制度变迁就是在约束条件改变（外在环境的变动）的条件下对制度的重新求解。中国的快速城市化进程就是中国城市规划制度变迁的过程。中国的改革路径选择决定了快速城市化进程中的制度变迁路径选择。

3.4.2.1 中国改革路径

以邓小平为代表的中国领导人采取的是一种稳妥的改革方略。第一，在地域上，是先划出一片与广大内地相隔绝的地区，实行新的经济政策，吸收西方的资金、技术和管理经验，并且进行新体制的试验。第二，在部门上，是先从计划经济体制的外围开始，逐步向核心部分推进。第三，在增量和存量上，存量暂且不动，而让增量按新体制运行。第四，在改革时序上，不搞前苏联那种“五百天计划”，不搞“休克疗法”，而是一段时间一个改革重点，一步一步地前进。第五，在切入点上，先从微观入手，在微观改革取得一定成效后，再进行宏观改革。这种改革是社会主义的自我完善，不是从根本上改变社会制度。从这个意义上讲，是一种改良，改革过程中的政治稳定是前提，在改革中坚持中国共产党的领导权威，力求使改革成为一种可控的过程；既能快，又能慢；既能放，又能收。[①] 这就是中国的渐进式改革路径选择。

但是随着改革的深入，政治体制改革严重滞后于经济发展和经济体制改革的弊端暴露无疑。正如邓小平同志指出：“现在经济体制改革每前进一步，都深深感到政治体制改革的必要性。不改革政治体制，就不能保障经济体制改革的成果，不能使经济体制改革继续前进，就会阻碍生产力的发展，阻碍四个现代化的实现”。[②]“只搞经济体制改革，不搞政治体制改革，经济体制改革也搞不通，因为首先遇到的是人的障碍。……从这个角度讲，我们所有的改革最终能不能成功，还是决定于政治体制的改革”[③]。但是，政治体制改革最终牵涉到国家基本政治制度和权力结构，难以取得突破。而作为经济体制改革和政治体制改革结合部的行政体制改革，其重要价值就在于既适应经济体制改革的进程并推动其深入，又促进政治体制改革的启运和发展。行政体制改革本身就是经济体制改革和政治体制改革的组成部分，因为虽然在理论上，行政机关是立法机关的执行机构，但在国家管理的实践中，行政机关不仅位于国家机器的中心和主导地位，而且也承担着大量行政立法、决策和执行事务。……如果行政体制改革适度，政治转型的滞后并不会拖累经济转型的推进[④]。

在静态结构上，行政体制改革的结合部位可表现为“经济体

① 杨继绳．邓小平时代．中央编译出版社，1998
② 邓小平文选第3卷．人民出版社，1993．176
③ 邓小平文选第3卷．人民出版社，1993．164
④ 彭澎．政府角色论．中国社会科学出版社，2002.53

制改革—行政体制改革—政治体制改革”的基本框架；在动态结构上，行政体制改革的中间环节地位可表现为“经济体制改革→行政体制改革→政治体制改革”的渐进格局。

在行政体制改革中也存在所谓的“政府悖论”，即政府既是行政体制改革的执行者和推动者，又是行政体制改革的直接对象。因而行政体制改革即政府改革的路径，遵循诱致性制度变迁规律。作为制度变迁主体的政府根据适合于新规则的产生和运行条件，在预期利益的诱导下，实施自发达成内生于原有组织之中的新制度、新规则。如何得到新的并能获利的制度？诱致性制度变迁强调制度创新的“试验、选择、进化和渐进性”。只有经过不断试验甚至不断“试错”，才能发现可行的新制度，并经过对多种新制度的筛选和不断调整、改进而寻找到适宜的制度[①]。这里把政府作为一种有利益追求的利益主体看待，理论上，政府应以公共利益为追求目标，现实生活中由个体的人组成的政府往往会以个人的政治利益与经济利益以及某些利益团体“搭便车”[②]的利益为追求目标。

3.4.2.2　城市规划管理机制改革的路径选择

作为行政管理组成部分的城市规划管理，由于其与经济发展、社会发展的密切联系，在伴随经济体制诱致性改革过程中，城市规划管理改革过程呈现出明显的诱致性特征。这种特征一方面是源于地方经济发展、城市化进程条件下现实需求而引起的，因而也存在着区域不平衡的特征（区域发展的不平衡对改革的要求也不平衡）；另一方面，在这种变迁过程中，政府作为变迁主体，会根据自身利益取向进行制度变迁安排。

（1）自下而上的局部强制性制度变迁

1978 以来，改革开放政策不仅让经济发展的要素在市场力的催化下释放出巨大能量，也对城市规划管理制度改革起到了推动作用，对城市规划管理的决策、执行、监督等环节都提出了较为迫切的改革要

① 刘文革．强制性制度变迁．黑龙江人民出版社，2003

② 21“搭便车”是指某些人或某些团体在不付出任何代价（成本）的情况下，而从别人或社会获得好处（收益）的行为。

求。地方政府为了实现当地社会经济长期持续发展，对城市规划的作用愈加重视。尽管各地因行政领导个人及体制因素对城市规划管理改革采取了不同路径，但从规划决策、执行、监督的角度来看，都有利于实现科学的决策、执行、监督机制，正所谓“条条道路通罗马”的“殊途同归”命题。这些共同命题体现在，一是探索城市规划决策机制中城市规划体系问题，例如：深圳提出了从市域总体规划、次区域规划、分区规划、法定图则和详细蓝图；广州提出了“战略规划（总体规划）—片区发展规划—分区域（规划管理图则）—详细规划”。二是对规划的决策机制进行了研究。各地形式虽然不同，有一个共同的特征：城市规划委员会制度化方向已基本确立。通过建立健全规划委员会实现城市规划决策过程中广泛参与及协调（其中包括公众参与和专家咨询）、合议制与行政首长制结合的决策机制，城市规划决策过程中实现由社会、经济、计划、文化等部门参与的最广泛的综合协调机制。另外，各地都在规划制度变迁的法制化方面进行探索，典型的是地方城市规划条例（如深圳、广州等）的出台。

（2）自上而下的研究试点

为了实现城市与区域社会经济持续、协调发展的目标，中央层面在区域（省一级）及地方（市一级）的城市规划管理体制机制改革试点与地方的自发改革同时进行。据笔者了解，来自中央及区域层面的改革要求在多个层面（决策、执行、监督）都有涉及。比较具有代表性的有：多年来，建设部对《城市规划法》修改的起草工作、建设部在贵州、四川等地开展的规划管理体制改革试点工作、建设部与广东省共同开展的珠江三角洲区域协调规划工作，以及建设部组织开展城市规划管理机制研究工作等；区域层面，全国各地省一级城市规划行政主管部门都在进行一些变革，程度不一。上面提到的贵州、四川、广东等省都在与中央层面保持同步骤的试点、研究。

从全国目前的范围来看，在城市规划决策领域已进行的城市规划委员会制度的改革，城市规划编制体系的探索，在城市规划执行领域已进行的“窗口式办公”制度，以及在监督领域已开展的省级向市、县派驻规划督察员制度，以及规划过程中的公众参与制度等，都是具有诱致性制度变迁的特征。城市规划决策、执行、监督机制的相对分离，因涉及到职权的重新划分，势必影响行政组织重组和机构调整，如要进行强制性制度变迁，由中央自上而下强制推行，将会因各地情况不同以及未经广泛试验，导致极大阻力甚至存在失败的风险，用渐进式的办法经过试验取得经验后再推广是比较符合我国实际的。目前，可以对多数城市已进行过试点或试验的几个方面在规划法修改时确定下来，在全国范围内进行强制性变革。一是城市规划委员会制度；二是城市规划编制方式改革即控制性详细规划的法定化；三是公众参与制度；四是综合执法监督。本书在后面的几章中将对以上几个方面的内容进行阐述。

小 结

由以上对我国政府职能转变历程的分析，可以得出我国城市规划管理的再定位；而从城市规划管理职能的内部来看，决策、执行、监督的相对分离与协调，是城市规划管理机制创新的理论基础。在本章中，对于本书所讨论的城市规划管理中的决策、执行以及监督的界限进行了界定。同时，基于制度变迁理论的讨论，我国城市规划管理改革的模式应该是走一条由诱致性变迁到强制性变迁、由渐进式到激进式、由局部试点到整体变革的道路。这也是本书探求快速城市化进程中（地区）城市规划管理机制改革的约束条件。在探讨了改革的约束条件之后，本书将进入对具体机制研究的问题。一方面这既包括城市规划管理内部决策、执行、监督的问题，同时也包括社会对此的参与问题；另一方面，本书也同时探讨了城市规划管理由诱致性变迁向强制性变迁的趋势问题。本章首先明确了新形势下，城市规划管理的再定位以及城市规划管理内部行政三分的相对界限；同时指出了我国城市规划管理所遵循的约束条件和未来可能的发展趋势。本章的思想统领以下三章的内容。

4

构建快速城市化进程中的规划决策机制

作为一项管理活动，城市规划决策在“行政三分”中的地位是十分重要的。[①] 城市规划决策机制是一个复杂的系统，作为城市规划以及城市规划管理的最终目的，城市规划决策目标的正确确定是城市规划得以成功实施的必要前提。在对现实问题进行全面、系统分析的基础上，确定城市发展和建设的目标，对多个规划方案进行综合比较等，并进行最终的抉择是城市规划决策的一般过程。城市规划决策同时也是一个公共行政决策，城市化进程的快速推进，要求城市规划决策由传统的线性过程向多元的、非线性的政治化、社会化过程转变，这就构成了城市规划委员会制度成立并在实践中得以广泛应用的背景和基础。城市规划委员会由于其集思广益、协调各方利益等优势，构成了城市规划决策的核心机制；而信息系统的优化，作为决策辅助机制之一，为城市规划委员会提供了必要的决策支持；谋、断分离，作为另一个决策辅助机制，是实现科学决策的前提；创建学习型政府为科学的城市规划决策提供了重要的保障。在我国渐进式的改革背景下，城市规划决策的制度变迁必将选择以完善城市规划委员会制度为主的演进路径（图4－1）。

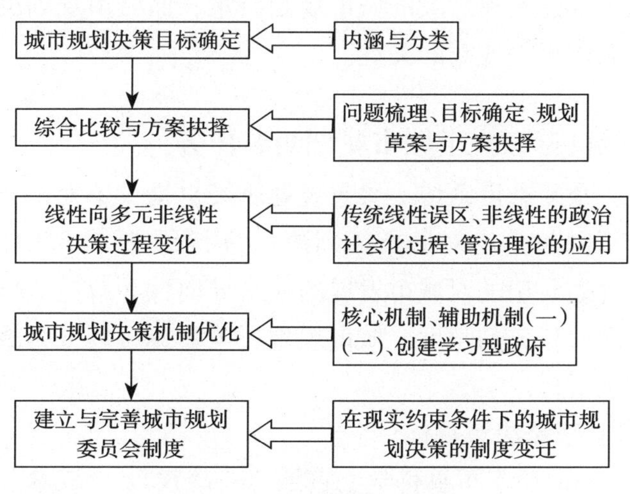

图4－1　城市规划决策机制演进

① 西方决策理论学派的代表人物赫伯特·西蒙认为：管理就是决策，决策是管理的核心。

4.1 城市规划决策目标

4.1.1 城市规划决策目标的正确与否是城市规划成败的关键

简单地说，城市规划决策目标，就是城市规划系统解决城市规划问题所要实现的最终目的或预期结果。广义的或宏观的城市规划决策目标，是科学地确定城市发展目标和发展方向，合理配置和高效利用城市土地和空间资源，促进城市的合理布局和各项建设活动的有序进行，保障城市全局的发展和社会公众利益，从而促进城市经济、社会、环境的协调和可持续发展，实现城市综合效益最大化，也就是要实现在第二章中所指的城市规划的未来导向性功能。狭义的或中微观的城市规划决策目标，是指城市发展中的每一个具体问题的解决方向和达到的目的，对应的是第二章中提到的城市规划的现实针对性功能。

城市规划决策目标为城市规划决策指明了前进的方向，处于整个城市规划决策活动的核心，具有统摄整个城市规划决策过程的作用。只有目标明确才能实现有效的城市规划决策；而城市规划决策目标的正确与否是城市规划成败的关键。

4.1.2 决策目标取决于城市规划两大任务

城市是一个复杂巨系统，城市规划决策也是一个复杂而巨大的系统工程。从不同的角度对城市规划决策进行研究，可以有不同的分类，从城市规划承担的对城市发展的未来导向性和解决具体问题的现实针对性这两大任务的角度，城市规划决策目标可以分为战略决策目标和战术决策目标。

4.1.2.1 战略决策目标

“战略”一词源于军事科学，它是与“战役”、“战术”相对而言的概念，是对战争全局的策划，是对战役、战术应用的组织和指导。[①]这种概念逐步推广应用到其他领域，泛指重大的、带全局性的、长期

① 转引于光远. 经济社会发展战略. 中国社会科学出版社，1984. 254

的、相对稳定的、决定全局的谋划。

城市规划决策目标中的战略目标，是指城市规划决策目标中对城市发展带有全局性的、影响重大的、影响时间比较长的决策目标。一般情况下，战略决策目标一旦形成方案并确定下来，具有相对稳定性，不宜朝令夕改。城市规划决策中的战略目标，既有技术性的不同层次的城市规划编制，如城市总体规划、城市分区规划以及重大项目的审定；又有政策性的法规条例、政府决议等，如《深圳市城市规划条例》、《深圳市城市规划条例实施细则》、《中共深圳市委深圳市人民政府关于加快宝安、龙岗两区城市化进程的意见》、《深圳市廉租屋管理办法》等。

4.1.2.2 战术决策目标

与战略目标相对应，城市规划决策的战术目标，是指解决城市发展中的具体问题的规划目标，一般是指城市规划中的详细规划编制。战术决策目标是指导具体实践的，它是战略决策目标与规划执行的中间环节，承担着对战略决策目标的贯彻实施，同时为城市规划的执行提出了明确依据。城市规划的战术决策目标接近于现行的控制性详细规划（深圳对应于法定图则）。

必须指出的是，城市规划的战略决策目标，与当前城市规划体系中比较流行的"战略规划"是有显著区别的。"战略规划"是当前城市规划领域为满足各地的政策需求，旨在为地方政府城市发展战略提供参谋的一项规划研究；城市规划战略决策目标是从战略管理的角度，通过对城市规划决策中的目标进行分类，在对城市发展建设的现状、城市的未来发展定位、经济发展趋势等进行详细、充分预测的基础上，所提出的城市规划中方向性和指导性的方针政策等。战略决策目标不仅包括战略规划，还涉及各层次规划中带有全局性的战略问题。

当前，我国有3个部委直接与城市战略性规划的编制与管理有关，分别是建设部、国土资源部和国家发改委，其中建设部主管城市总体规划和城镇体系规划，国土资源部主管国土规划和土地利用总体规划，国家发改委主管国民经济5年计划和长远发展战略的制定。这是我国计划经济时期战略规划行政管理体制的一种延伸[①]。在我国战略规划编制与管理中，存在着部门职能交叉、规划内容重复、规划空间重叠、部门管理与地方要求条块矛盾等问题，这不仅影响到这些规划工作的效率、规划的权威性和规划的有效实施，而且还构成了我国规划法制化进程中的体制性障碍。

4.2 城市规划决策目标确定及决策方案抉择

4.2.1 城市规划问题梳理得当将提高决策的有效性

城市是一个巨系统，城市规划问题也十分复杂，可以说是包罗万象，涉及政治、经济、社会、文化、环境、资源、交通，……等等。城市规划决策所涉及的问题，很少以单一问题的形式存在，通常表现为复杂问题集或问题系统。规划所涉及的技术问题、经济问题和社会问题常常会纠缠在一起，表现出极大的相互关联性和相互依存性，[②]需要系统思维才能有效处理。[③] 城市规划问题的广泛性和复杂性，增大了城市规划决策问题界定的难度，必须通过对城市规划问题的梳理、分析和判断，从完成城市规划的两大任务出发，分清轻重缓急，把当前应当解决并且必须解决的问题理出来，避免事无巨细，平均对待，影响城市规划决策的有效性。

正如著名管理学家德鲁克指出的那样，有效的管理者必须清楚“我们是不是真正需要一项决策？为什么要问这个问题，是因为有时候不作出任何新决策，可能是最好的决策。做一项决策像动一次外科手术。任何新的决策都不免影响既有的制度，因此多少得冒风险。外科医师不到非动手术不可的时候绝不轻言开刀；同样地，不到非做决策的时候，也不宜轻易作出决策。”[④] 在管理实践中，一般来讲，对于

---

① 牛慧恩，陈宏军．试论我国战略规划编制与管理中存在的问题—深圳国土规划试点工作中的一些体会．城市规划，2003（2）

② 所谓相互关联，即问题本身是一个复杂的整体系统，难以分解为相互独立的问题元素。所谓相互依存，即各个问题具有连带关系，一个问题源生出另一个问题，解决了一个问题，其他问题或迎刃而解或引发新的问题。

③ 雷翔．走向制度化的城市规划决策．中国建筑工业出版社，2003

④ ［美］彼得·德鲁克著，许是详译．卓有成效的管理者．机械工业出版社，2005. 117

公共管理部门所要解决的问题必须是能够解决的、适宜解决的、后果能够预测到的并且它的解决对社会大部分人是有利的问题。例如下列问题就应该排除在外：问题虽小，但它的解决却可能带来更大的问题；问题虽令人烦恼，但并不十分紧要；问题是短期存在的，但其长期影响却无法预测；会带来不良后果等等。[①]

确认城市规划决策问题的具体方法有：城市规划行政主管部门领导通过对城市规划发展问题与发展战略的判断而提出；城市规划行政主管部门组织调查研究，分析发现问题，或通过对规划实施的评估反馈信息提出；上级的指示和布置；下级的信息反馈或紧急报告；通过比较与国家法令或政策和有关规章要求的差距，以及与国际、国内相同城市的规划差距而提出；利用专家组织判断，发现城市规划潜在的问题；社会公众或舆论的意见、反映、期望与呼声等诉求行动；区域发展的要求；市场的反馈等等。当前，上级领导交办、有组织的调查研究以及区域发展的要求是发现和确定城市规划决策问题最主要的方式和途径。

有效的决策

有效的管理者不做太多的决策。他们所做的，都是重大的决策。他们重视的，是分辨什么问题为例行性的，什么问题为策略性的，而不重视"解决问题"。他们的决策是最高层次的、观念方面的少数重大决策，他们致力于找出情势中的常数。所以，他们给人的印象，是决策往往需要宽松的时间。他们认为操纵很多变数的决策技巧，只是一种缺乏条理的思考方法。他们希望知道一项决策究竟涵盖什么，应符合哪种基本的现实。他们需要的是决策的结果，而不是决策的技巧；他们需要的是合乎情理的决策。

有效的管理者知道什么时候应依据原则做决策，什么时候应依据实际的情况需要做决策。他们知道最骗人的决策，是正反两面折中的决策，他们能分辨正反两面的差异。他们知道在整个决策过程中，最费时的不是决策的本身，而是决策的推行。一项决

① 魏宇豪. 公共管理导论. 上海三联书店，1997. 109

策如果不能付诸行动，最多只是一种良好的意愿。这就是说，尽管有效的决策本身是建立在思维理解的最高层次上的，决策得到执行与执行者的能力紧密相关。重要的是，有效的管理者应该了解决策有其自己的系统的过程以及清晰定义的组成部分。

有效的决策过程共分6个步骤：

(1) 对问题进行分类：第一类是真正的普遍性问题；第二类是特殊的独特的问题；第三类问题隐藏着新的普遍情况，这类问题需要建立新的规则来解决。

(2) 对问题进行定义：要搞清楚究竟发生了什么情况?

(3) 明确问题的限定条件。

(4) 判断哪些是“正确”决策，而不是先考虑决策可否被接受。

(5) 在制定决策时将实施行动考虑在内。

(6) 对照实际执行情况检验决策的正确性和有效性。

摘自：Peter F. Drucker. The Effective Decision. Harvard Business Review, Jan-Feb, 1967, pp. 92 ~98

4.2.2 城市规划决策目标确定的5个原则

确定决策目标是城市规划决策过程的关键环节。决策目标是城市规划决策最终要实现或达到的预期结果或目的，[①] 是整个决策活动努力的方向，也是衡量决策活动有效性的标准。城市规划决策是针对城市规划问题的，在快速城市化进程中出现的城市规划问题的复杂性和多样性，对城市规划决策提出了更高的要求。城市规划决策目标确定必须遵循以下5个原则：

4.2.2.1 问题针对性强

城市规划决策目标必须是在对现实问题进行详细分析的基础上提出的，针对某一个特定的问题或问题的集合。由于城市规划问题之间存在着错综复杂的联系，造成城市规划很难准确把握问题的关键，容

① 许文惠，张成福，孙柏瑛．行政决策学．中国人民大学出版社，1997. 152

易出现城市规划决策的问题指向性出现偏差，由于快速城市化进程中问题的出现与解决的急迫性，这一点更要引起特别的注意。根据系统论的有关原理，第一步的工作是“摆明问题”，确保针对性无误。[①]

4.2.2.2　约束条件明确

根据系统论原理，决策的第二步工作是确定目标，目标的确定必须满足系统的环境适应性要求。在现实中，城市规划决策目标都是有约束的，城市规划决策活动的目的之一就是在各种约束条件下寻求决策目标的最优或次优解。约束条件为城市规划决策提供了活动的环境范围，同时也是城市规划决策拟定和评价各种方案的依据和标准。一般来讲，城市规划决策的约束条件有四种：（1）价值和道德的约束条件；（2）法律和制度的约束条件；（3）资源的约束条件；（4）政府其他目标的约束条件。

4.2.2.3　多目标中的核心目标

正如城市规划问题往往表现为问题的集合一样，针对城市规划问题的城市规划决策目标也常常表现为多个目标的集合。在城市规划决策目标集中，不同目标之间的关系可能是相互补充的，也可能是相互替代的，有些目标是包含或包含于另外一些目标的。但每个决策目标集合总有一个核心目标，这个核心目标解决的是城市规划问题的最主要问题，或主要矛盾的主要方面。城市规划决策目标必须是目标集合中的核心目标。

4.2.2.4　科学性和可行性

城市规划目标能够得到正确实现的前提必须是科学性和可行性的统一。一个本身就存在问题的决策目标不管付出多大的努力和代价，也很难达到理想的结果；即使达到了预期的决策目标，这样的决策也未必是科学的。而可行性构成了城市规划决策目标能够得到切实有效的执行和实现的现实基础，任何超越现实条件的企图，必将导致决策的失败；而有些决策虽然可行但却迁就现实，忽视了根本战略方向，造成方向性失误，带来的危害更大。

---

① 陈秉钊．城市规划系统工程学．同济大学出版社，1991

4.2.2.5 系统性

城市规划决策目标的系统性，是指被决策的城市规划决策目标系统处于整体关联与最佳状态，并保证该系统与环境保持着协调一致的关系。系统性的要求来自于系统中事物之间的相互联系和互动，它强调城市规划的决策目标必须考虑涉及到的整个系统与其相关关系系统以及构成系统的相关环节，以免作出顾此失彼、因小失大的错误决策。

深圳市鹿丹村改造

鹿丹村位于深圳市的南端，南临边防分界线，与香港新界一水之隔；北靠深圳市主干道之一滨河大道，交通十分便利。这个住宅小区是1987年开发建设、1989年全面竣工的大型福利住宅小区。小区占地面积70396m^2，总建筑面积110340m^2。共有居民楼24栋，住户1280户。由于建设过程的施工管理不到位，房屋出现了墙体渗水、天花剥落、钢筋裸露等质量问题，屋顶和山墙渗漏使室内居住环境严重恶化，部分楼房存在安全隐患。2000年8月，深圳市政府把鹿丹村改造列入决策目标，很大比例的住户通过银行按揭在其他商品房小区购置了新房，旧房留待政府拆迁赔偿（因原住宅局曾提出由政府按市场价拆迁赔偿）。但5年过去了，鹿丹村的改造却迟迟没有开工。尽管鹿丹村房屋确实存在质量问题和安全隐患，但根据建设部《危险房屋管理办法》的有关规定，还达不到整体拆迁的等级，致使小区重建方案缺少必要的法律依据。同时由于赔偿金额、拆迁成本、小区容积率以及小区规划等问题，造成了鹿丹村住宅区重建利益关系比较复杂。从表面上看，仅仅是对一个住宅小区的改造，但却具有典型的示范意义。鹿丹村重建方案投资巨大（6亿元以上），政府在该项目上的亏损达到了5500万元。深圳全市类似的住宅小区有133个，据此推断，政府需要投资860亿元，亏损达70亿元以上。由于缺少系统性的考虑，尽管设计了比较科学的改造方案，却没有考虑到现实的约束条件特别是资金问题，以及该小区作为由市政府决定的首个“推倒重建”的小区，将成为今后同类问题解决的效仿对象等可行性和系统性问题，最终导致鹿丹村至今都没有实施改造。决策目标的不正确选择会带来不良后果，使政府陷入两难境地：要么失去诚信（面对鹿丹村居民），要么无法向纳税人交待。

4.2.3 城市规划决策的备选方案——规划草案

规划方案的形成是推动城市规划决策的一项基础性工作。《城市规划法》、《城市规划编制办法》等法律法规都对城市总体规划、分区规划、详细规划等不同层次的城市规划方案的编制内容提出了法定的要求。在过去20多年里，伴随着城市化的快速发展，各地对城市规划的编制体系、层次以及内容都进行了不少有效的探索，以深圳市的法定图则（已通过地方立法成为深圳市规划体系的一个层次）和被广泛采用的控制性详细规划为代表，对城市规划实施控制层面的规划内容（属于战术决策目标层面）进行了改革。近几年，各地兴起的城市战略规划（或称概念规划）又对城市规划总体层面的战略方面进行规划研究，其目的在于为地方政府提供战略发展的“谋划”。总体而言，上述城市规划领域进行的探索和改革的目的在于探讨实现城市规划的两大任务——对未来发展的导向和解决现实面临的问题——方面更加有效的途径、方式和方法，突出城市规划在战略稳定性前提下的战术灵活性，以适应风云变幻的城市发展和环境变化的要求，满足日益繁荣的市场经济发展的实际需求。本书不对城市规划方案的具体内容进行研究，而力求从公共政策决策的角度分析城市规划方案的内容构成及实现方式。

4.2.3.1 城市规划问题的多面性与城市规划方案分类

（1）城市规划问题的多面性

城市规划决策方案是为了实现决策目标的，是针对城市规划决策目标所要解决的问题的，因此城市规划问题的性质也就决定了解决问题的方法的性质。由于城市规划问题是非常复杂的，一个问题有多个方面，对同一个问题视角不同，判断的结论不同，有的可能是截然相反的结论。违法建设问题在城市规划部门来看非常重大，需要政府采取行动来加以解决，而经济部门则可能不以为然，认为违法建设可能有利于地方经济的增长，从而出现了一方面政府加大力度坚决拆除违法建筑，主管经济发展的领导又下令不准给正在生产的工厂停水、停电以确保出口产值完成的尴尬局面。盲人摸象的哲理告诉我们，要对问题有全面的认识，应尽可能从多个角度对城市规划问题进行分析，从而制定出解决问题的最佳方案。通常的做法是通过选择多家设计单位进行多方案比较，对决策问题从不同的侧面提出可能的方案。有些方案中经验的成份相对较高，有些方案来自对同等环境或同等条件下的他人决策方案的模仿，有些方案来自规划师创造性的思维。比如，对于广州的概念规划，有趣现象是“各个方案在同样的概念规划名称下，分析的框架和得出的结论各不相同，有些方面甚至完全相左”。出乎意料的新思路，“真实地展示了国内规划思想的碰撞，显示了不同规划思想的竞争”。[①] 城市规划是多目标的，既要生态，又要“文态”；既要效率，又要景观；既利于经济发展，又利于生活提高和城市空间布局形态的舒畅，这些都是对规划决策者的知识和智慧的挑战。[②]

深圳的法定图则

1998年5月15日深圳市第二届人民代表大会常务委员会第22次会议通过了《深圳市城市规划条例》，明确城市规划编制分为全市总体规划、次区域规划、分区规划、法定图则和详细蓝图等5个阶段。其中，法定图则的编制、审批、公众咨询、定期检讨和修订都必须经过一整套严密的立法程序，审批后成为确认的法定文件。这标志着深圳市法定图则规划体制的正式确立。所谓法定图则，是指在已经批准的全市总体规划、次区域规划及分区规划的指导下，对分区内各片区的土地利用性质、开发强度、配套设施、道路交通及城市设计等方面作出详细控制规定。重点是对分区规划所确定的各项指标进行深化和落实，经过法定程序批准后成为法定文件。

---

① 王蒙徽，段险峰，田莉．广州城市总体发展概念规划的探索与实践．城市规划，2001（3）

② 陈秉钊．当代城市规划导论．中国建筑工业出版社，2003．14

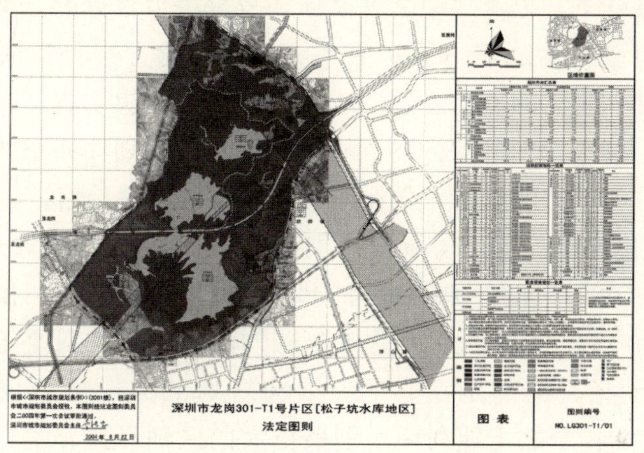

“法定图则”决不仅仅是规划编制技术的改进，更重要的是包括规划编制、审批、执行、监督、检讨以及修订在内的一整套规划体制的深层次变革，其改革的核心思想是通过公众参与、更广泛的部门协调和严格的编制与审批程序来实现规划编制的科学化、规划决策的民主化和规划管理的法制化。深圳市法定图则规划体制的“法定”特征主要通过编制和审批这两大运行机制表现出来。

法定图则草案由市规划委员会公开展示征询公众意见后，授权法定图则委员会审批。法定图则包括图表及文本两部分。法定图则草案编制过程中应征询有关部门的意见。法定图则草案经市规划委员会初审同意后，应公开展示30日，展示的时间和地点应在本市主要新闻媒体上公布。法定图则草案在公开展示查询期间，任何单位和个人都可以书面形式向市规划委员会提出对法定图则草案的意见和建议。市规划委员会应对收集的公众意见进行审议，经审议决定予以采纳的，市规划主管部门应对法定图则草案进行修改。

（2）城市规划方案的分类

面对复杂多变的城市规划问题，城市规划方案的制定要在全面分析问题的基础上突出重点，抓住要解决的主要问题。对应于城市规划的两大主要任务，以及战略决策目标和战术决策目标的分类，城市规划方案也可以分为战略方案和战术方案。战略方案是解决带有全局性、整体性和重大问题的方案，战术性方案是解决明确、具体、具有较强针对性的局部问题的方案。战后英国城市规划体系中的城市规划方案的划分对城市规划方案的制定具有重要的参考价值。

1971 年英国修订的《城市规划法》确定了新的城市规划体系，主要包括两个层次的规划：结构规划（Structure Plans）和地方规划（Local Plans）。“结构规划”是十分确切的表达，它只是给城市发展决定一个框架，细部是没有的。结构规划又称战略规划（Strategy Plans），它与传统的土地利用规划最重大的区别是摒弃了土地利用规划的终极规划模式，而突出了城市发展方向、整体空间框架（结构）的战略部署和过程的控制。地方规划是为地区发展制订土地、交通和环境等方面的详细政策，是开发控制的主要依据。

4.2.3.2　城市规划决策方案的表达形式

城市规划编制曾一度被理解为城市规划工作的全部。“规划（planning）就是编制规划方案，画出在一定年代内希望实现的某些最终状态的详细图案。”[①] 显然，这种“终极蓝图式”的规划思想已被几代的城市规划师不假思索地划入批判之列，但是至于取而代之以何种合适的方式并未达成一致。[②] 如果仔细地审视当前城市规划编制的技术程序和成果，便发现其中还是渗透着这种强烈的“发展蓝图”的理念。[③] 城市规划决策方案是解决城市规划问题，实现城市规划决策目标的中间环节，由此决定了城市规划决策方案的表达形式主要不在于描绘得非常精美的未来蓝图（修建性规划方案则应尽量精美，精心设计），而是要提出实现目标控制的各种途径、方式和方法。带有计划经济烙印的城市规划方案成为了落实国民经济计划的具体蓝图，“总体规划用朴素的理想和简单的好恶就罗列了现状的种种不是，又以简单的趋势判断就画出了一张张美妙的“饼”，对于此饼如何烙反

---

① ［英］P. 霍尔著. 城市和区域规划. 邹德慈，金经元译. 中国建筑工业出版社，1985

② Brooks, M. P. Four Critical Junctures in the History of the Urban Planning Profession: An Exercise in Hindsight. JAPA, 1988, Vol. 54 (2). 242

③ 张兵. 城市规划实效论. 中国人民大学出版社，1998. 125

而十分超然。"[①]

（1）政策性表达和策略性安排

由终极目标的蓝图式规划方案到过程性的规划方案的转变，要求城市规划决策方案对实现目标控制的途径、方式和方法做出详尽的安排。这种安排是建立在对问题的全面分析判断基础上，通过宏观的、战略的把握，提出有利于从整体、全面解决问题的政策性条件，这些条件是对于规划区范围的全覆盖，是解决目标的依据和条件。[②] 进一步的工作是提出依据政策，实现目标所应采取的方法、途径，这就构成了策略。对策略的重点表述就构成城市规划决策方案的主体内容，它也是落实政策、指导城市规划管理的关键性内容。广州的概念规划中，"北抑、南拓、东移、西调"不仅是"把珠江三角洲作为一个统一的都市区考虑，在区域的背景下来分析研究广州城市发展的问题和成因，空间发展模式的转换，人口增长的规模，空间结构的选择，交通与土地使用的配合，战略的实施与经营等重大问题"，提出用"20年时间在广州南部番禺地区建设200～300万人口的广州新城，作为大珠江三角洲的中心"的政策建议，更重要的是提出"在广州花都和从化采取抑制城市建设、维护生态环境"的策略。[③] 这是符合广州实际的政策和策略。而其他地区在做战略规划时，效仿这种描述必须具有实际针对性。例如，杭州的"西优北调，不能一笔带过，优什么，调什么，减什么，增什么？"。[④] 显然一种没有针对性的模仿相当流行。

（2）战略性方案与战术性方案的区别表达

由于战略性规划方案的目的在于解决城市长远发展的空间布局问题，因而其区域覆盖的特点就非常突出，城市规划政策制定及策略部署必须进行全局性、长远性、相对稳定性的谋划。"战略规划的兴起

① 王富海．调整总体规划的焦距，建立以近期规划为核心的新操作体系．中国城市规划学会2002年年会论文集

② 规划覆盖是一个运动式的口号，深圳市曾提出实现城市规划区范围的法定图则全覆盖，意思是对规划区范围内所有宗地都做出法定图则，体现了政府领导对规划的重视。

③ 张兵．从广州、南京到江阴，我们距离战略规划还有多远？中国城市规划学会2001年年会论文集

④ 仇保兴．杭州市城市发展概念规划综述．见仇保兴．追求繁荣与舒适——转型期间城市规划、建设与管理的若干策略．中国建筑工业出版社，2002

说明了城市规划的工作性质，越来越需要从经济、社会发展的宏观背景去预见和谋划城市发展的对策、思路。……城市规划的核心本质更要着重以非技术层次的研究为先导，这对城市规划工作者的责任、知识结构都是一个重大的挑战，尤其对于我国延续半个世纪的城市规划编制体系，更是一个反应过缓的鞭策。”对于规划的表达，“图纸大大简化了，主要在于发展战略的研究和分析，规划政策大大加强了”。例如英国1990年编制的德比（Derbyshire）郡结构规划（图4－2），只有几类土地性质区分和主要的交通骨架，图例颜色不过3～4种。对不同土地性质仅作原则性规定，例如对新的工业区开发，仅进行了结构性布局及规模控制，在图上已安排工业布局的区域内开发，要确保工业用地面积不得减少……。这种原则性（政策性）的规定，既抓住了城市建设的关键问题，又为日后的实施提供了很大的灵活性。

《深圳2030城市发展策略》

《深圳2030城市发展策略》提出，深圳2030年的发展目标应是“建设可持续发展的全球先锋城市”。对应这一发展目标，未来深圳城市发展的功能定位是：国家级高新技术产业基地和自主创新的示范城市、区域性物流中心城市、与香港共同发展的国际都会。

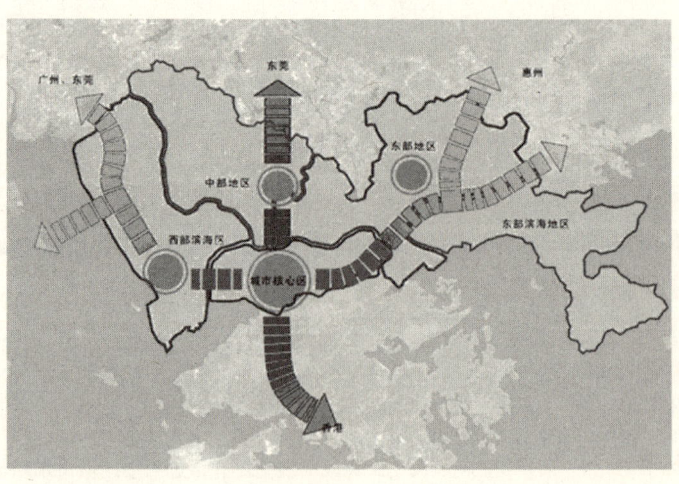

《深圳2030城市发展策略》分析了城市发展模式的转型趋势和相应的空间对策；提出了“南北贯通、西联东拓、中心强化、两翼伸展”空间结构和差异化的分区发展策略；提出了未来25年深圳城市发展阶段及实施时序。

为了更好地发挥优势，突出各区在区位、资源、产业、科技、人才和环境等方面的优势，提出“差异化”的空间发展策略，即在11个城市组团的基础上，通过组团的融合，逐渐演化为城市核心区、西部滨海区、中部地区、东部地区、东部滨海地区5个城市功能地区。

在“解决现状问题、实现未来目标”思路的指引下，提出城市未来的7大发展策略。

一是区域发展策略，进行多层次区域合作以扩大城市对外的辐射力。

二是产业发展策略，未来要推动第二产业的高级化和规模化，加强第三产业的发展，逐步提高产业附加值、降低产业资源消耗，提升产业核心和持久竞争力。

三是空间发展策略，坚持以地区资源禀赋和特色为基础，以可持续发展为核心，以人的需求为根本，创建“差异化”的城市空间，以满足城市多元化发展的需求，进一步贯通与南部香港、北部广州、东莞等城市的联系，加强与惠州、粤东北等东部地区及珠江西岸乃至西南各省的社会和经济联系，强化福田、罗湖等中心城区的发展，延伸两翼，协调中北部发展，实现协调发展的组团式城市空间结构。

四是生态发展策略，形成绿色空间结构，构建生态安全体系，保障城市营运安全，提高资源利用效率，促进人与自然的和谐。

五是社会发展策略，通过制度和设施建设，创造公平、和谐、温馨的社会环境，增加城市对市民的凝聚力和归属感。

六是基础设施发展策略，未来深圳的基础设施主要集中在交通枢纽、信息枢纽和资源供应，以及公共安全保障建设3个方面。

七是节约型城市发展策略，在产业升级转型的基础上，有选择地发展资源低消耗的新兴产业，成为节水型、节能型城市。

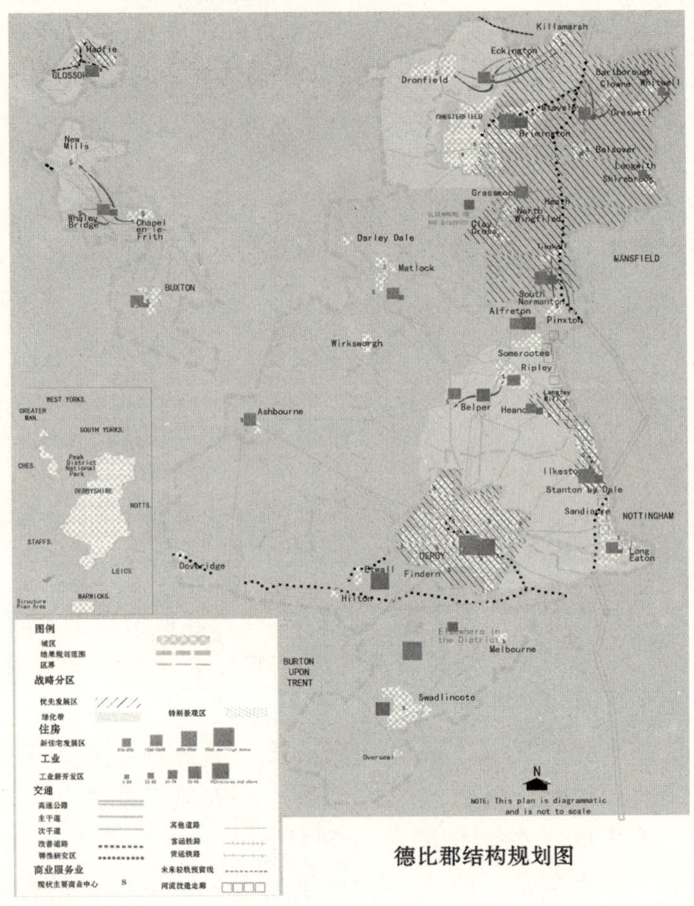

图 4－2　德比郡结构规划

战术性规划方案的目标是为城市局部地区具体的开发建设服务的，属于开发控制层面。战术性规划方案是面对市场需求的，因市场的复杂多变而具有相当大的灵活性。但是这种灵活性是受战略规划所界定的政策边界和空间布局的约束条件等边界条件所限制的，边界条件一旦确定，战术性方案本身又必须针对要解决的城市规划具体问题而具有明确的现实针对性。这种明确的现实针对性表现在战术规划对于城市发展的计划、土地利用的计划具有对应关系的土地使用的规定上，因而战术性规划的表达更多地要体现出政府进行行政管理的需求。从战术性规划的编制内容来看，它不仅是个技术文件，更强调是个政策文件。

从战术性规划方案的特征及其作为规划执行的依据来看，战术性规划方案是针对实践需求、面向管理的。从战略规划与战术规划的作用区别来分析，战略规划关注城市全局的发展和布局，而战术规划更强调对城市局部地区和具体问题的重视。城市发展中的具体问题的差异性，要求战术性规划方案必须具备解决问题的针对性，这就是说用统一的编制技术模式实现城市规划区的战术性规划全覆盖是不可取的。例如《深圳市法定图则编制技术规定》就针对不同地区的建设特点和管理要求分为基本建成区、新开发地区、生态保护区，制定了不同的编制内容和法定重点，保证规划与不同类型地区的问题相对应。基本建成区针对现状复杂利益群体，规划以“刚性为主”，图则编制细而深；新开发地区则针对未来可能更多的发展不确定性，规划留有较多弹性；生态保护区重在对开发建设行为的严格控制。

4.2.4 城市规划方案抉择：对心智、能力和工作经验的考验

城市规划方案抉择是指决策核心（也称决策中枢）在对各种备选方案比较、总体平衡的基础上，选出一个最佳方案，或综合各个方案的优点而形成的一个新的较优方案。这一环节是决策核心在决策过程中的最主要任务，也是决策过程中最关键的环节，可以说是城市规划决策成败在此一举。决策核心的主观价值取向、综合素质、判断能力、抉择能力对决策结果至关重要。决策核心要充分了解咨询、参谋人员、规划师等对各种备选方案的评估情况，全面把握各种方案的必要性、可行性和综合效益，并对各个备选方案的利弊进行充分、详细分析，在此基础上，作出对其采纳、舍弃或修改的抉择。每一次抉择都是对决策者心智、能力和工作经验的考验。充分地发挥专家对规划方案的技术经济评估作用，并实现与各部门专业规划的协调是实现科学决策的保障。

影响决策的8种心理陷阱

"锚定"陷阱（anchoring trap）是指我们总是倾向于对最先接收到的信息赋予过高的权重，结果最初的印象、估计或数据会"锚定"随后的思考和判断。

维持现状陷阱（status-quo trap）是指人们对安稳的现状总是表现出强烈的偏爱，尽管实际上还有其他更好的选择，他们也不愿意打破现状。

沉没成本陷阱（sunk-cost trap）使得人们在明知决策错误的情况下仍继续错下去，总是抱着一线希望能挽回损失和颜面，结果越陷越深。

寻求有利证据陷阱（confirming-evidence trap）导致人们倾向于寻找支持自己现有观点和取向的信息，而对反面信息视而不见。

框定陷阱（framing trap）出现在人们不恰当的阐述了某个问题，从而影响了整个决策过程。比如，同样是打捞三艘失事船只上的货物，如果描述成可能损失两艘的货，就要比描述成可能打捞起一艘的货（这两者其实是等价的），更能打击人们冒险的积极性。

对不确定事件进行估计和预测时，人们会陷入估计和预测陷阱（estimating and forecasting trap），共有3类：

过分自信陷阱（overconfidence trap）让人们高估预测的准确性。

过分谨慎陷阱（prudence）使人们在估计不确定性事件时过分小心。

印象陷阱（recallability trap）使人们给最近发生的、鲜活的事件以过多的权重。

摘自：Hammond，J. S.，Keeney，R.，Raiffa，H. The Hidden Traps in Decision Making. Harvard Business Review，Sept.-Oct. 1998，PP. 47－57

4.2.4.1 让更多的社会阶层参与城市规划决策

20世纪50年代兴起的公共选择理论，从"经济人"和"政治市场”的假设出发，进一步分析了公共决策行为会偏离社会公共利益轨道的可能性。公共选择理论认为，政府决策行为是通过政治家在政治市场的个人行为来实现的，而作为决策者的政治家也是“经济人”，他们在公共决策过程中的价值取向是追求个人利益最大化，只不过这种个人利益最大化不是经济市场上的货币收益或利润，而是政治市场上选民的选票。该假设还认为，选民参与投票的动机和投票行为也存在追求个人利益最大化的倾向。要多得选票，就得争取多数人。个人利益与多数人利益取得一致，关键在于是否是真正的民选制度。在干部选拔制度主要靠上级组织部门的情况下，决策者价值取向就会偏离大众。“选民总是把选票投给那些能给他们带来最大利益的人”；政治家、官员则总是对那些最能满足自己利益的议案报以青睐。”因此，“无论从政治家制定政策的动机来看，还是从选民的投票或参与的动机来看，政府政策行为的价值取向实质上不是公众利益，而是与政策有关的政治家或选民的个人利益。”①

城市规划的决策核心对方案的选择是一个复杂的过程，城市规划的决策核心同时也是政府的官员，而政府官员的“经济人”理性决定了城市规划决策也是一个决策核心本身的利益权衡过程。一般来说，能够进入一个城市规划的主要决策核心位置的人，应该具有相当的个人能力、水平和经验。但是如果迷信个人经验，在城市规划决策时就会表现出明显的非理性特征。由于拥有“全面”和“最后”的权力，加之城市的主要决策者本身的政治思想素质、工作水平、能力、个性特征的限制，以及决策文化中的消极因素（如“随同现象”）的影响，决策主角的凸现，从而以决策核心在城市规划决策中的过分集权和无处不在为特征的城市规划决策中心化问题就产生了。公共选择理论还认为：“在公共政策的形成过程中，社会利益的最大化只能通过一定的行为规则来加以解决。如果有一套合理的行为规则，政策的形成过程就能将个人利益的最大化与社会利益的最大化有效地结合起来。”② 在政府职能转变以后，应当改变政府在城市规划决策过程中的

① 刘熙瑞．公共管理中的决策与执行．中共中央党校出版社，2003.23

② 胡象明．论政府政策行为的价值取向作者．政治学研究，2000（2）

“中心人”角色,[①] 促进城市规划决策参与主体的多元性，实现城市规划决策的民主化和科学化。

4.2.4.2 在决策过程中城市规划技术性、社会性、综合性、协调性的实现

（1）专家审查过程

如果把城市规划决策视为结果，规划师是决策辅助者；如果把城市规划决策视为过程，规划师是决策参与者。就城市规划决策而言，普遍的问题不在于用不用专家，而在于如何用专家。城市规划决策对象的日益复杂化和不确定性，要求城市规划决策应该更加专业化，与此相对应的是参与城市规划决策的专家也必须多样化。必须建立制度化的多专业的专家（规划、桥梁、建筑、结构、法律等专业）参加的城市规划审查机制，集思广益，确保城市规划技术性的实现，促进城市规划决策的科学性。[②] 在发挥专家作用时，要防止出现专家论证、审查制度的走样，成为“花瓶式”的摆设，一些地方不是充分发挥专家的特长论证方案是否可行、合理，而是借专家之口说方案可行，只请同意的专家，不请实事求是发表不同意见的专家。因此，建立专家库非常必要，通过对专家分类明细化，实现不同层面的决策由不同类型和不同水平的专家参与审查和论证。

（2）部门协同过程

城市规划决策依据城市整体利益和发展目标，综合考虑城市经济、社会、资源和环境等发展条件，以及各方面发展的要求，通过协调各部门在城市建设和发展方面的决策，实现对城市时空发展的高度综合性和协调性，进而实现城市经济和社会的协调和可持续发展。通

---

① “中心人”是在传统社会主义的政治体制和经济体制中，政府行为的理论假定是，政府是政治、经济、社会、文化活动的“万能中心”。在这种体制中，政府是包办一切的组织，也是永远正确的组织，因此，政府及其成员在整个社会生活中，处于“中心”地位。作为“中心人”的政府是“包办一切”的全能政府，在整个城市社会经济活动中，它既是“裁判员”，又是“运动员”。（徐颂陶，徐理明主编，看得见得手，中国政府行为研究，北京：中国人事出版社，1996，P44－51）

② 建设部部长汪光焘全国建设工作会议指出，要改进城市总体规划编制的内容和方法，“充分发挥专家在规划论证、评审等工作中的技术把关作用，并在规划编制的各个阶段广泛征求有关部门意见，扩大公众参与，增强公开性和透明度”。（汪光焘，全面落实科学发展观，实现城乡建设持续健康发展——在全国建设工作会议上的讲话，2005.12.26）

过决策中的协调，把各部门和各方面的行为统一到城市发展的整体目标和合理架构上来。城市规划决策及其实施并非只是由规划部门独自进行，而主要是由政府各有关职能部门共同完成的。城市规划决策是逐个进行的，决策实施也是逐项开展的。每一个城市规划、建设项目都要经历项目策划研究、项目审批、规划许可、土地获取、资金筹措等阶段或环节，每一个政府职能部门都要在不同阶段不同程度地参与决策，甚至可能起着决定性的作用。基于部门工作目标和利益的差异，必须建立城市规划决策的合作与协商程序，既要建立动态平衡的利益机制，也要建立各方认同的价值观念和行为规则。

(3) 民主决策过程

作为一项社会运动，城市规划必须调动相关利益主体的参与积极性。在政府体制外，还存在企业和市民作为城市规划决策的参与者，城市规划决策民主化要求在决策过程中要有充分的企业参与和公众参与。

在市场经济体制下，企业不是简单的特殊利益群体，而是在经济发展和城市建设中与政府具有相同性质的动力源，是市场经济的主体之一。政府有责任满足企业家的合理要求，帮助企业实现足以维持城市社会的高就业和经济的高增长所需要的利润。在我国经济高速增长和城市化快速发展时期，城市规划决策行为越来越多地受到经济行为的影响，反过来，经济行为也必然受制于城市规划决策行为。城市规划决策中的企业参与要求政府为从事房地产开发、规划设计、基础设施开发、建设和管理以及部分工业类企业提供表达自己意见、建议和利益诉求的渠道和参与方式，而上述企业也一定要把企业的经营活动与城市规划紧密结合起来，从而使企业与城市规划职能部门的关系由冲突大于合作变为合作大于冲突。

市场经济条件下的城市规划决策愈来愈多地带有自下而上的特点，城市规划决策的公众参与不仅是正确决策的需要，也是社会进步的必然和标志。城市规划决策的现实需要和社会发展的趋势都决定了城市政府的重要任务之一是组织城市规划的公众参与。公众参与城市规划决策不仅仅是从政府手上分走了权力，同时也替政府分担了责任。从积极的角度看，广泛的、制度化的、真正意义上的公众参与，确实可以起到集思广益的作用，从而有效地减少决策失误，使决策更为科学。公众参与城市规划决策关键在于：①通过法律法规的形式对公众参与城市规划决策的内容和程序作出规定；②建立和完善城市管理的基层组织和城市市民的自治组织，使其成为公众参与城市规划的权力载体，以便收集和表达城市规划信息，与政府、市民和利益团体沟通。

下面是加拿大温哥华城市规划管理局所遵循的城市建设项目审批的工作流程[①]，以城市设计类为例（图4-3），从中可以看出公众参与主要体现在几个重要环节上：

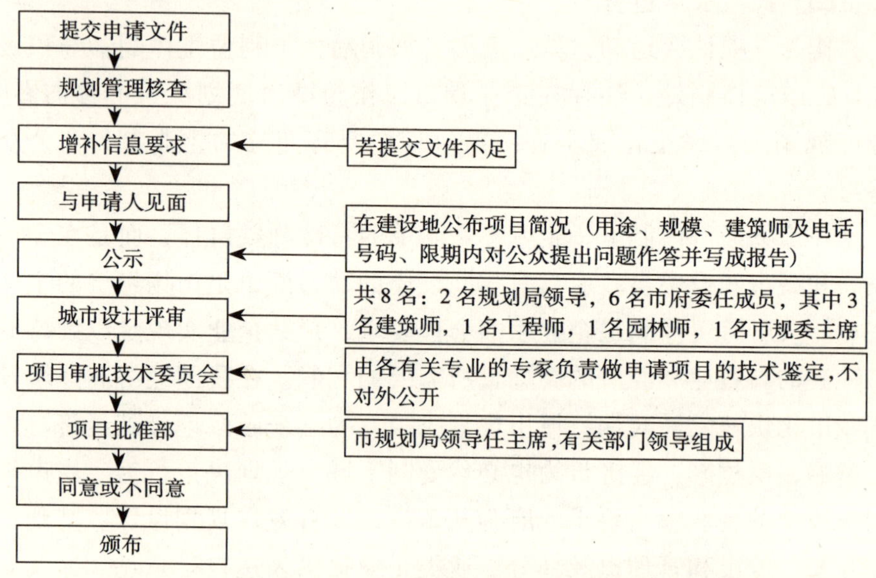

图4-3　加拿大温哥华市规划局对城市设计项目审批流程图

转引自：陈秉钊，当代城市规划导论，中国建筑工业出版社，2003.5，P130

①公告制度：项目申请后必须出公告，接受公众的质询。由于任何建设对周边的环境都将产生正面或负面的影响，必须受到公众的关注，必须得到公众的认可。

②项目陪审团制度：陪审团由8名成员组成，只有2名是规划局

① 陈秉钊．新世纪初中国城市规划的改革．城市规划，2000（1）

官员，其余6名均为有关专业技术人员和专家，这就在机构成员构成上保证了规划审查的科学性。

③技术委员会审查：这是由内部专业技术人员对项目进行不公开的详细技术审查，如间距、密度、绿化率等，以保证不违背各种规划建设的技术规定。

④项目审批：这是具有规划行政的权威，是最后的定夺。上述各个环节环环相扣，确保最终审批的权威性。

以上可以看出，通过专家审查、部门协同和民主决策，可以实现城市规划的专业技术、政府行为和社会运动的统一，促进城市规划决策科学性的实现。但要实现决策的科学化，还必须对决策过程进行深入研究，通过建立完善的科学决策程序，实现决策的科学性和有效性。

4.3　城市规划应导入管治理论

与现行的传统决策过程不同，新形势下的城市规划决策过程是一个多元的、非线性的、网络化的规划方案的选择和制定过程，同时也是一个各种政治力量和社会力量之间的较量、权衡和折中的过程。投资主体和参与主体的多元化，城市化快速发展带来的不确定性增加等都要求城市规划应引入管治理论。

4.3.1　传统的线性过程误区：忽略利益相关者的诉求

从《城市规划编制办法》对城市规划编制内容的要求，可以大致看出城市规划决策过程：收集资料（信息收集）→分析问题（定性、定量分析）→制定方案（多方案比较）→方案评审（技术审查）→方案抉择（最佳方案选定）→上报审批。这一过程体现了这样的理念：城市规划过程是一个单纯的技术过程，城市规划师都是大公无私的没有任何利益偏好的理想的科学工作者，城市规划的整个编制过程都是客观的、不带任何偏见地收集信息并进行专业分析，在此基础上制订出的供决策者选择的规划方案都是科学的和可行的。但事实并非如此。在传统的城市规划线性决策过程中，专家论证是关键，决策者和管理者以及公众都是被动的“接受者”，决策者、管理者因其掌握决策权和组织编制权对方案有较强的发言权，而公众和土地利用的直接利益相关者基本上没有什么发言权。这种线性过程与中国的城市规划角色和城市规划思想很有渊源。作为国民经济计划的延伸与具体化，城市规划只要按照线性程序将其落实到空间布局上，规划方案制定就基本完成了。传统的线性思维模式，把城市规划仅仅当作一门专业技术，忽视了城市规划系统本身的复杂性和网络化特征，采用时间线性思维和空间线性思维的方式，例如远期规划为 20 年，按照城市人口与用地规模“对号入座”式地确定土地利用总体规划等等，缺少对城市规划决策目标层次性的区别对待，缺少对近期规划的深入研究，致使规划常常滞后于城市的发展，不能真正地调控城市建设活动有序、正常的进行。

4.3.2 城市规划决策应反映社会公共利益

城市规划涉及政治、社会、经济的关系问题，城市规划不能离开政治。中外城市规划的实践表明，作为政府职能的城市规划，其决策过程具有公共决策过程的特点。“公共决策并不是一个单纯的技术或逻辑过程，而是一个社会价值的权威分配过程，一个公共利益的权威调整过程，公共决策过程在本质上是政治性的”。[①] 深圳南坪快速路的选线方案，看似道路交通设计的线型设计的技术性质，由于经过已经开发建设的丰泽湖小区旁，必然影响该区小业主的利益，该区的业主代表委员会通过维权之路，使得该路选线方案的决策过程走上了有代表意义的政治性决策过程。深圳市政府将该段选线的设计方案提交市人大组织召开听证会，从而开创了权力机关组织城市规划决策的政治过程的先例。尽管我们把业主委员会看成是一种政治力量还有待商榷，但其在决策过程已经形成一种不可忽视的力量却是不争的事实。

① 美希尔斯曼著．美国是如何治理的．曹大鹏译．商务印书馆，1986.5

案例：广东省东莞市清溪镇

以清溪镇为例，清溪镇原为东莞市的落后地区，上世纪90年代中期的镇主要领导非常支持规划，而且采取了即使是在现在看来也是十分严格的管理措施：即使是一栋村民私宅的报建也要报镇主要领导审批。由于这些严格的管理措施限制了村民私建乱建房屋的行为，影响了村民的短期利益，镇主要领导为此也付出了沉重的代价：未能取得连任，甚至在东莞市其他镇也很难找到新的政治舞台。然而规划实施结果非常好，由于控制了乱堆乱建，留下了大量发展的空间，为其后任留足了的招商土地资源。全镇已投产的外资企业700多家，总投资近20亿美元，外来员工达30万，2003年全镇的国内生产总值达到了25亿元，近年清溪一跃成为东莞新的电子产业基地。尽管具有很高的权威性，镇主要领导身上却背负巨大的压力——镇域经济发展和老百姓自身利益的冲突，当遇到村民的短期利益与规划目标发生冲突时，他们在规划实施过程中处于两难的境地，有时甚至顾虑重重。如何帮他们卸下身上的包袱，轻装上阵是事关快速城市化进程中城市规划目标能否实现的关键。当规划决策者与执行者合一时，时常会陷入两难的境地，如果缺少有效的监督（实际上监督也是在一起），那么选择牺牲代表公众利益的规划也许成为一种必然规律。偶然的个人英雄式的作为，结果往往是以丧失决策权力为代价。城市规划本质上是一种公共权力，但当前的战略性规划决策的主体与战术性决策的主体是脱节的。在东莞清溪镇的例子中，镇主要领导实际上承担了不同层次的决策，在保证战略决策的执行的同时也丧失了一次与不同利益群体沟通的机会（实际上也缺少这样的平台）。线性的决策显然忽略了协调利益相关者的诉求，使他们必然作出“经济人”的选择。

城市规划决策过程中的社会化，简单地讲就是指城市规划决策过程中提高公民（市民，亦叫公众）、法人、思想库（智囊团）、利益集团等民间利益表达主体参与决策过程的深度与广度，使城市规划决策能够更好地反映社会公共利益，是公共决策民主化的重要体现，也是提高城市决策科学性的一个重要保证。与政治参与过程相比，目前的中国城市规划决策社会化水平还比较低，主要体现在：一是城市规划决策参与主体不广泛，主要集中在各级政府官员、部分专家和规划师，这是由城市规划的行政行为及中国政府的权力运行结构所决定的；二是社会公众对城市规划决策过程参与机制不健全；三是社会参与城市规划决策过程的渠道匮乏。

4.3.3 政治、社会化过程的实现——管治理论的应用

近年来学术界正在讨论的“城市管治”（governance）对于研究城市规划决策的政治化过程具有较强的借鉴意义。按照全球管治委员会对管治的定义，管治就是有冲突的利益各方进行沟通协商，达成一致，采取共同行动的过程。管治的本质是政府与非政府力量之间以及力量内部的互动关系，寻求“综合的社会治理方式”。[①] 实际的公共决策过程是各种政治力量各自施加影响和相互讨价还价的过程，是一个充满冲突、分歧、妥协与折衷的复杂的政治过程。[②] 在我国，没有西方国家的党派斗争、议会争夺、三权分立、庞大的利益集团、新闻自由、多渠道的公民参与，公共决策中的政治过程相对简单。城市规划决策过程中的政治参与主要体现在政府作为决策核心的主体作用，人大作为权力机关在合法化过程的主导作用，政协和各民主党派的参政议政职能，以及工、青、妇机构和社团组织及公众对决策过程的一定影响。无论哪种力量，都有自身的价值取向和利益取向，快速城市化的发展，要求在城市规划决策过程的各个阶段，必须建立畅通的利益表达渠道并形成机制，使利益冲突（不一致）的各方进行有效的沟通与协商，实现在未来的行动中最大程度的步调一致。城市规划的最重要的特征之一，就是它的综合性[③]，对诸多矛盾的综合，子系统的最优并不必然导致总系统的最优，绝大多数情况下，往往是各子系统的次优，甚至不优才可能综合成复杂的总系统的最优。也就是只有妥协退让，才能求得合作成功。这又使人想到了我国传统的中庸之道，

---

① 陈秉钊．当代城市规划导论．中国建筑工业出版社，2003．124

② 美查尔斯·E·林布隆．政策制定过程．华夏出版社，1998.5

③ 陈秉钊．论城市规划的分级管理综合管理与垂直管理．城市规划汇刊，1999（5）

儒家的中庸之道，视不偏不倚、不过不及为最高标准，就是综合。当然折中并非不分主次，至于以何为主、以何为次就得从实际出发，不同对象要采取不同的策略。但觉悟其中之道，就可少依赖别人来纠偏，明理则智。这里把子系统看成是满足各方利益代表的方案，其实现综合的过程就是实现管治理念的过程。

为什么规划是政治性的?

由于以下几方面的原因，规划往往在高度政治化的背景下出台：

1. 规划常常关乎那些与人们有利害关系的事物——比如邻居的品质或学校区的质量。你不喜欢的规划决策也可能会影响到你每天的生活，因为它的成果正处于你生活或工作的地方。经常在郊区出现的非常情绪化的反对住房补贴的情形主要是因为居民担心它会影响当地的学校体系。居民们可能是对的，也可能是错的，但不论怎样都很容易理解，为什么他们会对他们认为将会影响他们孩子的幸福和安全的事那么热心。

2. 规划决策是可以看得见的。它们涉及建筑、道路、公共用地、房地产——都是市民能够看见和了解的实体。规划所犯的错误，如建筑上的失误，也是难以隐藏的。

3. 像地方政府的所有职能一样，规划活动是处在人们眼皮底下的。对于市民来讲，对市或镇当局的活动施加影响要比对州立法机关和国会的活动施加影响容易的多。这种具有潜在影响力的感觉会鼓励参与者进行参与活动。

4. 市民自认为他们是懂一些规划的，虽然他们没有正式地学习过这门课程，这种想法有其正确之处。毕竟规划涉及土地利用、交通、社区的特性及居民所熟悉的其他一些项目。所以，市民们不容易对规划师言听计从。

5. 规划包括巨额财政的投入产出决策。即使那些除了自己所住的房子外没有其他财产的人也可能会觉得规划决策与他们的经济利益有实质性的利害关系，这种想法是很正确的。对多数人来讲，他们最大的单项资产净值不在银行账户里，也不是股票，而是家庭住房的净值（房屋出售所得减去房屋负债）。因此，影响住房价格的规划决策可能在房屋所有者看来意义重大。

6. 规划问题和财产税之间可以产生很密切的关系。财产税是地方政府和公共教育的主要财政来源之一。规划决策对“在社区中建什么”有影响，在这个意义上它也就影响了社区的税收来源，从而也就影响了社区居民必须缴纳的财产税。

引自：[美] 约翰·M·利维著，张景秋等译，现代城市规划（第五版），中国人民大学出版社，2003.12，75～77页

案例：基层多元化利益驱动主体的协调机制——村镇规划的圆桌会议

快速城市化地区的规划管理在基层是如何运作的，用一个H镇A村实例来说明。

社会经济： H镇是珠江三角洲比较有代表性的村镇，20年改革开放使镇域经济得到迅猛的发展，镇域面积170km^2，常住人口11.5万，外来人口约50多万。2003年，国内生产总值（GDP）53.2亿元，各项税收总额20.1亿元，出口创汇11.4亿美元，金融机构各项存款余额195亿元，全镇农村集体资产总额达65.8亿元，农民人均年收入8854元。

规划编制： 有经济实力作为后盾，H镇在城市规划上也下了大力气，先后编制了总体规划、分区规划、市政专项规划及重点片区的控制性详细规划。各分片区的控制性详细规划由各管理区（行政村）出资编制。

管理体制： H镇有规划管理所，其编制、经费都由镇财政负责，技术受市规划局的指导，没有“两证一书”的处理权，仅作为收文上报的窗口。但是由于市规划局人员编制有限，村镇科不到10人，却要管理20多个象H这样建设用地达到几十平方公里的镇。因此，市规划局必须依靠各镇的规划管理所进行规划编制、办文、规划监督。

所以我们看到一个有趣的相互制衡的现象：一单公文办不办得

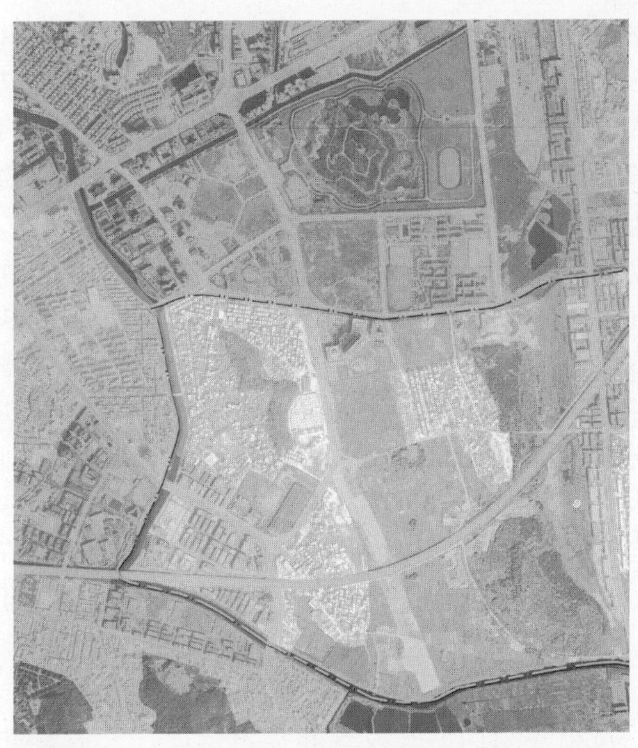

H镇A村的卫星影像图

好，一个规划能不能通过，三方面都要满意。以A村的规划来看，土地是属于村集体的，规划编制单位是镇里花钱请的（该村用地属于城镇重点地段），技术审查要市规划局说了算。什么事都要当面讲清楚，所以就出现了村镇规划的圆桌会议。以H镇A村的规划圆桌会议为例子：

参加者：书记、镇长、主管副镇长、规划管理所所长及相关设计院技术人员、A村书记、A村第一、二村小组代表。

由于规划的土地中有A村的、也有两个村小组的，还有部分是被政府征用的，所以仅一个小学的定位问题，讨论了2个多小时。结论是学校位置向南移，留出沿主要街道的商业用地给A村，学校用地早已有意向给某公司，该公司也付出了一些前期费用，补偿费用由镇、A村、一、二村小组按各自涉及到的居住用地面积先支付。

关键是在会议前一个多月的时间里，规划所、设计院和村里已经沟通过很多次，大部分意见都已形成了共识。由于产权很清晰，受益人和决策人也很清晰，原来十分复杂的问题反到很快解决了。（像这种会议，12 月 H 镇至少开了 5 次，平均一周一次还多，当然不一定全部都要 H 镇书记，大部分主管副镇长就决定了）。

在这个圆桌的周围，实际是各方利益的代表在博弈，而规划管理和设计在面临这种环境时，单一的线性的决策已不可能解决问题，必须（虽然是被动的）接受来自各方的约束条件，寻求合适的（而不是最符合原理）的解决方案。在群体的博弈过程中，大家都是在信息对等的情况下作判断，而利益相关者也并不是想像中无理地追求自身利益的最大化。这其中规划所就非常关键，他要和设计院一起，搭建一个大家沟通的语境。更重要的是，利用自己的信息优势在关键时候出牌（比如规划局不能批、没有哪个村是这样的、学校是小区升值的保障等等），使总体规划的意图得到落实。

4.3.3.1　决策目标确定过程的政治、社会化分析

当某一城市规划问题被发现和提出以后，只是表明了该规划问题具有需要通过规划部门采取对策加以解决的可能性。至于该规划问题是否能够最终通过一定的程序加以解决，关键取决于该规划问题是否被城市规划决策系统纳入决策议程。① 在快速城市化发展过程中，只有符合上层次规划发展方向的地方发展诉求才能够被列入规划决策议程。在现实中，只要地方的发展项目列入规划议程，则意味着其有优先发展的权力。聪明者从战略角度考虑先争取规划部门的支持将自己的区域范围纳入规划决策范畴。一旦规划决策先人一步，发展就会快人一步。从深圳市龙岗区的实践来看，横岗镇的西坑、六约、荷坳等村因领悟其道而先于其他，可谓是比较好的证明。早在 1980 年代初期，地处偏僻山村的深圳市龙岗区横岗镇西坑村，自己借钱委托做规划，以此打动了地方规划当局获得了优先审批，从而把握住先机，实现了超越发展，成为全国村镇建

① 政治决策过程指将社会公共问题纳入公共决策系统的视野、列入决策范畴，以及何时采取行动，采取什么行动的过程。（刘熙瑞，《公共管理中的决策与执行》，中共中央党校出版社，2003. 131）

设以及生态建设的典型（图4－4），经济发展在横岗镇各村位列前列，其他各种荣誉也伴随而来。

图4－4 深圳市龙岗区横岗镇西坑村

实现规划决策目标确定过程的政治化与社会化，关键就是建立一种广泛的信息交流与意愿表达制度化的渠道，及时关注并回应社会公众对城市规划的需求。与西方国家土地私有化不同，我国的土地制度是土地国家所有（即全民所有和集体所有），因而在城市规划决策目标确定过程中，战略规划目标需求往往是由较低层级的政府向上级政府或城市规划主管部门提出，这也是源于优先发展权的需要。因为能够列入规划决策议程意味着发展空间、发展条件的许可或其他发展权力的许可。而作为权力机关的人大和作为参政议政机关的政协，虽然也会表达他们对城市长远发展战略的意见，但在目前的条件下，积极主动地提出城市战略规划目标的机制不健全；而作为一般公众的市民，从关注城市长远发展的角度提出诉求的比例也是极低的。因与现实利益关系密切，各方利益团体提出战术规划决策目标要求的动力就要大得多。比如河流污染的治理目标要求，关闭采石场的要求，建设公园绿地的诉求等。尽管如此，从目前的城市规划机制来看，能够满足城市规划决策目标政治化、社会化的渠道和机制是不健全的。在推动城市规划决策目标政治化与社会化的过程中，政府必须建立沟通和协商的平台，通过向社区分权的方式，逐步使来自不同利益的群体拥有自己的代言人，培养社区居民的参与意识，提高他们对城市规划决策目标的需求意识。

深圳市龙岗区的“顾问规划师”制度

借鉴美国、台湾的社区规划师制度的经验，深圳市龙岗区在各镇选择社区建立“顾问规划师”试点制度。总体思路是以龙岗区城市规划委员会为主要责任部门，通过有效的组织方式，将区镇村各级政府、各职能管理部门、管理人员、专业技术人员和公众有机地联系起来。通过顾问规划师的工作，在镇村政府和规划管理部门之间、在村民和政府之间、在专业和日常生活之间，架构一座协调和沟通的桥梁。此制度的构建，旨在对快速城市化地区现行城市规划管理体制进行延伸和补充，建立公众参与制度化的途径，以此来巩固和深化镇村规划管理，引导和推进镇村的规划建设。顾问规划师提供的服务包括：为镇、村规划建设提供专业咨询；研究镇、村的经济发展现状，协助研究镇、村社会经济发展计划、环境改造和规划设计构想，促进规划实施；参与城市发展课题的研讨；开展规划宣传，促进规划意识的提高。深圳市龙岗区顾问规划师制度工作流程见下图。

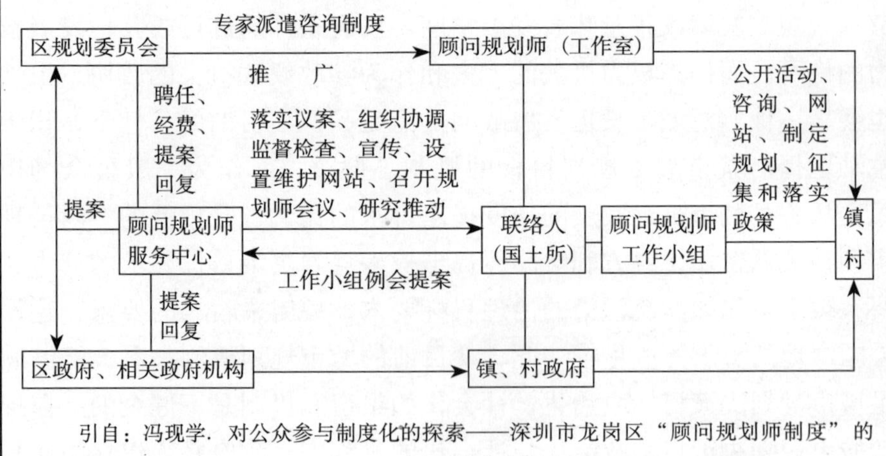

引自：冯现学．对公众参与制度化的探索——深圳市龙岗区“顾问规划师制度”的构建．城市规划，2004（1）

4.3.3.2　城市规划决策方案制定过程的政治化、社会化

（1）方案制定过程政治化、社会化分析

当前我国的城市规划方案制定是一种契约（或称合同，Contract）式的企业化管理方式，合约的双方即甲方（委托方）和乙方（受托

方）在方案形成过程中起到关键作用。无论规划决策方案所针对的问题，还是要实现的目标都取决于甲方任务书和合同中的规定，而乙方（规划设计单位）履行合约，按任务书的要求完成任务则是首要的。因此，甲方在组织乙方完成方案制定过程中的技术路线（指组织完成方案所经过的过程）对有潜在利益冲突的各方的关注程度决定了方案制定过程的政治化和社会化程度。就目前的法律法规来看，还没有明确规定要求在方案制定过程中如何关注存在冲突的各方利益。既然如此，城市规划师——作为乙方代表具体承担方案制定工作——在制定过程中的个人判断，就构成了现实的城市规划方案形成过程中对各方利益平衡的基础。从方案制定者的行为特征出发，在规定时间内完成甲方委托的任务，首先是让甲方满意。虽然有责任感的规划师在方案制定过程对甲方的要求也可以进行批判性的分析，但如果不能够让甲方实现最初委托的目的，再好的方案（更何况，一个规划方案的优劣包含很多主观上的判断，很难有统一的客观标准）也难以通过。由此可见，当务之急要通过规划法规的修改对城市规划编制过程中的组织行为进行规范，① 为有利益冲突的各方提供在方案制定过程中表达意见和建议的渠道和方式。特别是建立和完善城市规划方案综合评审制度，采用与城市规划方案评价相关的指标集合，按照其在方案中的地位和重要程度的不同确立各个指标的权重，最后根据各个指标的专家打分计算方案的最终得分，以此作为方案的最终评价。

（2）城市规划方案合法化过程中的政治参与和社会参与

一项公共决策方案只有经过合法化的过程，才能得到社会确认并被普遍遵守和执行。城市规划决策方案合法化，是城市规划决策过程的最后一个环节，也是关键的一个环节。狭义的城市规划决策方案的合法化过程是指根据《城市规划法》规定的具有法定审批权的权威部

① 2005年12月31日，建设部发布了修订后的《城市规划编制办法》（中华人民共和国建设部令第146号），自2006年4月1日起施行。新修订的《城市规划编制办法》实现了四大转变。一是实现组织方式由单一政府部门组织编制转变为按照政府组织、专家领衔、部门合作、公众参与、科学决策、依法办事的原则组织；二是重点内容从突出增长速度向控制合理环境容量、确定科学建设标准转变，从侧重确定开发建设项目向对各类资源实施有效保护和空间管制转变；三是范围从城市规划区转向更加突出强调区域统筹和全市域城乡统筹转变；四是实现城市规划技术属性向公共政策属性转变。

门审定与核准，具有法律效力的过程。广义的合法化过程还应包括通过政治动员、舆论宣传、提高公众对城市规划决策方案的认识程度、接受程度，从而获得广泛的社会认同与社会支持的过程。

深圳市龙岗区自1997年以来，通过各种形式进行政治动员、舆论宣传：

①通过宣传教育，提高规划意识，在全区上下形成“规划是生产力”的共同认识，使城市规划决策议程成为全区最高层次的议程，充分发挥规划的调控、引导作用；

②在全区各镇（街道）设立规划展览室（图4－5），用于征求社区居民对城市规划决策方案的意见以及合法化后的规划宣传；

③通过“规划下乡”，使关乎到千家万户的近期建设规划，尤其是村民住宅建设规划家喻户晓，最大程度地提高了居民对规划的认知和接受程度，减少了规划实施的阻力。

鉴于中国城市规划合法化程序的不健全状况，当前首要的任务是完善狭义的城市规划决策方案合法化的程序，并结合广义的合法化的要求，将政治动员、舆论宣传的过程法定化，使其成为城市规划决策议程合法化的必经过程。经过法定程序审批是目前中国城市规划决策方案合法化的方式。《城市规划法》规定，城市规划实行分级审批，直辖市、省和自治区人民政府所在地城市、城市人口在100万人以上的城市及国务院指定的其他城市的总体规划由国务院审批；省、自治区、直辖市人民政府负责其管辖范围除国务院审批权限以外的设市城市和县级人民政府所在地镇的总体规划；县级政府审批其他建制镇的总体规划，城市分区规划和重要地段的详细规划由城市人民政府审批；一般地区的详细规划可以由城市规划行政主管部门审批。

面向快速城市化发展的规划决策问题，各地都在探索树立规划权威性与市场化发展需求相结合的决策方式，城市规划委员会的决策模式是实现决策过程政治化和社会化参与比较有效的方式。

虽然城市规划委员会在中国尚未形成普遍的制度，但其作为民主决策、科学决策的改革取向已经获得广泛认同。通过研究城市规划委员会目前已尝试过的功能（如上海的咨询型功能、北海的咨询—协调型功能、深圳的咨询—协调—决策型功能）可以发现，城市规划委员

图 4－5 深圳市龙岗区城市规划展览厅

会实际上提供了一个沟通、协调的平台，这个平台在城市规划决策过程中起到信息传递、价值沟通、冲突的表达和利益的协调功能。从城市规划委员会来看，其人员构成的不同，也反映了城市规划决策过程中政治化、社会化程度的不同。在西方国家如美国，规划委员会人员主要由社会人士构成，一般是房地产商、银行家、商会等方面的领导人物，或者是律师、建筑师、医生、劳工代表、社会工作者等方面的代表；而我国现有城市规划委员会除深圳和上海外，人员基本上都是由政府及政府部门领导、官员、专家组成，这其实只是政府行政首长决策走向民主化的“形式”。在发表意见时，政府部门的领导往往会揣摩上级领导的意见，然后再发表自己的观点，这种观点无非让领导对自己的决策更加自信。对于参与其中的专家，如果是领导选定的，也难保专家的独立性。按照实现决策过程中政治化、社会参与的要求，对城市规划委员会的人员组成进行优化调整，使中国当今社会的各种政治团体及社会公众都能在规划委员会的平台上展开对话，实现决策过程中的充分沟通、协商，从而达到一致，将有利于城市规划决策的广泛接受及执行。

从以上分析可以看出，城市规划决策过程的政治化、社会化不是哪一个环节的问题，而是贯穿于整个过程的每一个环节，这促使我们回到对城市规划本质的思考：城市规划决策过程实质上是利益分配与再分配的过程，在整个过程中，从决策要解决的问题、决策目标提出和确定、城市规划方案制定到最后的抉择，都会涉及到各种利益主体的利益，这些利益主体的基本权利（表达意见与维护自身权益）必须得到尊重。深圳市龙岗区在1997年开展的试点村规划过程中，从决策目标选择（试点村目标）到整个方案制定过程以及最后的抉择，经过了广泛的政治动员（组织试点村所在地镇领导、村的书记主任参观学习，统一思想，形成共识），制定方案过程中的村民广泛参与（设计院、国土所的规划师多次到村里面对面了解情况，沟通方案，方案形成后公开，征求意见），以及方案抉择完成后的成果下乡（规划下乡包括成果及实施后的可能效果）。这一过程充分体现了现有行政体制之下多方利益主体的沟通与协调，这种方式的实现关键在于政府职能的转变，而理念上的转变是前提，行动上的转变要与实际相结合。但要建立长效的机制则要从完善城市规划决策过程程序（法定程序、组织行为），而不能仅仅靠决策过程的组织者个人的责任心与创新意识去实现。这就要转变政府治理模式，按照管治的要求，构建沟通和协商的平台和机制，这也是当前实现和谐社会的宗旨所在。

4.4 城市规划决策机制要由制度保驾护航

城市规划决策机制包括科学合理地界定政府、城市规划行政主管部门的决策权，完善内部决策规则，实现依法、科学、民主的决策。这是城市规划决策正确的制度保证，而健全和完善城市规划决策的中枢系统、信息系统、参谋系统和学习系统则是关键。

4.4.1 规划委员会——决策核心机制

4.4.1.1 决策中枢——赋予责任的同时应赋予合法手段

城市规划的决策中枢即决策中心，在城市规划决策系统中处于决策核心位置，它是指拥有决策权的领导集体和个人。在各级城市规划决策系统中，各级政府的行政首长及其班子成员就构成城市规划的决策中枢。如要说信息系统是决策系统的支撑系统，智囊系统是决策的参谋系统，那么决策中枢是决策的最终决断系统。城市规划决策属于行政决策，我国的行政决策方式经历了经验决策阶段，形式上的集体决策，以及现在的行政首长负责制的决策阶段，这决定了中国城市规划决策体制仍然是行政首长负责制。

在快速城市化进程中，由于城市规划专业性强，管理业务量大而广，各地实质上采用的是政府行政首长负责制和城市规划行政主管部门负责制的规划决策方式。在规划行政主管部门与市级领导及领导个人之间，不同单位、不同行政级别、不同岗位的人员到底对规划决策及规划执行有多大的权力，承担什么样的责任，有什么样的合法手段，几乎没有书面的明文规定。这实际上就造成了城市规划决策中枢的定位不清、职责不明（后文将从决策机制优化的角度提出解决的措施）。政府的行政首长（也包括副职），在城市规划决策中既可以胸怀全局，把握战略方向，决定战略决策目标议程并进行最后的抉择；也可以根据个人偏好，介入大量属于战术层面的决策目标，甚至是规划执行中的小事（比如绿化用什么树种，种什么花）。而这种角色还有法律依据，即“组织法”明确规定的行政首长负责制。[①] 这种职责不清和责任不明，也为城市规划行政主管部门在决策中的角色提供了方便：利用手中的自由裁量权，对战术决策目标及规划执行中的重大问题（包括改变用地性质，提高容积率等属于改变规划决策的事项）进行自由裁决，这就是当前城市规划缺乏严肃性、权威性的体制性因素。当然这种因素也与城市规划监督体系不完善、责任追究制度不健全（后文中有论述）存在必然的联系。

在城市规划决策中，位于决策中枢的分管领导的作用是应该认真研究的。我国的行政首长负责制还包含着分管领导制度。在各级政府的领导机构中，除了设置一名行政首长，还同时设置若干名副职。除了作为各级政府的组成人员参加本级政府的全体会议和常务会议，协助行政首长进行决策外，这些副职领导人还直接分管某一领域的日常管理和决策事务，有些政策实际上就由副职领导人签署。实行副职领导分口把关的分管领导制度，能大大补充和加强行政首长的领导能

① 《中华人民共和国地方各级人民代表大会和地方各级人民政府组织法》第六十二条规定：“地方各级人民政府分别实行省长、自治区主席、市长、州长、县长、区长、乡长、镇长负责制。”

力，是中国行政管理实践中的成功经验。[①] 这实质上是决策中枢机构中主角与副职之间的权力配置问题。在决策责任主体只有机构没有明确责任人的体制之下，行政首长会采取分管负责制，以减轻工作压力（这种压力可能来自两个方面：专业知识的欠缺——使自己有外行感的心理压力，以及城市规划工作量大而面广，问题复杂、工作量繁重的压力）。这种分工负责制的分工权限及程度取决于行政首长，这是行政首长负责制的体制决定的。从全国的范围来看，各地城市的领导班子成员配备过程对分管把关的副职，一般也有专业对口的安排，这对加强城市规划建设与管理当然是件好事，但是，城市规划决策中枢的制度建设——决策中枢机制优化是根本的保障。

4.4.1.2 委员会制与首长负责制结合——把集体决策和个人决策的优点相加

（1）委员会制与行政首长负责制

委员会制和行政首长负责制是现代行政决策中的两种方式，实质上是集体决策和个人决策的另一种表现形式。在西方采取总统制政体的国家，政府体制通常为总统制，其行政组织一般实行个人决策方式；在采取议会制政体的国家，政府体制通常为内阁制，在议会大选中获胜的首相或总统组成的内阁则实行集体决策。如美国法律规定政府最高层次的决策权掌握在总统个人手中，部长只有不多的建议权。日本的内阁总理大臣、英国的首相领导的内阁则采取“合议制”进行最高层次的行政决策。合议制决策时，有的采纳全体一致同意的决策规则，有的采取多数同意的决策规则。如果采取全体一致同意的决策规则，则行政首脑的主导权就相对较小，这样不利于行政首脑对行政决策的领导，不利于弱化部门（委员们）的利益；而多数同意的决策规则，可以弱化以部门利益为基础的部门政策对公共行政造成的分割。

委员会制（集体决策）与行政首长负责制（个人决策）各有优缺点，并适用于不同的决策范围（表4-1）。

① 陈振明. 政策科学. 北京中国人民大学出版社，1998. 256

委员会制与行政首长负责制的比较　　表 4-1

决策方式	优　点	缺　点	适用范围
委员会制	能集思广益，减少决策失误，决策成员彼此牵制可防止专断，有利于利益的平衡	容易导致权责不明、争功诿过、决策迟缓，行政效率低下，决策成本增加	影响范围大带有全局性、整体性的战略目标决策，如：城市规划立法、总体规划、重大项目选址
行政首长负责制	责任明确，决策果断迅速，减少扯皮和冲突，效率高	行政首长一人独揽大权，容易导致权力滥用，独断专权，决策失误，监督不力容易导致腐败	战术目标决策，技术性、专业性较强的决策目标

（2）委员会制与行政首长负责制的结合

伴随着知识经济和信息化革命，行政决策的日益复杂化给上述两种决策方式都提出了新的问题。在日新月异，千变万化的当今世界，固守哪一种方式僵化地进行决策都不能确保决策不出现失误。两者结合越来越成为现代行政决策的特点。关键是如何把握“度”：什么样的决策目标应该用委员会制？什么样的决策目标应该用首长负责制？办法之一就是在行政首长负责制的决策体制中加强决策中枢的机构组织建设，为决策者提供决策支持。美国自罗斯福新政（1933～1938）开始，为减轻总统日渐加重的行政决策负担，辅助总统行政决策的办事机构应用而生，目前美国总统的办事机构已达 11 个，① 包括辅助处理日常事务（办公厅），行政预算（行政管理与预算局），经济发展（经济顾问委员会），国家安全（国家安全委员会）……，类似的还有英国中央政府的内阁办公室，日本的内阁府等，都是辅助行政首脑进行决策的重要办事机构，具有着不可替代的作用。行政首脑的办事机构是离决策中心最近的组织，处于辅助决策的重要地位，发挥着咨

① 布什总统的办事机构有：经济顾问委员会（Council of Economic Advisers）、环境质量委员会（Council on Environmental Quality）、国家安全事务委员会（National Security Council）、行政办公室（Office of Administration）、行政管理与预算局（Office of Management and Budget）、全国毒品管理政策办公室（Office of National Drug Control Policy）、科学技术办公室（Office of Science & Technology Policy）、副总统办公厅（Office of the Vice President）、总统对外情报顾问委员会（President's Foreign Intelligence Advisory Board）、美国贸易代表办公室（United States Trade Representative）、白宫办公厅（White House Office）。资料来源：美国白宫网站：www. whitehouse. gov

询、规划、协调、控制的作用，逐渐发展成为西方国家行政机构的三大类型之一（即行政首脑的办事机构、内阁部、行政外围组织）。

在快速城市化的中国，各级政府行政决策面临巨大压力。一方面，在城市化转型过程中建立健全各项法律法规的立法任务，站在区域角度把握城市发展的战略方向，提高城市竞争力等，都需要行政首长汇集各方面的专家、学者，集思广益进行民主决策；另一方面，面对瞬息万变的市场需求、城市的竞争、突发事件等，决策者又要以敏锐的眼光把握先机，迅速、果断决策。因此在行政首长负责制的决策模式下建构决策中心办事机构，将委员会制与行政首长负责制结合起来，是实现决策中枢的决策机制优化的可能选择。

4.4.1.3　用法律确立城市规划委员会的权威

作为行政首长领导下的委员会决策类型，城市规划委员会结合了委员会制的集体决策和首长制的个人决策的优点，实际上构成了城市规划决策的中枢机构，成为城市规划决策的核心。市长作为市一级城市规划委员会的主任，常务副市长和分管副市长作为副主任，实质上就实现了城市规划决策由政府行政决策中心到专业化决策中心的转变。另外，从城市规划两个主要任务以及战略决策目标和战术决策目标的层次划分来看，城市规划委员会决策职能中还要加强两个方面的决策职能优化：一是城市规划决策目标与社会发展规划以及国民经济计划目标的协调职能；二是城市规划行政主管部门的决策职能转移。这是实现城市规划决策、执行、监督相对分离的机制优化保障。

决策核心的实现有赖于决策权威的确立。从目前各地的城市规划委员会设置来看，除深圳是法定常设机构外，其他各地（上海、厦门、北海、益阳等地）均是非法定非官方非常设机构，这就大大降低了规划委员会决策的法律地位。因此，规划委员会的设立要树立法律权威、行政权威、技术权威和民主权威。法律权威，是指规划委员会应由立法机关授权，有明确的决策职权和法律地位。行政权威，是指规划委员会有明确的行政地位，不再仅仅是叠加于现在正式组织之上的联合决策机构，应从行政组织机构建设的角度明确其工作机构的行政地位，使城市规划委员会成为常设的决策机构，实行战略决策目标和战术决策目标的分层次决策。技术权威，是指规划委员会及下设专门委员会由高水平的技术专家组成。民主权威，是指城市规划委员会成为公众参与规划决策的重要场所，规划委员会成员中相当比例的成员是公众直接推荐的社会代表人士（社会团体、社区、企业、市民等）①。

城市规划决策职能的强化，还要通过加强规划委员会工作机构的建设来实现规划决策工作的日常化。从目前情况看，一方面，城市化快速发展和区域经济发展的要求，地方政府为保持城市在区域中的竞争力，都不约而同地加强了对战略决策目标的研究与检讨，如何保持战略决策的全局性、综合性以及稳定性正成为城市规划决策的一个主要课题；另一方面，城市建设快速发展的需求对战术目标决策的效率要求越来越高，各地都在加强面向城市发展需求的战术决策机构建设。深圳市在规划委员会内部设立若干专业委员会。② 对快速发展的建设项目规划决策实行分层次决策，这些项目是由规划行政主管部门提交秘书处或由专业委员会确定的项目，由秘书处负责具体安排。分析各地城市规划委员会办事机构的设置状况，可以发现所有办事机构都设于规划行政主管部门内，这实质上是由城市规划决策与执行不分的体制造成的。委员会是联系规划行政主管部门与城市行政首长的中间平台，其人员、编制、经费均不独立，过于依赖规划行政主管部门和城市行政首长，其作用的形式着重于内容：即规委会作为民主和科学决策的愿望和标志的作用。

4.4.1.4　城市规划委员会制度的范本解读

（1）机构性质与内设机构

城市规划委员会应由全国省、市、县各级具有城市规划决策权的政府依规定设立，为常设半官方机构，其办事机构纳入政府序列、专职城市规划决策，城市规划委员会成员由政府各部门公务人员、专家、市民代表构成，主任委员由地方行政首长担任。规委会根据决策

① 王兴平．城市规划委员会制度研究．规划师，2001（4）

② 发展策略委员会根据市规划委员会的委托对影响城市发展的重大决策提供审议意见；法定图则委员会根据市规划委员会的委托审批法定图则，并对法定图则相关工作提供审议意见；建筑与环境艺术委员会根据市规划委员会的委托，对城市设计与建筑设计方面的重大问题提出审议意见；顾问委员会受市规划委员会的委托，就城市规划建设中的重大问题提供咨询意见。

审议项目的类型不同和工作分工，设立若干专业委员会，专业委员的设立也因规划委会员层次和各地情况有所区别。一般按战略决策目标和战略目标的要求不同设立战略审议委员会（如：发展策略委员会）、详细规划设计委员会（如：深圳的法定图则委员会）以及顾问咨询机构等。

（2）主要职责

规划委员会的主要职责因规划委员会层次不同而不同（主要与规划分级审批有关），但总的可以分为对宏观战略决策目标的审议、审批，以及对战术层面的规划项目的审查、审批。各地可根据本地情况不同将省级、市、县级规划委员会职责更加灵活地进行职责划分。比如，对于西部地区，由于城市规划建设量相对较小，加上规划专家数量相对不足，可以强化省级规划委员会的建设，集中专家力量形成集中优势，同时加强对战术性决策目标的决策力度。例如：贵州省规划委员会的职责中，不仅具有宏观战略决策目标的审议如：审议全省城镇中长期发展目标及近期建设规划，县城以上城市总体规划的调整及修订大纲等涉及全省城镇规划全局性、长远性、战略性的重大问题，还具有审查、评审建制市的城市设计，分区规划、重要地段控制性详细规划、修建性详细规划、专业规划以及审定省级以上重点项目，对全省经济和社会发展具有重大影响的建设项目的选址定点，建设规模等战术决策职能。而市一级的规划委员会的职责除有协调处理城镇规划中涉及本市（州、地）各个地方和部门重大问题外，主要负责审定本区域内各城镇重点地段（主干道路口、广场、立交桥、高架桥等城市重要市政基础设计及重要节点、重要建筑等）的城市设计、控制性详细规划、修建性详细规划、分区规划和专业规划。[①] 对于沿海快速城市化的地区，因其所具有的人才数量优势以及城市规划建设数量巨大，显然要进一步合理划分规划决策权限。比如对于广东省而言，省级规划委员会着重在抓好快速城市化过程中的区域规划协调，城市化过程中的统一政策制定决策外，一般战术性决策目标均由市一级城市规划委员会承担。因而这一区域的城市规划委员会发展也比较成熟，

① 王秉涛，路言志. 贵州省城市规划管理体制改革探讨. 规划师，2004（3）

以深圳为例，城市规划委员会主要职责是：[①]

①对城市总体规划、次区域规划、分区规划草案进行审议；

②对城市规划未确定和待确定的重大项目的选址进行审议；

③下达年度法定图则编制任务，审批法定图则并监督实施；

④审批专项规划，审批重点地段城市设计；

⑤完成市政府授予的其他任务。

规划委员下属机构可设负责战略规划决策审议的发展策略委员会，负责战术规划决策目标的规划设计委员会（包括对规划执行中改变规划决策的审查、审批）。规划委员会顾问委，负责就城市规划中的重大问题提供咨询意见。规划委员会下设负责组织、协调、控制以及处理日常事务的常设办事机构（规划委员会办公室）。

（3）委员资格构成

规划委员会成员的构成直接体现了城市规划决策的价值取向，也是能否实现其应具备的法律权威、技术权威、行政权威和民主权威的关键。因此其成员构成中既要考虑各类专业人士，又要考虑政府各部门公务人员，还要有超过半数的非公务人员参加，在当前，我国各类中介组织及基层社区组织尚不健全的状况下，要使城市规划委员会的非公务人员有广泛的代表性就只有通过公开推选。2004 年规划委员会换届时，深圳市通过各单位推选后公开在媒体上广泛征求意见的做法，可视为比较公开、民主的推选试验。以目前的状况看，委员会成员人数控制在 21～29 名（视城市规模而定），主任由市长担任，副主任由常务副市长和分管副市长担任，其余公务委员由政府各部门代表参加（比较优化的办法是各部门的技术领导参加），各区、县代表（这部分席位可设区域机动席位，在审议议题涉及到该区域时，作为代表参加），非公务人员则由在本市区域内从事一定时限的各类专业人士及社会人士（如房地产、银行、大型企业、以及水、电、燃气等利益集团或行业协会负责人或者是律师、教师、新闻工作者、社会工作者、社区代表等的市民代表组成）。各成员的资格必须有从业经历

① 深圳市借鉴香港等地区的经验，结合自己的实际，在国家确定的城市总体规划和详细规划阶段基础上，试行了城市总体规划、次区域规划、分区规划、法定图则和详细蓝图五个城市规划编制层次。

以及个人品德等方面的条件，比如是否热心公益事业、能否遵守委员会章程等。

（4）决策程序

①由办事机构根据委员会主任、副主任或各专业委员会的提议，以及规划执行机构提出的申请（如改变原决策的申请），经研究后向规划委员会或专业委员会提出申请，并同时组织做好审议材料准备；

②规划委或专业委员会如接受申请，则由会议召集人与办事机构议定日程安排；

③会议组织者提前5个工作日将材料送达委员会成员；

④会议召集人按日程主持会议，所有与会委员均需履行签到手续。到会委员符合法定数方可召开；

⑤会议期间，会议召集人可视审议具体情况，邀请政府有关部门代表到席会议，如有需要，到席人员向会议作出项目介绍，并回答委员们的提问，但不参加最后的表决；

⑥所有委员表决时，必须表态同意或不同意，不得弃权；

⑦决议草案由主任或有关副主任签名后发布。

（5）决策规则

决策规则是城市规划委员会决策制度化的保障，规则对委员会及其专业委员会议事的组织、议决方式以及参加人员的参加、决策方式作出规定。一般情况下，规划委员会全体会议召开的周期要长于专业委员会，一般为两个月到一个季度召开一次（实际上能否坚持关键取决于行政首长，因此主持人可由主任或主任委托副主任主持召开），对参加人数作出限定，至少要达到半数以上。对于重大问题的决议必须获得参加人数2/3以上多数通过，一般问题须获得半数以上同意方可通过。各专业委员会根据需要（由规委员长会主任或副主任同意）不定期召开，会议作出的决议须获得参加人数的一半以上多数通过。委员长会下设的办事机构是委员会决策过程的组织者，对决策目标确定，方案制定过程、决议过程以及决策后的实施策略负有行政责任。委员会成员在接到通知后，原则上必须亲自到会。如因故不能参加，必须提前向召集人请假，否则视为无故缺席（规划委员会章程中可规定，对一年内无故缺席超过一定次数，取消委员资格）。各委员会成员必须坚持回避规则。凡与审议项目有直接或间接利益关系的委员，应在会议召开之前向会议召集人申请回避。

4.4.2 解决信息健全与快速传递的矛盾

信息在城市规划决策过程中极其重要，充足、及时、准确的信息是决定城市规划决策质量和效能的关键因素。国外有学者甚至认为决策科学化的关键是90%的信息加10%的判断。在当今信息爆炸的时代，依靠行政领导者个人所掌握的信息来实现决策是很危险的，建立健全城市规划决策的信息系统的必要性即在于此（信息问题广泛地存在于城市规划决策的各个环节中）。在快速城市化的地区，由于经济发展和社会转型速度较快，对城市规划决策提出的要求就更高，建立快速反映的信息系统对于保持城市规划决策的有效性至关重要。一方面要建立畅通的信息反馈渠道，将发展中的问题，特别是基层组织单元和市场发展中的信息，在较短的时间内传输到决策中枢系统；另一方面在决策中枢系统中要建立接收和加工信息的信息中枢，信息中枢不仅要能够迅速接收来自基层的信息，更要把握世界的区域及地方发展中宏观背景的信息，而且要采用现代科技对各种信息进行加工，并及时将各种分析报告提供给决策中枢参考。从当前城市规划在战略决策及战术决策方面存在的问题看，城市规划决策信息系统存在如下问题：

（1）决策信息系统网络化不够，不能为城市规划决策提供及时、有效的信息。城市规划的战略决策既需要把握中央的、区域的城市发展政策信息，也需要把握市场等方面的信息，比如产业转移信息、规划执行过程中的反馈信息。但目前城市规划决策信息收集是分散的，分别分布于政府内部、城市规划行政主管部门以及城市规划研究设计机构，这就造成了决策过程中的信息传输不畅问题。

（2）缺乏信息收集机制，信息沟通渠道不完善。在快速城市化过程中，地方发展信息、市场需求信息不能通过有效的渠道反馈到城市规划决策系统，同时城市规划决策过程中的信息也不能及时反馈到公众和市场，这种信息不对称使得城市规划的战术决策目标总是显得笨拙不灵，既不能满足市场的需要，也无力弥补市场的失效。

为解决上述问题，必须促进城市规划决策信息化建设。城市规划决策信息化是指信息的连续不断更新，保持与世界经济、科技发展同步，与国家及区域经济发展同步，与本区域社会、经济、文化、环境发展相协调。建立常设的机构进行不间断的收集、整理，并构建适时分析判断的机制，对出现的新情况、新事物、新问题保持高度的学习状态，从而为决策中枢提供最新、最全面、最系统的信息。

城市规划决策信息系统的优化在城市规划决策过程中涉及的问题很多，从城市规划决策过程来看，当前关键是建立健全城市规划决策的信息收集系统及加工反馈系统，以便满足城市规划决策过程中决策目标确定及决策抉择过程的需要。在实际工作中，城市规划决策信息与产业发展的信息、公共财政计划的信息、土地开发的信息关系密切，有必要建构城市规划决策的信息支持机构，同时要与城市规划决策的核心（决策中枢）以及决策的参谋（智囊系统）保持密切的联系。

在目前的城市政府城市规划决策系统中，各地都加强了信息系统的建设。广州市城市规划局自 1980 年代后期就设立了广州市规划信息中心，深圳市自 1990 年代以来成立了以信息化系统为支撑的规划国土信息中心，建立起从土地管理、规划管理、市政管理、基础信息到产权管理的系统集成，同时与行政办公系统有机协调，实现了信息系统的适时跟踪、调整、校正及应用。同时还与咨询参谋系统——深圳市城市规划设计研究院城市规划研究所结合，实现了社会经济发展、城市建设以及房地产、环境、基础设施、交通、绿化等方面的规划以及对发展趋势变化的适时反馈，从而保障了决策信息的真实可靠。在完善以城市规划委员会为决策核心的目标中，设立城市规划信息中心是决策机制中必不可少的一环。机构部门与职能可根据各城市具体情况赋予四位一体（集城市规划研究、政策咨询、信息收集与分析、城建档案管理于一体）或三位一体（研究、咨询、信息）等职能。同时应纳入行政或事业编制，并在有关城市规划法规及地方政策中，确立其法律地位。

4.4.3 谋断分离——以集体的智慧应对复杂问题

4.4.3.1 城市规划决策过程的参谋作用

"谋"即参谋，参谋在行政决策中占有重要地位。古今中外有大量的案例说明"谋"在决策中所发挥的重要作用。中国古代的谋士、食客制度，今天的发达国家的各种"脑库"、"智囊团"的作用已深入到任何一个决策领域，其决策地位的提高推动了世界各国的研究咨询机构的快速发展。例如，为美国政府决策服务的就有700多个咨询机构，日本政府各部门建立的咨询机构审议会达200个，英国有2000多家咨询公司。[①] 对于城市规划决策来说，一方面由于城市规划涉及政治、经济、文化和社会生活等多个领域，是一项综合性、全面性、战略性的工作；另一方面，随着知识经济、信息社会的到来，城市规划决策压力越来越大，对规划政策的科学性、专业性要求也越来越高，城市规划决策单靠一个人的智慧几乎是不可能的。"惟一的办法就是建立大脑系统，以集体的智慧来应对复杂的大系统的问题"。[②] 深圳市城市规划委员会聘请了一批来自国内外资深规划专家做顾问，对深圳的重大城市规划决策进行咨询，避免了一些规划决策上的大失误。深圳机场规划选址决策就是一个典型的案例。1987年，深圳机场建设筹建部门宣布深圳机场选址于深圳湾白石洲，这是一个将给深圳中心区的建设及长远发展带来严重影响的战略性问题，深圳市规划部门发挥8位资深规划专家的作用，通过他们的呼吁，1988年1月，国务院主要领导人李鹏、万里亲临深圳考察后赞同规划部门提出的黄田方案，从而避免了一个重大决策失误。

4.4.3.2 当前城市规划决策谋、断现状

由于城市规划决策方案制定涉及到大量的专业知识，在组织编制规划方案时，城市政府及其规划行政主管部门是采用委托（招标）方式由专业机构（如规划设计院）来完成的，这本身可以看成一种"谋"、"断"分离的机制。但这种"谋"是一种"契约式"、阶段式静态的"谋"，在完成委托任务履行合约后，规划设计单位对规划的

---

① 黄达强，刘怡昌主编．行政学．中国人民出版社，2000. 359

② 陈秉钊．当代城市规划导论．中国建筑工业出版社，2003. 121

执行情况一般不予关心。这与城市规划及城市规划管理体制是一个动态过程的要求不相适应。城市规划是一个永无终结的过程，城市规划战略决策完成后需要研究从战略决策目标转化为战术决策目标过程中社会经济等多种因素变化的影响，不断地接受反馈进行调整和修正，战术性决策在付诸实施时也要根据市场的反映进行调整与完善。无论战略决策目标还是战术决策目标在执行中指望按本本办事都是教条主义的，也是不现实的，因而建立城市规划决策过程以及城市规划执行过程中的跟踪研究机制，是对城市规划决策参谋重新定位的基本要求。

目前从全国的范围来看，虽然各地城市政府都认识到了决策参谋的作用，但认识程度不一，有的城市非常重视，实行“没有深入的调查研究不决策，未经咨询论证不决策，不经过两个以上方案的比较不决策”的“三不政策”，例如深圳市委市政府的“要求市直机关各部门、各区和各集体（总）公司都要成立相应的调研咨询机构，参与各级领导班子确定任务、制定计划和形成决策方案等方面的活动”。[①] 有的城市不够重视，虽然也成立了相应机构，却不重视对城市规划问题进行长期、系统的跟踪研究，遇到某个重要问题，临时请几个专家咨询，只重视出现问题时邀请外地专家，而不注意本地研究队伍的建设和研究人才的培养。有的参谋机构还被看作是安置“不好安排的干部”的地方，这就使得城市规划决策参谋作用得不到保障。由此可见，制度化的建设是发挥城市规划决策参谋作用的关键。

4.4.3.3 让“规划参谋”有名有实

“建立科学的决策机制，就是要建构高效的大脑系统，凡是有效率的系统，系统内部一定具有结构，即谋断分离的结构”。[②] “谋”在于协助“断”（决策者）发现问题，提出目标，根据目标提出解决问题的决策方案，根据决策方案提出部署方案，负责方案论证等。由此可见，“谋”可以分为两种：

一类“谋”设在“断”的旁边，参与“断”的全过程。这种

---

① 李容根主编．八大体系．深圳行政管理体制改革探索．深圳．海天出版社，1998. 121

② 陈秉钊．当代城市规划导论，中国建筑工业出版社，2003. 121

“谋”的作用是“断”的助手，帮助“断”梳理问题，提出决策目标建议，组织制定方案，并在决策后组织提出策略等，这种作用是参与而不是决策。目前，从城市规划决策过程来看，这种“谋”的作用还未形成有效的机制。在某种程度上，设置了政府组织系列的秘书长（副秘书长）、助理职务，以个人身份承担部门选择的职能，但由于其事务繁忙，不可能完成从梳理问题、提出目标、组织制定方案到策略制定组织的整个过程，而设置于规划设计部门内部的研究机构，因其不参与决策过程，也不参与实施过程，从而难于从整体上掌握决策的信息。目前，我国处在快速城市化发展阶段，城市规划问题不仅量大而且复杂（社会转型所致），建立政府内部的城市规划决策参谋机构十分紧迫。

另一类“谋”设于“断”的外部，这种类型的“谋”有其专业技术专长，其作用是为决策者提供各种备选方案。“谋”利用各种手段和渠道，收集各方面的有关信息，进行去伪存真、由此及彼、由表及里的综合分析，在此基础上构思可能的备选方案，并分析各备选方案的利弊，供决策者进行决策。

从当前全国各地城市规划决策参谋系统的状况来看，必须从地方立法中明确参谋系统的地位、职能、机构设置，才能切实保障决策参谋作用的发挥。

（1）从解决城市规划的两大任务出发，城市规划决策参谋系统既要根据城市社会、经济、文化各个领域发展以及城市规划建设的发展，提出战略性决策目标建设；又要根据城市规划实施过程中遇到的新问题，以及市场反馈的情况，提出战略决策目标调整建议及解决问题的战术目标。

（2）要从战略和战术结合的角度组织好城市规划决策方案制定过程，在过程中实现最广泛的各方利益主体的参与以及公众参与。

（3）组织完成好决策方案制定过程及决策前各部门的协同审查和技术审核。

城市规划方案的抉择，“断”者要考虑的因素很多，“谋”者提出的方案多偏重于技术层面，“断”者站在更高的层面，从政治、社会、经济的层面综观全局，因而“断”与“谋”对城市规划决策方案的选择有时是不统一的。由于城市规划决策方案的评判没有一个客观的标准，因此“谋”者应尽可能的多方面考虑，并提供多方案以供“断”者对决策方案拥有全面的判断。

在城市规划决策过程中，如何为决策中枢提供有效的“参谋”，建构高水平的智囊团已成为共识。如何发挥智囊的作用却在于是否有一个完善的决策咨询机制。完善的决策咨询机制，就是要明确决策咨询在城市规划决策中的法定地位及在决策程序中的作用环节，同时要形成对不同决策层次的专家构成、参与方式的规则，并严格按规则办事。为了实现这种机制，在城市规划委员会的常设办事机构中，要建立旨在实现专家咨询制度化的组织机构及人员，这一机构和人员要与城市规划信息中心建设有机结合起来。目前从全国范围来看，普遍由规划主管部门代管的城市规划设计研究机构承担这样的功能。可是许多城市规划设计研究院虽然名称中冠以“研究”二字，但由于没有研究经费保障，多数研究人员忙于承接规划设计任务，研究工作有名无实。随着我国有关事业单位改革的推进，这些设计研究机构逐步被推向市场而变成民间咨询机构。因此，加强政府内部咨询机构建设势在必行。近年来，一些城市成立了规划编制研究中心（有的称为规划编制中心，有的称为规划研究所），这些机构有固定的事业编制和人员，由政府财政拨款解决运行经费，负责城市规划编制组织工作。这也许是制度化规划研究信息机构的雏形。应该明确的是，政府内部的这类机构，虽然也是由各专业的人士组成，但其工作的定位重在承担整个决策过程的组织而非专业化的咨询，不仅要有各方面的专业为基础，更重要的还要有关公共行政管理以及社会管理的相关性知识，其工作性质是为决策者及决策中枢服务的辅助职能，简单地说是在整个决策过程中是参与而不决策，当然，由于决策过程的组织也会对决策结果产生重要的影响，加强这一内设机构的思想道德建设也是必不可少的，可参照国外政府对公务人员划分为政务官和事务官的做法，对这些人员按公务事务官职责定位。

4.4.4 创建学习型政府——完善城市规划决策机制的保障

在城市规划决策中，由于作为决策核心的政府的“有限理性”、政府官员的“经济人”理性，特别是当前知识更新速度加快，城市发展过程中的新事物、新现象大量涌现等，都为创建学习型政府提出了很高的要求。正如论文在第三章运用公共选择理论改进政府官员的行为时指出的“通过制度创新，改进官僚机构的内在运行方式与组织形式”那样，学习型政府的创建，会通过影响政府官员的行政行为而为城市规划决策机制的完善提供保障。

4.4.4.1 学习型政府：具有可塑性的高效组织

学习型政府是一个全新的理念，是对传统行政管理模式和管理方法的重新定位和调整，学习型政府应该是一个自由、开放、便于信息交流和知识传播的共享学习成果的系统，能有效地将学习行为转化为创造性行为，大大提高政府的行政效率和政府工作的社会满意度。① 学习型政府，应有不断创新、自我调整、自我修复、自我完善的能力，保持高效、低耗，充满生机。因此，这个组织永远不是一个终结的概念，而是随形势的变化应变自如，具有可塑性的高效组织。学习型政府能够通过保持学习的能力，及时扫除发展道路上的障碍，从而保持持续发展的态势。

4.4.4.2 创造政府学习的氛围

学习型政府要求政府必须根据环境的变化不断做出相应的调整和变革，增强政府学习的意识，提高决策能力，强化政府的责任意识、有限作为和依法行政的理念。党的十六大报告提出的“形成全民学习、终身学习的学习型社会，促进人的全面发展”② 是小康社会奋斗目标之一，而“学习型社会”也对“学习型政府”提出了要求。根据野中郁次郎等的研究结果，组织的存在为个人的学习和新知识的生成创造了一个外部环境和知识交流平台。③ 作为一个科层组织，政府的运行机制、体系以及与外部环境的交流与企业具有显著的不同。从学习的动态性质上看，学习型政府组织不是一个终结的概念，而是一

① 毛正刚，凌恩蓉. 创建学习型政府研究. 成都行政学院报，2004（1）

② 江泽民. 全面建设小康社会，开创中国特色社会主义事业新局面. 在中国共产党第十六次全国代表大会上的报告，2002. 11. 8

③ Nonaka Ikujiro，Konno Noboru. The Concept of ‘Ba’：Building a Foundation for Knowledge Creation. California Management Review，1998（Spring）：40－54

个不断进取、与时俱进的概念，是一个使政府组织始终与外部环境的变革同步持续地进行，并使其公务员有效地将学习行为转化为创造性行为的创新思维的工作模式。[①] 而一个鼓励学习的良好氛围的建设，是创建“学习型政府”的必要前提。

4.4.4.3 发挥公务员个人学习的能动性

作为一个特殊的组织，政府是由个人组成的（公务员和职员），而“学习型政府”的创建归根结底还是要到政府中的个人身上。特别是在当今知识经济时代，知识的更新速度日新月异，信息的传递和交流日益便捷，个人学习的各种硬件条件和物质基础已经完备，只有实现了知识的真正转移和内化，才能实现真正意义上的“学习型政府”。特别是在快速城市化时期，由于涉及的利益集团的多样性，以及各种新事物和新现象的大量出现，缺乏学习意识的公务员往往沉醉于原有的知识和经验积累，不肯、不敢或不屑于接受已经发生和正在发生的新鲜事物，往往在有意或无意中阻碍了事物的正常发展。为了更好的适应新形势的发展需要，必须培养公务员个人的学习意识，发挥公务员学习的积极性和主动性，提高对实际问题和事物的洞察力（insight）和敏锐性，引导和促进新事物和新现象的良性发展。

4.4.4.4 建立学习型政府也要有保障激励机制

传统政府组织管理结构通常是“金字塔式”的，基层政府只能被动地落实上级精神；而学习型组织则本着“基层为主”的层次扁平化结构管理思想，将决策权向组织机构的下层移动，让下层单位拥有充分的自决权，并对所产生的结果负责，上级政府实行宏观控制、目标管理，通过政策杠杆调整发展方向、挖掘“政府服务”潜力，使各个层面责权利分明，增强决策的针对性和准确性。通过对政府体系互动模式的分析和对建立学习型政府组织的展望，我们发现，学习型政府组织首先要将分散的个人愿望整合为政府的共同愿望，将国家公务员的个体价值目标与政府的整体价值目标整合为组织共同的愿望，形成强大的政府精神和政府文化。其次要将“团队学习”，寓于政府组织

① 马振清，高岩. 学习型政府. 政府生态理论的价值回归. 哈尔滨工业大学学报（社会科学版），2003（4）

系统运行的整个过程，而强化团队学习是强化团队向心力的关键环节。通过边学习边准备、边计划边推进的方式探索政府持续有效运转的途径，保证政府依法行政和保持服务质量，使政府的决策层、管理层、操作层通过学习保持积极的精神面貌，服务于民。

创建“学习型政府”的保障机制主要有以下几个方面：①

(1) 人力资源管理创新：建立健全鼓励公务员和职员学习的激励制度，把公务员的学习业绩纳入其绩效考核的范畴，鼓励公务员的培训、进修和深造（例如，国务院发展研究中心、清华大学公共管理学院和哈佛大学肯尼迪政府学院三方共同举办中国官员培训的“哈佛计划”）。

(2) 政府管理理念创新：树立以“客户为导向”的管理理念，强化“服务型政府”、“责任型政府”、“法制化政府”以及“有限政府”的理念，鼓励政府内部的良性竞争。

(3) 政府流程再造等。

十六大以来，以胡锦涛同志为总书记的党中央在创建学习型政府，不断完善中国最高决策中枢学习机制方面树立了榜样，截至到2005年1月，中央政治局已经进行了十九次集体学习（表4-2）。

中央决策中枢的集体学习，既联系实际又放眼未来，既立足中国又放眼世界，就攸关中国改革、发展、稳定的重大理论和现实命题请教权威专家学者。中央领导集体通过将集体学习的内容向社会公开，透露出中央关注的重点，每次学习都引起了全国上下的广泛关注。榜样的力量是巨大的，中央政治局这一学习型的领导集体正用制度化的行动，为其所倡导的学习型社会、学习型政党和学习型政府做出表率，同时也是一种鞭策。中央决策中枢的集体学习，为全党和全社会工作起到了引导作用。中央决策中枢集体学习制度的建立，是中国共产党人不断追求新知的历史传承，是正确地改造现实，开创未来的一种理性自觉，② 同时也有利于我国政府学习氛围的形成，提高各级政府的学习意识，有利于政府加强执政能力、积累执政经验，提高政府决策的科学性。

① 王强，陈易难. 学习型政府——政府管理创新读本. 中国人民大学出版社，2003

② 杨琳. 集体学习制度化体现新领导集体鲜明政风. 瞭望，2004.12.15

第十六届中央政治局历次集体学习情况　　表 4－2

次别	时间	主讲人	学习主题
第一次	2002.12.26	许崇德、周叶中	认真贯彻实施宪法和全面建设小康社会
第二次	2003.1.28	余永定、江小涓	世界经济形势和中国经济发展
第三次	2003.3.28	曾湘泉、蔡昉	世界就业发展趋势和我国就业政策研究
第四次	2003.4.29	王恩哥、薛澜、曾光	当代科技发展趋势和我国的科技发展，以及运用科学技术加强非典型肺炎防治工作
第五次	2003.5.23	钱海皓、傅立群	世界新军事变革的发展态势
第六次	2003.7.21	张启华、张树军	党的思想理论与时俱进的历史考察
第七次	2003.8.12	张西明、熊澄宇	世界文化产业发展和我国文化产业发展战略
第八次	2003.9.29	林尚立、李林	坚持依法治国、建设社会主义政治文明
第九次	2003.11.24	齐世荣、乘旦	15 世纪以来世界主要国家发展历史考察
第十次	2004.2.23	秦亚青、张宇燕	世界格局和我国的安全环境
第十一次	2004.3.29	程序、柯炳生	当今世界农业发展状况和中国农业发展
第十二次	2004.4.26	吴志攀、王利明	法制建设与完善社会主义市场经济体制
第十三次	2004.5.28	程恩富、李崇富	繁荣和发展我国的哲学社会科学
第十四次	2004.6.29	黄宗良、卢先福	加强党的执政能力建设
第十五次	2004.7.24	郭桂蓉、栾恩杰	坚持国防建设与经济建设协调发展
第十六次	2004.10.21	杨圣敏、郝时远	中国民族关系史的几个问题
第十七次	2004.12.1	陈雪薇、刘海涛	中国社会主义道路探索的历史考察
第十八次	2004.12.27	孙鸿烈、万钢	面向 2020 年的中国科技发展战略
第十九次	2005.1.24	李忠杰、王庭大	新时期保持共产党员先进性研究
第二十次	2005.2.21	李培林、景天魁	努力构建社会主义和谐社会
第二十一次	2005.4.15	刘世锦、陈东琪	关于我国经济社会发展战略的若干问题
第二十二次	2005.5.31	黄卫平、裴长洪	经济全球化趋势与当前国际贸易发展的新特点
第二十三次	2005.6.27	张洪涛、周大地	国际能源资源形势和我国能源资源战略
第二十四次	2005.8.26	江英、罗援	世界反法西斯战争的回顾与思考
第二十五次	2005.9.30	唐子来、周一星	国外城市化发展模式和中国特色的城镇化道路
第二十六次	2005.11.25	衣俊卿、李景源	世界马克思主义研究与我国马克思主义理论研究和建设工程
第二十七次	2005.12.21	马怀德、史际春	行政管理体制改革和完善经济法律制度

续表

次别	时间	主讲人	学 习 主 题
第二十八次	2006. 1. 25	钱克明、张晓山	建设社会主义新农村
第二十九次	2006. 2. 21	卢中原、王一鸣	世界产业结构调整的趋势和我国加快转变经济增长方式的战略抉择

4.5 完善城市规划委员会制度——城市规划决策的制度变迁

在国家渐进式的体制改革前提下，规划的改革也必然是渐进的。[①]源于西方的城市规划委员被引入我国城市规划管理体制之中，已经逐步得到推广，我国目前很多的省会城市及部分地级市已经建立城市规划委员会。[②] 如果地方城市规划委员会的探索只是部分城市自发的探索，带有明显的自下而上的诱致式改革特征的话，那么建设部在贵州、四川等地开展的以规划委员会为核心的规划管理体制改革试点表明了自上而下的强制性制度变迁的方向。总结深圳、广州、上海等地已进行的改革试点，并结合建设部已开展的省级规划委员会试点，以规划委员会为基础的决策机制的制度变迁写入即将修改的《城乡规划法》将指日可待。

城市规划委员会作为决策机制的核心，必然要从现在的自发式的地方色彩的试点型走向成熟的法定化的制度构成，要从职能定位、组织形式、人员产生、议事方式等方面走向法定化。

4.5.1 城市规划委员会制度化——自上而下的强制性制度变迁

一项改革能否走向成功，关键是最后能否得到制度的确认。来自地方的城市规划委会员改革，在经历了地方试点并被地方立法确认后，要得到中央政府的确认并经过推广、提升、纠正并总结后，形成中央政府的方案，从而确立为普遍遵守的制度并写入法律，由此形成制度变迁的轨道（图 4 -6）。

---

① 张兵．渐进的规划制度改革面临的思路．城市规划，2000（10）

② 王兴平．城市规划委员会制度研究．规划师，2001（4）

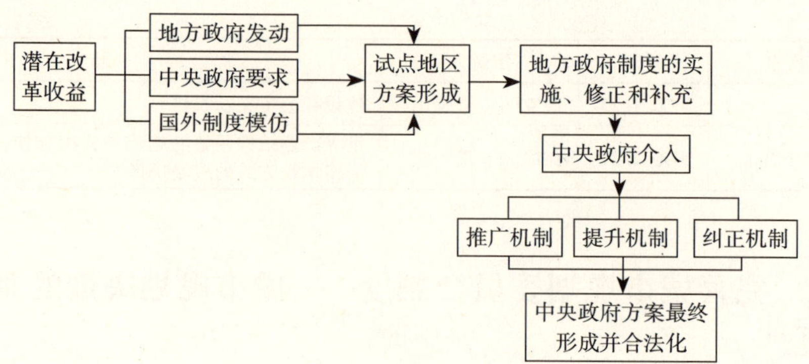

图4－6　城市规划委员会制度变迁路径

目前对于城市委员会制度，从完成制度变迁的要求来看，还需要进一步的推广、提升，纠正并总结成普遍的模式。因各地情况不同，发展阶段不一样，城市规划委员会制度构成的决策模式也会有所区别，但从已经试点并取得成效的城市经验可以总结出一些共同规律，这些规律就是实现决策科学化、民主化应该共同遵守的规则。

4.5.2　规划委员会决策职能整合：权力该放就放、意见该听须听

城市规划委员会有了日常办事机构后，需要将城市规划决策职能进一步分类整合，便于决策职能的有效发挥。一方面，要进一步明确委员会、专业委员会、办事机构在决策职能上的划分。《城市规划法》规定，城市人民政府具有编制本市总体规划的权力，以及审批分区规划和详细规划的权力；城市规划行政主管部门具有审批已批准分区规划范围内除重点地段以外的详细规划的权力。决策权力整合的思路，是指在上述政府及规划行政主管部门的决策权力运行中，明确对城市规划编制组织权由规委会办事机构承担。这样，规委会办事机构就具有组织、协调、控制和咨询城市规划决策的权力，决策权由城市规划委员会及其下设的专门委员会行使。另一方面，要以规委会办事机构为运行平台和枢纽，实现城市规划决策机制的优化运行。

（1）构建从决策目标确定、城市规划方案制定、抉择、合法化到决策后的实施策略制定的组织规则；

（2）构建战略决策以及战术决策过程中政府部门协调规则以减少城市规划与相关专业规划的矛盾，充分发挥规划的综合协调功能；

（3）构建由不同专业经验、不同知识结构和不同利益背景的政府、专家、社会人士组成的委员会及专业委员会议事规则，实现广泛参与条件下的集体决策；

（4）建立决策信息系统及决策专家库，保障决策者拥有全面的辅助系统；

（5）建立决策执行的监督反馈系统。

4.5.3 规划委员会决策职能优化：发挥集体的力量

以城市规划委员会集体决策代替政府及其职能部门的首长决策有诸多优点：可以发挥集体审议与判断的综合优势，增进决策的科学性与民主性；避免决策权力过于集中在城市规划行政部门中，形成规划行业内部的分权制衡机制，减少腐败等不正当行政行为发生的可能性。但在我国现有的政治体制条件下，要改变现有政府实行的行政首长负责制的决策体制，不仅牵涉到政府机构及法律依据（《中华人民共和国地方各级人民代表大会和地方各级人民政府组织法》）的修改，而且牵涉到党政体制以及人大在行政决策中的关系等一系列问题，这是涉及政治体制改革的问题，可谓牵一发而动全身。在渐进式政治体制改革原则框架下，对政府内部运行过程中的决策问题进行改革，对城市规划决策、执行、监督过程进行重组是既现实又可行的办法。

分析全国各地城市规划委员设置及运行情况，可以看出，在已成立规划委员会的城市中，委员会在咨询、协调、实现各方利益代表参与规划决策过程，减少规划决策后的实施阻力，以及规划决策过程中的公正性方面均有实际的意义。但是在实现规划决策的职能方面还有待研究：一是如何实现规划委员会的决策职能与行政首长负责制的决策职能的协调统一？二是如何实现部门规划决策职能由规划行政部门向规划委员会的转移？三是如何实现规划决策过程中咨询、组织、协调、控制？

规划委员会的集体决策模式与行政首长负责制的决策模式有先天的冲突，在机构设置时将行政首脑委任为委员会的主席（或主任）是实现二者统一的组织机构保障。而真正的运行则要靠决策规则的建立。由于城市规划委员会是叠加于现有正式行政组织之上的一种联合决策机构，未嵌入政府职能部门之中，避免了对具体部门的行政干预。为了有利于委员会的日常工作，几乎所有的规划委员会都将办公室（秘书处）设在规划行政主管部门。这既有有利的一面：有利于城市规划决策与城市规划执行的衔接与协调，便于及时反馈城市规划决策的执行情况；但也有不利的一面：容易造成规划决策与规划执行的不分。现实状况是，由于城市规划委员会的召开也取决于行政首长的日程安排，把一些战术性的决策问题都提交到规划委员会也是不现实的。因此，城市规划会决策规则也必须实行分层次决策，除涉及重大战略布局的城市规划决策目标需提交由主任主持的委员会决策外，一般的战术性规划决策目标应由日常决策机构进行。在一般的城市，这些决策就由规划行政主管部门完成。深圳市规划委员会在探索分层次决策方面进行了有益的探索。由于深圳发展和建设速度快，需要审批的规划项目多，规委会每个季度召开一次会议的规定（其实也未完全坚持）不能满足申请的要求，使得案子积压的事情时有发生。但是简单增加会议次数使规委会成员不堪重负，于是在规委会内部进行分级决策，即成立若干专业委员会，邀请有关专家参与，由规委会委员主持，较好地解决了这一矛盾。

综合分析政府行政决策对日常辅助的办理机构的需要，以及城市规划委员会日常决策的需要，建立规划委员会下设的常设办事机构是非常必要的。借鉴行政首长负责制建设决策中枢办事机构的经验，将规划委员会秘书处常设化（可改为规划委员会办公室），独立于现有的规划局以外（同时将规划局职能调整为专职规划执行），专职负责城市规划决策职能，实现城市规划决策权的相对集中，并与执行权相对分离，将使规划委员会的决策职能履行日常化。规划委员会办公室列入政府组成机构，赋予明确行政“三定”（定岗位、定编制、定职责），实现其运行的日常化和权威化。这既满足了行政首长决策中需要的咨询、组织、协调、控制等辅助职能，又实现了规划决策与规划执行的分离，同时，也有利于规划委员会的决策作用的发挥。这样规划委员职能将优化为：

（1）审议城市总体规划，分区规划等重要规划；

(2) 审批规划政策(如法定图则);

(3) 审批专项规划,控制性详细规划,重点地段城市设计;

(4) 重大项目的规划选址;

(5) 下达并审批城市规划重大项目、法定图则、分区规划、详细规划、重点地段城市设计市政工程等专项规划设计年度计划;

(6) 审批修改法定图则,控制性详细规划的许可申请;

(7) 市政府授予的其他职责。

作为政府行政职能的组成部分,规划决策机构承担以上各项职能的组织、协调、控制职能,包括城市规划问题的梳理、城市规划决策目标的确定、城市规划方案的制订、抉择过程、决策后的实施组织策略(包括政治动员、舆论宣传)到对执行的监督检查等。规划委员会承担的决策职能是分层次的,战略性决策目标由规委会全体委员参加,是会议制基础上的首长负责制;战术性决策目标(大量的日常的决策目标)是由委员会下设的战术决策委员(比如法定图则、控制性详规委员会等),负责审批。战术决策委员会的负责人可由委员会办事机构常设人员兼任,这样既有利于保证决策目标的有效组织,又有利于决策完成后的实施推进。

深圳市城市规划委员会

深圳市城市规划委员会是深圳市人民政府依据《深圳市城市规划条例》设立的法定机构。主要职责是:对城市总体规划、次区域规划、分区规划草案和城市规划未确定和待确定的重大项目的选址进行审议;下达年度法定图则编制任务,审批法定图则并监督实施;审批专项规划;审批重点地段城市设计;以及市政府授予的其他职责。深圳市城市规划委员会由29名委员组成。委员包括公务人员和非公务人员,其中,公务人员不超过14名。设主任委员1名,由市长担任,设副主任委员2名,由常务副市长和主管城市建设的副市长担任。其余公务人员委员由各区区长、计划经贸、文教卫、农林、城建等代表组成。非公务人员委员由有关专家和社会人士组成。深圳市城市规划委员会设秘书长1名、副秘书长2名,分别由市规划行政主管部门首长和业务主管首长担任。聘请市内外（包括国外）资深专家组成市规划委员会顾问委员会，顾问委员会由规划、交通、建筑、工程、地理、环境、艺术、社会、经济、法律等方面的专家组成。顾问委员会受市规划委员会的委托，就城市规划建设中的重大问题提供咨询意见。根据审议项目类型的不同和工作分工，设立3个专业委员会：发展策略委员会、法定图则委员会和建筑与环境艺术委员会。专业委员会受市规划委员会委托，就各自的议事范围为市规划委员会提供审议或审批意见。深圳市城市规划委员会组织机构见下图，章程见附录B。

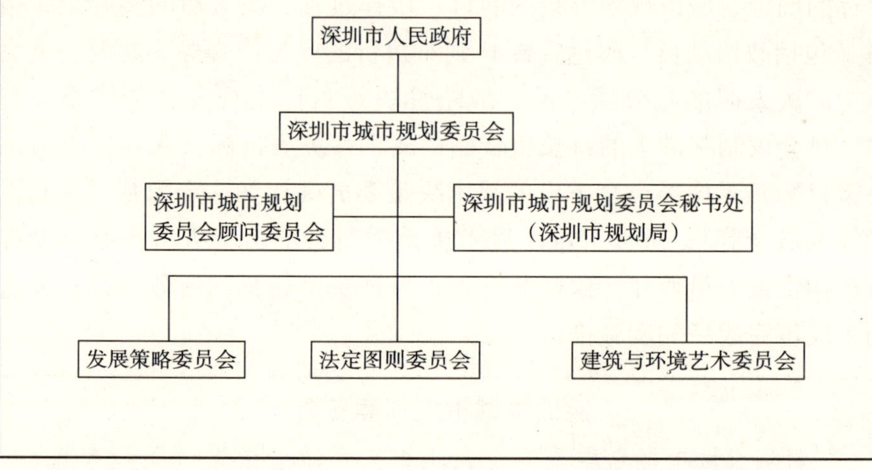

城市规划委员会的设立，一方面减轻了行政首长大量的城市规划决策任务，有助于行政首长抽出时间思考影响全局发展的重大问题和谋划未来战略思路；另一方面有助于实现各种利益相关团体和个人的沟通、协调，从而实现城市规划决策的共同目标。对于城市规划决策目标，要分清层次和类别：战略决策的目标，由行政首长主持的全委员会审议、审批；面向实践层次的战术性决策目标，由专业委员会审查提出专家意见，由专业委员会表决通过后，由主任行使审批权（实质上是价值的判断）。对于执行机构提出的由于城市规划实施过程对规划决策改变的申请（如改变用地性质、提高容积率等），由专业委员会按专业审批程序运行。

小结

本章首先针对城市规划的未来导向性和现实针对性区分了城市规划的战略决策目标和战术决策目标，并分析了针对问题的城市规划方案的抉择。在指出传统的城市规划决策的线性过程误区的基础上，论文借鉴城市管治的理念研究了城市规划决策的政治过程和社会化过程。城市规划委员会作为决策核心机制离不开信息系统和“谋”、“断”分离这两个辅助机制为进行科学决策提供的必要的技术支持和条件，而学习型政府的创建对完善城市规划决策机制，促进城市规划决策的科学化等具有重要的现实意义。作为一项比较成熟的城市规划决策制度，城市规划委员会的建立是近年来我国城市规划领域的一项重要创新举措，本书从城市规划委员会的制度化、职能整合与优化等几个方面系统地分析和论述了城市规划决策的制度变迁，并归纳、总结其主要的经验。

5

城市规划执行机制的制度变迁

中国的城市规划执行机制的变迁，恰如一面镜子折射出了政府职能的转变和中国法制的进程。城市规划执行是一个通过设立组织机构，运用各种资源，采取多种行动，使既定的城市规划决策目标得以实现，包含多个环节的复杂的动态过程。① 如何构建合理、科学的城市规划执行机制，保证城市规划决策得到有效的执行，是快速城市化进程中特别是在“行政三分”中的一个重要课题。我国的城市规划执行经历了从计划经济体制下的专业工具到现代行政的转变，而《行政许可法》的施行使得规划许可成为城市规划执行机制的核心内容。城市规划程序通过设定城市规划执行的步骤、方式和执行程序，并对各项业务进行分类和标准化，为城市规划的正确执行提供了行政机制保障。在快速城市化进程中，城市建设活动的日益活跃以及地方政府在城市发展上的强烈冲动表现得尤为突出，而城市规划协同执行机制为规划许可的顺利实施提供了重要的保证。作为城市规划执行的分权，城市规划的分级管理可以明确各级机构的不同职能分工，提高城市规划执行的效率与效果。《行政许可法》的颁布为城市规划执行提供了法律上的保障，而行政程序的法定化代表了我国城市规划执行制度变迁的发展方向（图5－1）。

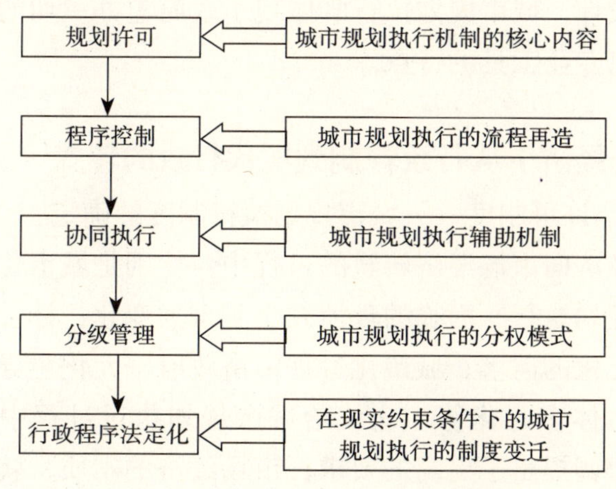

图5－1　城市规划执行机制构建

① 丁煌. 政策执行阻滞机制及其防治对策. 人民出版社，2002. 25

5.1 规划许可——城市规划执行机制的核心内容

5.1.1 计划经济下的城市规划执行充当的是工具角色

计划经济体制条件下，城市规划更多体现的是国民经济计划的延伸和具体化，是对国民经济计划在城市土地空间布局方面的方案延伸；而城市规划执行则更多地体现出具体化的特征。作为指令性的计划，城市规划的决策主体、执行主体及后期的实施主体都是单一的政府，尽管他们可能属于政府的不同部门（比如：决策与执行可能属于政府行政部门，实施可能属于政府的开发部门），但其归属都是政府，利益都是单一化的。这时城市规划执行更多地体现在专业技术方面，不仅是做出小区规划，还要做出建筑单体设计并且负责跟踪实施。例如：上海市政建设委员会于1952年提出了《关于两万户工房报告》，规划建设长白、控江、鞍山、凤城、甘泉、宜川、天山、日晖和曹阳等9个工人新村，并采取“六统”即统一投资、统一规划、统一设计、统一建设、统一分配和统一管理的办法进行建设。[①] 这种执行模式，将建设项目的选址、建设用地规划许可、建设工程规划许可统统合成为统一设计，城市规划执行既体现了政府包办一切的政府行为特征，又体现出专业工具的特点。

5.1.2 市场经济下从行政管制到现代行政的转变

5.1.2.1 许可制度——城市规划执行制度的确定

在计划经济向市场经济转轨的过程中，特别是城市化快速发展过程中，城市规划执行所面临的环境发生了重大变化：社会多元化发展带来利益多元化的需求；城市化过程中由政府一元化主导转向多元化发展；投资主体多元化等。这就给城市规划执行过程中的组织、控制、引导和协调提出了更高的要求。市场经济的本质，就是由社会上的单位、个人自主自愿地实现物与资源的交换，完成资源配置，并根据市场需要进行生产活动。它实质上是把社会权力尤其是经济权力分

---

① 耿毓修，黄均德主编．城市规划行政与法制．上海科学技术文献出版社，2002．53

散于社会各个独立行为主体的经济形态。而从社会与政治面来说，它体现了一种权力行使的民主机制和运行中的竞争机制。由《建设项目选址意见书》、《建设用地规划许可证》和《建设工程规划许可证》3 项制度构成，合称“一书两证”的城市规划许可制度的设立，体现了城市规划规范政府行为和管理相对人的双重功能和职责，确立了城市规划对城市建设活动实施综合调控和具体管理的工作机制和程序，为城市规划执行制度提供了有效的制度保障。

我国城市规划执行许可制度

土地有偿使用制度改革由深圳于 1987 年率先进行，并从 1990 年起在全国范围广泛开展，从计划经济条件下的行政划拨方式转化为以市场来配置土地资源，实现了城市规划建设的主体多元化。市场经济的发展推动了政府管理方式的改革，而强化规划的“龙头”作用是实现城市国有土地资源市场化配置的重要调控手段。1990 年《中华人民共和国城市规划法》的正式施行，为城市规划的编制、建设和管理提供了法律保障。1990 年建设部颁发《关于抓紧划定城市规划区和实行统一的“两证”的通知》；1991 年建设部、国家计委共同颁发《建设项目选址规划管理办法》；1992 年建设部颁发《关于统一实行建设用地规划许可证和建设工程规划许可证的通知》，至此，城市规划执行许可制度基本确立。为了加强对城市国有土地使用权有偿出让的规划管理，建设部于 1992 年颁发了《城市国有土地使用权出让转让规划管理办法》，进一步明确土地用途管制是城市规划执行的核心内容。该办法规定，城市规划行政主管部门和有关部门，要根据城市规划实施的步骤和要求，编制城市国有土地使用权出让规划和计划，包括地块数量、用地面积、地块位置、出让步骤等，保证城市国有土地使用权的出让有规划、有步骤、有计划地进行，使城市土地出让的投放量与城市土地资源、经济社会发展和市场需求相适应。该办法对城市国有土地使用权出让的规划控制做出了明确规定：一是城市国有土地使用权出让前，必须制订出让土地的控制性详细规划，城市规划行政主管部门根据详细规划提出出让地块的规划设计要求和附图；二是城市土地出让金（应为地价）的测算，应当把出让地块的规划设计条件作为重要依据之一。

5.1.2.2 赋权行为——城市规划执行的权益指向性

作为城市规划执行的个体形式，城市规划许可是城市规划行政主管部门赋予建设单位或个人进行工程建设的法律资格或法律权力的行政行为。“一书两证”赋予的是建设工程的选址、用地和建设的权利以及相应的义务。这种权利和义务是以颁发规划许可证等形式要件的行政行为方式来体现的。这就是说，规划许可行为必须有特定的形式要件，一方面便于对获得规划许可的相对方与未获得规划许可的其他单位或个人加以区别；另一方面，也便于城市规划行政主管部门对规划许可的相对方进行监督检查。这种特定的形式要件即是规划许可证。

作为一种具体行政行为，规划许可证本身是有法律效力的，这种效力包括对人的效力和对物的效力。首先，它表现为合法的证明力，规划许可证持有者的权利是依法取得，而且是对其具备从事建设活动的行为能力的证明。其次，还表现为对许可内容的确定力，规划许可证一旦颁发，任何个人和机关都要遵守，只有城市规划行政主管部门通过法定程序才能更改。第三还表现为对许可证持有者和城市规划行政主管部门双方的约束力，这就是指规划许可规定的许可范围、许可项目、核定的图纸等内容具有约束力。

城市规划的许可是针对土地使用者的使用权利的许可行为，因而也是一种赋权行为，这种赋权行为是对作为权益的行为方式的规定。它是通过对土地的使用权力的规定来实现的。《城市国有土地使用权出让转让规划管理办法》中明确规定：城市国有土地使用权出让、转让合同必须附具规划设计条件和附图。已取得土地出让合同的受让方，应当持出让合同依法向城市规划行政主管部门申请建设用地规划许可证，取得该证后方可办理土地使用权属证明。通过出让获得的土地使用权转让时，受让方应当遵守原出让合同附具的规划设计条件，并由受让方向城市规划行政主管部门办理登记手续。未取得或擅自变更建设用地规划许可证而办理的土地权属证明，都是无效的。

5.1.2.3 城市规划执行的行政管制与现代行政

城市规划执行是代表政府单方面做出的行政行为，具有单向性特征：城市规划执行是只要城市规划行政主管部门单方意思表示即可成立的行政行为，无须征得相对一方当事人的同意。这种行政行为本质上是自上而下的政府管制行为，带有指令性计划的色彩。以建设项目选址意见书为例，现行的建设项目选址意见书是针对计划经济下建设项目计划立项的。随着市场经济的发展以及投资主体的多元化，除国家和政府投资的建设项目外，还存在大量的市场行为，市场行为的投资遵循的是市场规律，由于选址位置优劣直接影响到投资者的经济利益，因而单向性的管制方式与市场的需求脱节也就不足为奇。以“招商”经济为特征的外向型发展模式，造成了城市规划的选址意见书跟着项目跑，完全失去了规划的引导与调控作用，说明城市规划执行过程中必须改革行政管制方式。

“村村办企业，处处有厂房”

“村村办企业，处处有厂房”是深圳市龙岗区某些村镇工业布局的形象概括。在局部利益的驱动下，超前提取土地的经济效益已经成为各镇村的“共识”。镇、村及农村集体经济组织，以土地出租或圈地建标准厂房出租来迎合大量的“三来一补”工业的用地需求，大量的小规模工业小区和独立的工业厂房遍地开花，土地利用跟着工业项目走，规划迁就项目，村镇工业用地呈现其固有的自发性与盲目性。结果是工业布局呈现明显分散的点、线分布特征，土地占有率高，而效益产出率低。1997 年龙岗区平均每公顷工业用地工业产值为 307 万元，仅为特区内（6509 万元）的 1/20。龙岗的工业重镇横岗全镇 1998 年共有“三来一补”和“三资企业”758 家，主要涉及电子、电器、五金、塑膠、玩具、服装等行业，其 434 万 m^2 的厂房分布在 52 个自然村内，最小的“工业区”仅有 1 栋厂房，建筑面积 4000m^2。1998 年横岗镇工业用地每平方公里的产值为 4.65 亿元，远远低于现代工业土地利用投资的每平方公里产值 50 亿元的水平。而厂房空置面积与工业土地闲置的现象也很严重：1999 年横岗空置厂房面积达 9.1 万平方米，闲置的工业土地则高达 65 万 m^2。

引自：蒋尊玉，冯现学主编. 为了美好的家园——深圳市龙岗村镇规划管理与实践探索. 海天出版社，2000. 39

目前，城市规划许可制度采用的是通则式[①]的管制方式，即根据法律规范和法定规划审理、核发。通则式的管制方式是以合法批准的控制性详细规划为依据的，在市场经济体制日益完善和快速城市化的双重压力下，城市快速扩张以及旧城更新等使控制性详细规划编制与修订的速度满足不了城市经济和社会发展的要求。在这种情况下，判例式[②]管制模式因其应变能力强，提高行政效率而被快速城市化地区的规划主管部门采用，这对于那些还来不及编制控制性详细规划，又急需引进项目的地区非常有效。判例式的管制方式并不排斥城市规划的引导作用，只是它依据的是上一层次的规划，在执行过程中尤其重要的是要站在战略决策的高度考虑执行问题，要从全局出发，处理好局部与整体、需要与可能的关系，要从大处着眼、从小处着手。城市的布局是具体建设工程的分布，城市规划许可的所审核的每一项建设工程都或多或少的对城市布局产生一定的影响。因此必须把每一个建设工程放在城市的大范围内考虑，不能就事论事处理问题。

行政决策执行过程中的偏差

行政执行偏差，是指在实施行政决策的过程中，由于受主客观因素的制约，执行者的行为偏离决策目标并产生了不良后果。尽管行政管理者极力追求决策实施的信度和效度，一再强调落实落实再落实，但由于种种原因，行政执行难以避免产生偏差。

---

① 通则式的管制方式是指法定规划是开发控制的惟一依据，规划人员在审理开发个案时享有有限的自由量裁权，只要开发活动符合这些规定，就肯定能获得规划许可。这种开发控制具有透明和确定的特点，但在灵活性和适应性方面欠缺。（耿毓修，黄均德主编，城市规划行政与法制，上海科学技术文献出版社，2002. 288）

② 判例式的管制方式是指法定规划只是作为开发控制的主要依据，规划部门有权在审理开发申请个案时，可以审时度势，附加特定的规划条件，甚至在必要的情况下修改法定规划的某些规定，因而使规划控制具有灵活性和针对性，但难免存在不透明和不确定的问题。（耿毓修，黄均德主编，城市规划行政与法制，上海科学技术文献出版社，2002. 288）

行政执行偏差的表现形式多种多样，概括起来大致有6种：

1. 替代式执行偏差。替代式执行偏差是指在实施决策的过程中，需要实施的决策与行政执行主体之间出现利益差异和冲突时，执行主体制定与上级表面上相符，实际上不一致的执行措施而产生的偏差。“上有政策，下有对策”就是一种典型的替代式执行偏差。这是一种钻决策空子的执行方式，用是否符合局部利益做标准决定对决策执行的态度，“有利的就执行，不利的就变形”，严重影响了决策的正确贯彻和有效实施，损害了决策的严肃性和权威性。

2. 黏附式执行偏差。黏附式执行偏差是指在决策执行过程中，执行主体常“黏附”一些原定决策所没有的内容，以致政策不能到位而产生的执行偏差。“土政策”就是黏附式执行偏差的一种表现形式。“土政策”是指打着贯彻上级政策要结合实际的旗号，自定政策，另搞一套，自行其是，谋取私利。“土政策”使执行活动复杂化，影响决策目标的实施。

3. 选择式执行偏差。选择式执行偏差是指在实践决策时，执行主体对上级决策进行过滤，只选择对自身有利的内容执行而产生的执行偏差。任何一项决策都是一个多层面、多因素构成的有机整体，行政执行主体应该全面地把握决策的内容，才能使执行不出现偏差，切不可“断章取义、为我所用”。但有些单位和部门在全局利益和局部利益相冲突时，合自己“利”的就执行不合自己“利”的就不执行，在执行中“见了黄灯赶快走，见了红灯绕道走”，置国家的政策原则不顾。

4. 象征式执行偏差。象征式执行偏差是指在实施决策过程中，执行主体仅做表面文章，或者只是象征性地落实决策而产生的执行偏差。“阳奉阴违”是象征式执行偏差的典型例子，或者前紧后松、敷衍塞责。

5. 观潮式执行偏差。观潮式执行偏差是指在实施决策过程中，执行主体眼睛总是喜欢到处盯：盯上面招数，等新决策出台；盯上面态度，看是否来硬的；盯左右行动，看是否动真格的，等等。

在这种情况下，他们犹豫、等待、观望、徘徊，工作不主动，措施不得力，群众不满意。这是一种对党和人民不负责任的态度。

6. 照搬式执行偏差。照搬式执行偏差是指在实施决策过程中，执行主体机械地照搬照抄，“原原本本传达，不折不扣落实”决策而产生的执行偏差。对于中央政策、上级指示、集体决策，从态度上来说，确实应该“原原本本传达，不折不扣落实”，但实施决策和指示并不是简单的照章办事，上级的指示、决策，是从工作大局、从长远利益出发提出的原则性意见，要真正贯彻落实，必须深入实际，调查研究，与本地、本单位的具体情况结合起来，制定出切实可行的措施，才能真正落实。

引自：刘博逸，行政决策执行过程中的偏差分析，地方政府管理，2000.4

作为政府管制行政行为在城市规划管理中的体现，城市规划许可体现了传统的政府管理以行政权为中心的特征：在管理方式上片面强调命令与服从关系，强调行政行为的强制性和单一性。在市场经济条件下，强调政府的行政行为是依法行政，把政府定位为公共管理和社会服务的提供者，这就要求城市规划执行不仅仅进行自上而下的规划许可管制，而且要提供全面、准确、及时的信息，要做到便民。既要根据已纳入法律规范的强制性条款设立许可条件，又要对无法纳入法律规范的指导性内容提出引导性的技术导则。在城市规划执行中强调从指令性向指导性转变，实现政府与行政相对人的平等，以及政府对行政相对人的服务职能，克服行政行为强制和单一带来的僵化和低效，从而有利于行政行为被行政相对人所理解和接受，还有很长的路要走。《行政许可法》的颁布实施，从一般程序和具体的期限等制度方面都会积极推动服务型政府的建立。

5.1.3 城市规划执行主体要扮演好多重角色

在计划经济条件下，城市规划执行作为计划经济的“专业工具”，城市规划执行主体——城市规划的管理者就变成了“行政工具”。在被动的、单纯的“营造管理”的计划经济思维定位中，城市规划管理者更多的感受到作为“专家”（实际是专业人士的企望，大多数是落空的）的自豪，看到亲手绘制的蓝图变成实物，个人的学习知识变成了生产力，这种专业自豪感也使管理者对自身作为政府公务人员的行政角色漠不关心。①

在计划经济向市场经济转变过程中，多元化开发主体对城市规划执行提出了新的更高的要求。作为政府行政行为，城市规划许可必须按照国家机关行使权力的特点进行，如行政首长负责制，强调权力的相对集中和命令的服从，具有自上而下的强制性要求等，城市规划执行主体除了具有“专家”特征外，更多地强调在科层体系中的“官僚”角色。② 在快速城市化进程中，面对繁杂的行政事务和时效性要求，在强调办事速度和行政效率时，给予执行者在行使权力时一定的自由裁量权是必须的。这些特点，造成了执行者唯上是听，按照个人意志办事，忽视按法律规定行使行政权力的现象。

现代行政强调依法行政，在现代政府行政中，城市规划执行主体的角色是公务人员，其在城市规划执行中扮演了以下 3 种角色③。

5.1.3.1 作为政府的公务员，是“政府”代表

政府的行政行为是通过公务员的个体行为体现的，因而作为城市规划执行主体的公务员，虽然大多数都是技术人员，但首先应该强调的是一名行政人员，所从事的工作是行政管理工作，其次才是一名技术管理工作人员，并且这种技术管理应强调的是对维护公共利益的技

---

① 任何一个主体的价值观其实都是一个价值体系。在规划师的价值体系中，在最后的价值取向中起主要作用的大概可以包括：（1）自己的利益诉求（包括受雇主支配的经济利益）；（2）由职业教育所形成的理想追求和社会责任感；（3）社会认同感和成就感。这三者之中，第一方面受到个人伦理的制约，后两者受到社会伦理的制约。（马武定，制度变迁与规划师的职业道德，城市规划学刊，2006（1））

② 在计划经济体制下，作为政府雇用者的规划工作者，其所扮演的角色是发挥其技术特长，在既定的方针、政策的条件下按照有关各级政府自上而下制定的计划，用专业的语言使之具体化为城市的空间布局和用地安排。因此城市规划在当时的条件下，只是一种进行技术性转译的“技术过程”。规划师作为一种“类职业化”的技术人员，应有的职业道德是：（1）必须对政府负责，维护国家利益，在受政府所委托编制的城市规划中保证政府的意志得以最大化的体现，使规划具有“权威性”；（2）必须“爱岗敬业”，精通专业和技术，保证产品的质量，使规划具有“科学性”；（3）必须具有良好的服务意识，服从安排、听从指挥，无条件的完成任务，使规划具有“可靠性”。（熊馗，城市规划过程中权力结构的政治分析，同济大学博士论文，2005，转引自：马武定，制度变迁与规划师的职业道德，城市规划学刊，2006（1））

③ 耿毓修，黄均德主编．城市规划行政与法制．上海科学技术文献出版社，2002．170－172

术指标的控制。因而在处理业务技术问题时，时刻不能忘记公务员的身份。例如在审核规划许可设计方案时，他不同于设计院的技术负责人，应该主要按照公务员依法行政的要求，即使对规划设计方案中的若干技术性问题持有某种不同意见，如果不涉及到城市规划及其法律规范等行政依据，仅可作为建议提出，是否采纳由行政相关方决定。

5.1.3.2　作为城市规划许可的组织者和协调者

城市规划许可行为，涉及的往往是行政相对人的巨大的经济利益关系。在利益多元化的市场经济条件下，能否站在政府公平、公正的立场上维护公共利益，保护相关各方的合法利益，真正做到不偏不倚，是城市规划执行主体角色定位的关键。发挥组织和协调作用，在城市规划许可中还体现在对统一规划和分散建设的矛盾协调与处理过程中，是就事论事还是胸怀全局、争取最佳效果，每种态度所取得的结果都是完全不同的。

5.1.3.3　城市规划管理信息的传递者，同时参与规划决策

城市规划执行主体既是执行城市规划决策的执行者，对城市规划决策要转译为对具体建设项目的许可条件，肩负着上情下达的作用；又要将城市规划执行过程中的情况，反馈给城市规划决策者（通过参与决策过程反馈），因此又起到下情上达的作用。在城市规划过程中，执行者要做到“吃透上情”（即充分掌握城市规划决策的全面要求），“摸透下情”（即对管理的对象，现场情况要全面吃透了解），既要抓住主要问题，又要兼顾全面，做到正确、准确、有效地执行。

5.1.4　行政许可法给城市规划执行带来革命性影响

5.1.4.1　行政许可法颁布实施——行政许可的法定化

2004 年 7 月 1 日正式施行的《行政许可法》，是我国社会主义和法制建设的一件大事。这是继《国家赔偿法》、《行政处罚法》、《行政复议法》后又一部规范政府行为的重要法律，对于保护公民、法人和其他组织的合法权益，保障和监督行政机关实施行政管理具有重要意义。

作为一项重要的行政权力，行政许可是行政机关依法管理社会、

政治、经济、文化等各方面事务的一种事前控制手段。《行政许可法》遵循合法与合理原则、效能与便民原则、监督与责任原则，对现行行政许可制度作了重大改革和创新，不但借鉴了国外的通行办法，而且对多年来全国各地的行政实践，尤其是1998年以来的行政审批制度改革进行了经验总结，确定了行政许可设立制度、说明理由制度、定期评估制度；实施行政许可的主体制度、相对集中行政许可权制度、“窗口式”办公制度；行政许可的统一办理、联合办理、集中办理制度；办理许可事项的书面审查制度、一次告知制度、期限制度、听证制度；行政机关对许可人监督检查制度、实施行政许可的责任制度等。这些制度的建立和实施，对进一步转变政府职能、改革行政管理、推进依法行政、实现行政许可法定化等，具有革命性的影响。

5.1.4.2　城市规划许可法定化对城市规划执行制度提出新要求

《行政许可法》的颁布实施，对作为政府行政许可组成部分的城市规划许可具有深远的影响。城市规划许可必须依据《行政许可法》的各项原则和制度，进行全面、系统的渐进式改革，以适应《行政许可法》的要求。

（1）“法律优先”——依法行政的具体标准与依据

行政许可是一项重要的行政权力。《行政许可法》规定，原则上只有全国人大及其常委会、国务院可设定行政许可，省、自治区、直辖市和较大的市的人大及其常委会、人民政府可依据法定条件设定行政许可，国务院各部门和其他国家机关一律不得设立行政许可。在形式上，设定行政许可的法律文件必须是公开的和规范的，有关行政许可实施机关、条件、程序和期限的规定应当明确、具体，并且只有法律、行政法规和国务院有普遍约束力的决定可以设定行政许可，地方性法规和地方政府规定可以依据法定条件设定行政许可，其他规范性文件一律不得设定行政许可。

（2）“信赖保护”原则——城市规划许可的权益体现

所谓“信赖保护”原则，是指社会成员对行政过程中某些因素的不变性形成管理信赖，并且这种信赖值得保护时，行政主体不得变动上述因素，或在变动上述因素后必须合理补偿社会成员的信赖损失。[①] 信赖保护原则要求行政机关保护相对人对行政机关法律行为效力的信赖，从而应当维护自身行为的稳定性。在现代法治社会，行政机关与社会成员之间，已不再是纯粹的命令与服从的关系，而是一种相互需要与相互依赖关系——诸多行政任务的实现都需要社会成员的鼎力支持，社会成员也将国家（行政机关）视为自身谋求生存与发展的工具。这样，信赖关系不仅仅在私人生活领域具有重要地位，在国家的公共生活中同样扮演重要角色。

"信赖保护"原则在城市规划执行中体现在对既有规划许可权益的保护。比如：在规划管理中存在这样的情况，在用地单位已签订《土地使用权出让合同》，领取《建设用地规划许可证》明确了建设用地规划设计条件，并且领取房地产权凭证之后，相关地段的法定图则（或控制性详细规划）才出台。在法定图则（或控规）中对"土地利用性质"做出规定："现有土地的利用性质若与本图则不符，暂时不须更正，但若对用地的部分或全部进行改造，则该用地性质必须与本图则的规定相符合。"这就是"信赖保护"原则的体现。

《行政许可法》中的"信赖保护"原则，要求实施规划许可必须讲诚实、守信用，不能任意撤销、变更已经生效的行政许可决定，对于行政相对人对行政权力的正当、合理的信赖应予保护，如为实现行政目的，确需改变规划许可决定，而造成社会公众的信赖受损的，城市规划许可部门应承担相应的义务。

（3）"正当程序"——法治的核心

"正当程序"是一项基本的行政价值理念，是指行政机关行使行政权在程序上应当公正、公平；行政程序立法要赋予行政相对人应有的程序权利；行政机关选择适用的行政程序应符合客观情况，具有可

---

① 2004年7月1日正式生效的《行政许可法》第8条规定："公民、法人或者其他组织依法取得的行政许可受法律保护，行政机关不得擅自改变已经生效的行政许可。行政许可所依据的法律、法规、规章修改或者废止，或者准予行政许可所依据的客观情况发生重大变化的，为了公共利益的需要，行政机关可以依法变更或者撤回已经生效的行政许可。由此给公民、法人或者其他组织造成财产损失的，行政机关应当依法给予补偿。"《行政许可法》第69条第3款规定："依照前两款的规定撤消行政许可，可能对公共利益造成重大损害的，不予撤销"。这是信赖利益保护原则在行政许可法中的规定。

行性；行政机关选择适用行政程序应符合社会公德，具有合理性；行政机关选择适用的行政程序应符合自然公正原则，具有正当性。程序的正当合理就是"看得见的公正"。程序之所以重要，是因为现代社会在实体上不得不赋予行政机关强大权力的情况下，通过行政程序实现行政权在严密公开的操作轨道中的运行，既防止行政权的消极无为，又限制行政权的恣意妄为，促使行政权行使体现效率，平衡行政机关与行政相对人之间的关系，保障相对人的合法权益，维持相对人的人格尊严。程序公正是保障实体公正的前提和基础。

《行政许可法》的实施使公众参与城市规划执行有了法律保障，行政相对人的权益也有了实质保障。《行政许可法》将听取公众意见程序安排在许可的不同阶段：

①是对涉及许可的立法行动要求听取意见，如第19条要求"起草单位应当采取听证会、论证会等形式提取意见"，并向制定机关说明采纳意见的情况；第36条是关于听取申请人、利益相关人的意见的规定；第46条则是关于"其他涉及公共利益的重大行政许可事项"的规定。

②是行政机关应当依照法律、法规、规章的规定举行听证，或自行决定予以听证。

③是对某类已经实施的许可事后听取意见，如在许可设定机关、实施机关对已设定的行政许可进行评价、修正时，第20条规定，"公民、法人或者其他组织，可以向行政许可机关的设定机关和实施机关就行政许可的设定实施提出意见和建议。"第7条规定，相对人在行政机关实施行政许可的过程中享有陈述权、申辩权、申请行政复议或提起行政诉讼的权利，以及依法要求赔偿的权利。行政许可法的实施不仅为相对人在城市规划执行中的权利提供了程序性保护，也使城市规划执行走上了公开、公正的轨道。

5.1.4.3　城市规划行政许可

城市规划执行是指政府城市规划实施管理过程中对城市规划实施的行政许可行为，属于具体行政行为，是针对具体的开发事项，所采取的具体规划许可措施，其行为的内容和结果直接影响开发主体的权益。城市规划执行的特点就是执行行为对象的特定化和具体化，涉及某一具体开发事项或建设行为，以及某个人或组织的经济利益。城市规划许可，是指城市规划行政主管部门根据规划实施主体的申请，通过颁发许可证的形式（建设项目意见书，建设用地规划许可证，建设工程规划许可证等），依法赋予其实施城市规划的法律资格或实施具体的开发或建设行为的法律权利的行政行为。由于城市规划的许可与土地使用的权益密不可分，许可的内容规定了土地使用的条件，选址确定了位置，用地许可即规定了用途和使用强度，建设工程许可明确了对附着物（建筑物）的要求，土地使用权一般为工业用地 50 年，居住用地 70 年，商业用地 40 年不等，这就意味着土地使用权拥有者拥有受法律保护的规定年限的相应功能使用权。

5.1.4.4　规划许可限制自由裁量权滥用，约束城市规划执行行为

自由裁量权是行政机关及其工作人员在行使权力上一定的自由度，即拥有的作为或者不作为以及如何作为的选择自由。[①] 不管国家的法律规定如何完善，都不可能穷尽政府的所有行为，权力欲是全人类共有的普遍欲望，而政府的权力又是最具主动性、侵略性和扩张性的最危险的权力。因此，滥用自由裁量权、钻法律的空子、打擦边球的可能性最大。《行政许可法》规定，行政许可实施，应当依照法定的权限、条件和程序。《行政许可法》对行政许可的实施机关、程序作了规定，其他单行法也对具体行政许可的实施机关、条件和程序也有规定。行政机关在实施行政许可时，应当严格依照这些规定办理。《行政许可法》的颁布和实施，为控制城市规划的自由裁量权滥用提供了有效的途径，促进了城市规划执行的制度化，同时约束了城市规划的执行行为，完善了城市规划权力制约机制。

5.2　把城市规划执行工作纳入程序化轨道

城市规划执行是政府的行政行为。依法行政是政府行政执行的基本原则。《中华人民共和国行政许可法》在 2004 年 7 月 1 日已开始实

① 全面推进依法行政实施纲要学习读本. 研究出版社，2004. 26－27

施，其设定的制度对政府职能的转变，行政管理方式的改革都提出了明确的要求。城市规划执行必须符合《行政许可法》的要求。“现代行政法治的核心机制是行政程序法律制度。”① 程序是防止城市规划执行权违法和滥用的一个重要途径，是确保城市规划准确执行的可靠保证。强调城市规划执行中的程序优先，使城市规划执行工作纳入程序化轨道，是现代透明政府职能的要求。

5.2.1　城市规划行政许可程序

城市规划执行的过程就是城市规划行政许可过程，必须遵循行政程序。行政程序是行政机关实施行政行为必须经历的步骤、采用的方式，以及实施这些步骤和方式的时间和顺序。城市规划行政许可程序包括：

5.2.1.1　公告程序

作为城市规划许可机关，城市规划行政主管部门将许可的事项、范围、条件、内容、法定的程序以适当的形式公布。对于特定范围的许可项目应及时告之相对方。2004 年 7 月 1 日行政许可法颁布实施以后，依据深圳市人民政府 134 号令《关于发布深圳市行政审批事项清理结果的决定》，深圳市规划局在该局行政服务窗口及局域网站公布以下 10 项许可事项：①选址许可；②建设用地规划许可；③建设工程方案设计；④提前开工工程项目初步设计；⑤建设工程规划许可；⑥建筑工程规划验收；⑦临时建设工程；⑧已建房地产改变使用性质；⑨建设工程勘察、设计单位资质初审；⑩地名命名更名注销。(详见附录 C)

5.2.1.2　申请程序

申请人必须先向许可机关提出书面申请，填写规范的申请表格，提交有关资料、文件。

5.2.1.3　审核程序

许可机关接到许可申请后，审查是否符合许可条件。审查形式包括：书面审查，实地勘察，核对有关材料，辨别、鉴定有关证

① 应松年主编. 行政程序立法研究. 中国法制出版社，2001. 31 －33 条

据。许可机关核发资格许可证的，还需要经过考核、检查等程序。涉及相关方重大权益或本管辖范围重大利害关系的许可，行政机关应履行公告通知和听证程序，允许利害关系人在听证会上提出意见和建议。

5.2.1.4　核发程序

对于符合各项许可条件的申请人，应以书面或口头形式通知其发放许可证或告知已经批准许可事项。对不符合条件或程序不当的申请，应当在法定期限内，及时告知申请人拒绝发放许可证的理由或补充材料发行法定程序。许可期限由各专门法律、法规规定，或者在许可法中作一般性规定。

5.2.1.5　吊销程序

许可机关对于以欺骗、违法手段取得的许可活动，及违反许可证规定的违法行为，一经查处应吊销其许可证，并责令其中止一切正在进行的许可事项。

5.2.1.6　暂扣程序

对于违反许可规定，有轻微违法行为或者情况紧急的，许可机关可暂时扣押许可证件，责令其改正；超过限定期限不改正的，吊销许可证。

5.2.1.7　变更、修改程序

持证人根据具体情况变化而要求变更许可内容的，行政许可机关如认为必要，可依法废止、修改、变更许可的有关内容、期限等。

5.2.1.8　救济程序

行政机关吊销、暂扣、变更、修改或收回许可证前，应给予许可证持有人书面通知，说明采取措施的理由。对于行政许可机关实施的核发、拒绝发放、暂扣、修改、变更许可证等行为，申请或利害关系人不服的，可以申请复议或直接起诉。

5.2.2　城市规划程序分类及主要规则

5.2.2.1　业务分类及标准化

对许可事项（办文事项）、许可的申请材料，许可程序，许可主体权限等进行分类及标准化，是构建科学合理的程序和流程的前提条件。只有通过标准化，才能使行使城市规划执行的办事标准和做法尽可能一致、规范，才能使行政许可行为更具理性和可预测性。（详见附录D）

5.2.2.2 程序分类

从行政法律关系相对一方当事人是否在程序上享有权利和义务来划分，城市规划可以分为外部执行程序和内部执行程序。外部执行程序是依据申请发生的行政许可行为，申请对许可结果的变更、失效、撤销、有效期的延展和要求、行政救济等归入此类。外部执行程序涉及相对一方当事人程序上的权利和义务，如受理、咨询、听取意见、说明理由等。内部执行程序是根据内部分工或技术、政策规定等，将外部行政执行事项划分为若干阶段、业务类别，从而形成若干从属于外部行政许可执行的内部执行事项。内部执行程序是规划行政主管部门内部的工作程序，行政机关同相对一方当事人不直接发生程序上的权利义务关系，如审查、审批、合议等。依内部运作方式又可分为：

（1）简易执行程序（Ⅰ），指法律、法规、规章有明确规定、不复杂、不敏感的内部行政执行行为，或是对明显不符合法定申请条件的申请的驳回。

（2）一般执行程序（Ⅱ），指法律、法规、规章有规定，需要对外作出行政决定的，或技术上比较复杂、申请事项在本辖区有重要影响，涉及多个部门，需要相关部门意见而作出行政决定的。一般程序由单位主管领导负责执行。

（3）会议执行程序（Ⅲ），指按法律、法规、规章规定，由上级政府部门和同级政府审批的，或法律、法规、规章规定不明确，对事实的审查和法律法规、规章的适用需要自由裁量权的，会议程序由单位行政审批会议负责执行。

内部执行程序和外部执行程序的划分是相对的，根据特殊情况可以启动行政程序的加快执行。为市、区重点工程项目、高新技术项目、政府招商项目、进出口大户等开辟“绿色通道”，实行特事特办，其时限不受常规的约束，但不宜减少审批环节。

5.2.2.3 程序的主要规则

程序规则规定的不是所有的城市规划执行程序，以下3种程序列为执行程序规则：

（1）与行政效率关系密切的；

（2）同控制行政权力关系较大的；

（3）影响当事人权益的。

建立在法律、法规、规章基础上的，以事权划分、内部行政程序标准化的，高效的、协调的、便于监督的办事流程，是城市规划执行流程再造的基本原则。这些规则主要是：

（1）基本规则（包括：告知、听取意见、说明理由、时限、保密）；

（2）过程规则（包括：受理、移送、预审、审查、复审、批准、合议、发文、归档）；

（3）层级监督规则（包括：考核、发回重审、行政解释）；

（4）救济规则（包括：咨询、督办、回访）（详见附录E）。

5.2.3 行政服务中心——城市规划执行的运行枢纽

5.2.3.1 从方便自己到方便服务对象的转变

针对官僚体制下行政许可制度存在的各部门、各环节交叉重复、多头审批的现象，深圳市于1998年2月率先进行行政审批制度改革，目的在于解决行政审批手续办理过程中，申请人要跑很多部门、盖很多图章的问题，解决行政机关“门难进、脸难看”的问题。推行新型行政许可运行机制，成为这一轮行政审批制度改革的典型特征，从面向官僚本身（方便自己）的运行方式向面向顾客（方便服务对象）的运行方式转变，便民成为新的运行机制的设计价值取向。一批便民服务中心、一站式审批中心、一门式审批协调机构、政务超市、集中审批大厅等审批服务机构在全国各地相继建立，据统计，全国至少有14个省市的上百个地、市、县设立了类似的行政服务中心，同时，还创设了一系列对减少环节、提高效率行之有效的办理许可事项的具体做法。各地集中办理行政许可事项的各种服务中心的出现，是行政审批制度改革迈出的重要一步，很大程度上实现了行政许可实施从分散向集中、从无限向有限、从串联式向并联式、从部门分块许可向整体许可的转变，受到各地群众的广泛欢迎和好评。[①]

5.2.3.2　开设“大窗口”改造“小部门”

（1）一个窗口对外

建设项目从规划选址意见书、建设用地规划许可到建设工程规划许可，中间还涉及详细规划蓝图审批、建筑工程方案、市政工程设计方案审批等多个事项，分别由不同内设处（科）室负责。如果由申请人在各部门之间来回奔波，实际上就将行政许可内部程序完全外部化。1998年深圳市进行的行政审批制度改革就选择深圳市规划国土局作为试点，设立行政窗口（行政服务中心的前身），采取一个窗口对外、前后台相对分离的模式。前台指行政服务窗口，后台指业务处室。行政服务窗口统一受理业务来文并发放办文结果，业务办理部门不能自行受理来文和发放办文结果。窗口办文将需要在内部多个部门办理的许可由统一的窗口受理，统一送达行政许可，是对行政许可机关提出的明确的义务性要求。这是行政许可从行政管制向行政服务转变的开始，此时的“窗口”主要起到了对外的收（申请受理）、发（送达行政许可）的作用，内部运行由“窗口”工作人员替代申请人在各部门间传送。

（2）运行枢纽——行政窗口的职能优化

虽然行政许可过程中的程序控制，可以借鉴工业生产中的流水线式的流程设计，但城市规划执行流程不完全等同于工业生产的流水线，其“产品”很多是组合性的，而且相当多是属于“非标准件”，无法直接上“流水线”。流程再造离不开组织再造，组织再造是关键。组织再造就是改革城市规划执行过程中的组织模式，实现由原来的“职能主导”向“流程主导”的模式转变，从方便自己的运行模式向方便顾客的运行模式转变，从而实现城市规划执行权的整体性、高效率和一体化。深圳市规划国土局从2001年1月1日起在试点的基础上推行以“窗口”（行政服务中心）为业务办文枢纽的组织再造改革（图5－2），对“窗口”的职责、运作程序、业务受理制度进行了全

① 汪永清主编．中华人民共和国行政许可法释义．中国法制出版社，2003.78

面规范，并实现了以“窗口”为枢纽的“大窗口、小部门”的组织重构。

图5－2　深圳市规划局龙岗分局行政服务大厅

①深化完善窗口式办文制度，明确窗口是业务办文的受理与综合协调机构；

②明确窗口的综合协调职责，除收发文外，还具有综合预审、咨询信访、公文督办等综合职责；

③实现了对外业务的标准化，包括收文材料、办文依据、办文程序、办文时限；

④建立健全配套制度，如：领导接访制度、咨询信访（电子信访）制度、公文督办与考核制度、公文预审制度、公文主（协）办制度；

⑤在运作机制上实行“会审、联审制”，减少不必要的内部环节，实现了合法与合理、效率与便民、责任与监督的优化。

依据《行政许可法》确定的许可事项，深圳市规划局的窗口办文对业务受理事项及办文时限、主要办文规程、窗口办文规则和办文申请指南等进行了详细的说明，进一步明确了市局和分局的职责及业务范围，规范了业务办文规则和办文流程，同时为企业和群众提供了申请办文指引（详细见附录F）。

5.3　协同执行——城市规划执行辅助机制

5.3.1　现在行政体系弊病：见利益就争，见麻烦就推

我国现行的行政体系内存在职能配置交叉、分工权限界定不清楚、责权划分不明确等问题，同时由于“政府机构有其自身的利益，这些利益不仅存在，而且还相当具体”[①]，导致各个部门遇到有权可图、有利可图、有“费”可图的项目都伸手，都争发言权，遇到麻烦和责任，需要出力、出资、出人的项目都推诿、拖延。而这种矛盾和冲突又恰恰发生在业务联系紧密，最需要密切配合的部门之间，如国土局与规划局之间、园林局与旅游局之间、旅游局与文化局之间等等。这种矛盾和冲突反映在城市规划的执行中，若没有上级的直接监督和敦促，就往往表现为以部门利益先导，即使在多部门的协作中，在上级的直接干预下，这种部门利益也会若隐若现地、变着方式地表现出来。实际上，对部门利益的维护已经被默认为一个领导的工作能力，甚至是其“政绩”的重要参考因素，而部门之间的权限界定不清和缺乏城市管治的法定程序，又为争夺部门利益提供了空间和可能。部门利益已成为影响以公共利益为主导进行决策取舍的瘤疾。[②]

5.3.2　城市规划协同执行机制：减少规划修正、突破和违反现象

快速城市化进程中，我国行政机构中存在的上述问题表现得尤为突出，特别是各地在招商引资发展经济的同时，对城市规划的修正、突破和违反的现象大量出现。为了有效消除相关职能部门在城市规划执行过程中对职权、利益、项目的争夺，弱化部门利益与行政分割，消除部门规章冲突，促进城市建设和经济发展，必须借鉴城市管治的理念，构建城市规划的协同执行机制。城市规划的协同执行机制，要

① ［美］亨廷顿．变化社会中的政治秩序（中译本）．三联书店，1996. 23．转引自丁煌．政策执行阻滞机制及其防治对策．人民出版社，2002.

② 黄光宇，张继刚．我国城市管治研究与思考．城市规划，2000（9）

求城市规划处理好与城市规划密切相关的职能部门的关系，实现城市规划执行的协同管理。

5.3.2.1　城市规划与国民经济和社会发展计划的协同

城市规划与国民经济和社会发展计划是相辅相成的。城市总体规划的编制要与国民经济和社会发展战略协调，后者是前者的编制依据；而国民经济和社会发展计划的安排则应考虑城市规划对城市发展要素的安排，城市规划又是计划安排的依据。[①] 规划与计划的讨论和制定，规划与计划部门均须协同参与，这既有利于计划的落实，又为城市规划的执行创造了有利的前提和基础。在快速城市化的今天，伴随着计划经济向市场经济的转型，在执行过程中城市规划与计划的协同机制是实现城市规划战略决策目标的关键，是实现城市规划两大主要任务的途径。通过与计划部门的协同，[②] 实现城市规划在经济、社会发展中的调控作用（比如，通过对各类建设用地供应计划的控制，实现城市规划对产业发展的调控作用，对市场失灵的弥补作用以及对公共物品的供给作用），在快速城市化阶段，尤其要保证能源、交通、大型市政基础设施用地，以及高新技术产业等重点项目用地的优先供应。

5.3.2.2　规划管理与土地管理的协同

土地使用是城市规划的核心，规划管理与土地管理是唇齿相依的关系。规划与土地的协同实现以下三个方面的协调：一是土地利用总体规划与城市总体规划相协调；二是城市基准地价的制定与城市发展规划布局和规划要求相协调；三是土地供应计划和储备计划与城市规划相协调。这就要求规划与土地管理部门共同参与、研究和讨论，提高城市规划对土地利用的导向作用，为城市规划的执行提供必要的保障。目前，土地的协同管理是通过对建设项目的预审，以及通过对农

---

① 全国城市规划执业制度管理委员会. 城市规划管理与法规. 中国建筑工业出版社，2000. 50

② 从“十一·五”开始，五年计划改为五年规划。“计划”与“规划”一字之差，表明其性质和作用发生新的变化。即政府逐步从以往计划经济时代主要突出产品生产能力和产品产量的计划转移到主要提供公共产品与服务的规划上来。“十一·五”规划着重要突出国家发展战略意图和政府工作的重点，着重对必须由政府实施的项目加大规划和组织实施的力度，那些由市场来调节的领域则主要通过产业政策由市场来决定。

用地转用的计划台账管理制度实现的。在预审过程中，将国家产业政策中的淘汰类、限制类项目分别实行禁止和限制用地。对工业项目用地在投资强度和开发进度等方面进行控制，充分体现出公共政策的特征。

5.3.2.3　城市规划与专业规划的协调协同关系

城市规划的执行涉及政府的其他相关职能部门，如交通、环保、绿化等，这些部门在自己的职责领域也有一定的标准和要求，城市规划的执行要根据城市规划编制内容、建设工程性质、规划地区或建设用地的区位等情况，征求相关管理部门的意见和建议，实现城市规划与其他专项规划的相互协调，促进城市规划执行机制的顺利运行。

在城市规划协同执行机制的组织保证上，政府相近相关部门应联合办公，信息共享、协同应对各类问题。例如：文化局可以协同规划局提供城市群众娱乐、传统民俗、传统建筑、遗址、古迹等方面的信息；公安、水、电部门可以协同建设部门对违法建筑进行强制责令停工、拘留、或暂停供水供电等措施；交通、水、电、建筑规划部门又可以协同公安以及消防部门进行防灾和救灾等工作。总之，就近设置、联合办公、信息共享、协同应对，不仅仅对城市规划，同时对城市发展的各个方面都将起到一定的促进作用。城市规划的协同执行机制还要求在完成城市规划的两大任务——未来导向性和现实针对性方面要互相配合，关注城市规划的执行对城市未来发展趋势的影响，以及对现实问题解决的有效性，实现战略把握与战术执行的有效统一与协调发展。

5.3.3　城市规划协同执行机制的“软件”和“硬件”

城市规划协同执行机制的顺畅运行需要一定的支持，这包括政府系统内部的资源共享与信息的即时传递与交流，同时也包括城市规划与外部环境的信息公布与互动。在政府内部，除了设立城市规划协同机制的组织机构外，还应建立各相关职能部门的联合办公系统，促进相关信息在政府系统内部的流动，提高对城市规划问题的处理效率和质量。外部环境的建设主要依赖于的“社会支持基础”和“技术支持基础”。所谓“社会支持基础”是指“软件”的社会环境，主要指人的法治与德治的观念和意识，其构成了支持和制约城市管治体系的隐秘、持久、稳定的社会基础，是一种潜态的社会支持基础平台。①“技术支持基础”是“硬件”的技术支持条件，主要指公用信息的社会交流与社会共享，其构成了支持和制约城市管治体系的活跃的技术基础，是一种显态的技术基础平台。公用信息的社会交流与社会共享，除建立政府政务信息查询系统、完善公众信息反馈渠道、促进新闻透明等外，具体于城市建设领域，基础性的工作在于首先建立动态的城市建设信息数据库，包括法规信息数据库、政策与决策信息数据库、地理信息数据库、土地注册信息数据库、城市工程技术信息数据库、城市在建项目信息数据库、城市报批项目信息数据库、城市的历史文化、文物古迹、风景名胜和城市风貌信息数据库等。以上数据库信息不但是城市政府决策与管理的基础，同时也是公众参与和监督的基础。管理信息系统的联网和数据库信息的共享，是信息社会发展的必然趋势，也是数字时代在管理领域引起的革命性变革，数据库信息的共享将有利于减少和杜绝投机、舞弊和暗箱操作等现象的发生。

深圳市龙岗区招商引资协同机制

为了提高产业集中度和土地产出率，深圳市龙岗区在招商引资过程中建立了项目选址许可和用地规划许可的协同机制。商贸、科技、物流等相关部门根据职能，负责各自领域的招商引资项目的把关工作，计划、国土、规划等招商服务部门，依据土地规划、产业规划和项目评估意见，履行各自的审批职能（见下图）。国土、规划与招商部门之间加强信息沟通和共享，及时公布年度土地供应与开发计划。实行用地项目后续监督，对在用地期限内逾期不开发建设，或项目投资强度、技术先进性、单位土地面积税收贡献等没有达到标准的行为，区政府将协同各职能部门采取相应的处理措施。

① 黄光宇，张继刚. 我国城市管治研究与思考. 城市规划，2000（9）

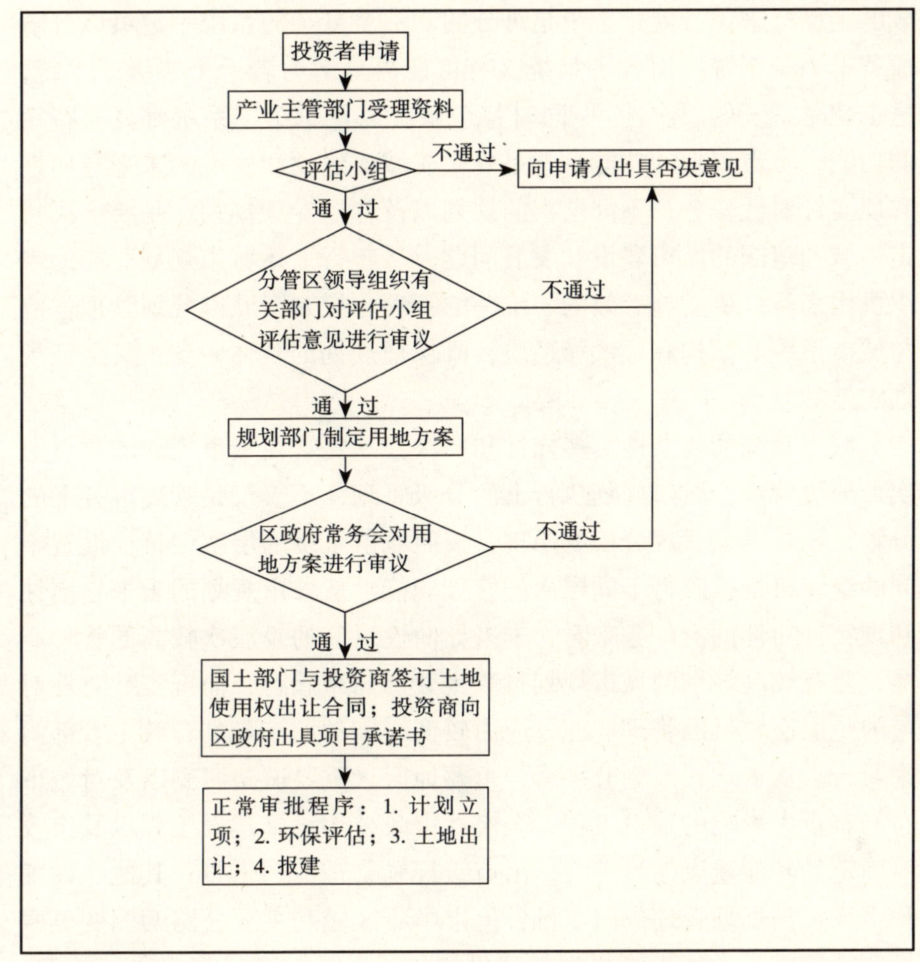

5.4 分级管理——城市规划执行的分权模式

5.4.1 城市规划分级管理：划清主次、各司其职

城市是一个动态的复杂的巨型系统，[①] 城市规划要在千变万化的动态发展过程中得到正确的实施，必须加强城市规划管理。一个复杂的系统，它的内部一定有层次结构，就是通常所说的系统的集合性，即系统必须是由两个及两个以上各具不同功能的子系统或元素集合而

① 复杂系统是指子系统种类很多并有层次结构，子系统之间的关系非常复杂。（钱学森. 一个科学新领域——开放的复杂巨系统及其方法论. 城市发展研究，2005（5））

成的。反过来说，就是系统是可分的。一个复杂的系统一定可以分解成若干个子系统，而各子系统又有可能再分解为若干个二级子系统，这也就是系统的层次性。① 同时整个系统以及每个子系统都具有特定的功能，城市规划的功能，就是要完成城市建设和发展的未来导向性和现实针对性任务；不同层次的规划以及各个专项规划，是要解决特定领域和范围的城市建设和发展问题。从履行上述城市规划职能的组织机构来看，要实施有效的、统一的管理与控制，城市规划管理就应与城市系统的结构和层次相适应，既保证规划的整体一致，又保证规划实施的效率。

城市系统的复杂性、多样性和层次性，要求在城市规划的执行上实行分级管理。城市规划执行上的分级管理，不仅仅是管理事务上的分解，还是根据管理分权的原理，按照城市系统的层次性特征设置不同的组织机构，履行不同层次的管理职能。从城市规划的未来导向性和现实针对性两大任务来看，未来导向性对应的是层次较高的管理职能，要有较高级别的城市规划行政主管部门来履行；而现实针对性对应的是层次较低的管理职能，应由较低级别的城市规划行政主管部门来履行。从审批权限划分来看，重要地区、重要道路两侧以及对城市布局有重大影响的建设工程，全市性市政公用设施建设工程以及市政府确定的其他重大建设工程，由市级规划管理部门审批；其他建设工程由区、县规划管理部门审批，但市中心区域和主要公路两侧变更原批准规划或者未经批准规划的建设用地，以及超高层建筑设计方案，应当报经市级规划管理部门审核同意。

深圳市城市规划的分级管理

深圳市规划局在城市规划执行上的主要职责为：管理、指导全市各类建设项目的规划实施工作，负责建设用地的使用管理；核发“一书两证”及建设用地方案图（指为报政府审批而做出的用地四点坐标图），根据规划调整建设项目选址及用地方案图；指

① 陈秉钊. 论城市规划的分级管理、综合管理与垂直管理. 城市规划汇刊，1999（5）

导监督规划设计方案招投标工作；负责建设项目的规划设计审查及相应的管理；负责建设项目的规划验收，指导监督建设工程勘测、验线工作。深圳市规划局下属的三个分局（宝安、龙岗和滨海）在规划执行上的主要职责为：负责辖区各类建设用地规划管理，受理辖区建设用地申请，依据管理权限，核发《建设项目选址意见书》、建设用地方案图和《建设用地规划许可证》；参与辖区建设用地招标、拍卖或挂牌出让转让的相关工作；负责受理辖区各类建设工程的方案设计、初步设计和施工图设计许可申请，核发《建设工程规划许可证》；指导、监督规划设计方案招投标工作；监督、指导建设工程勘测、验线工作；负责建设工程的规划验收。

·参见：深圳市规划局网站：www. szplan. gov. cn

5.4.2　疲于应付小事，怎能谋划大局？

城市规划执行的统一管理与城市规划的分级管理是有区别的。1996年和2000年，国务院强调的市一级规划管理权不得下放（国发［1996］18号，国办发［2000］25号），旨在保证城市规划的完整性，防止规划被肢解，避免无序建设和盲目扩张，有利于推动规划意图的全面贯彻和准确实施，有利于保持规划编制与规划实施之间的一致性，有利于保持规划实施前后各环节的连贯性。城市规划的分级管理，是为了避免事无巨细都集中在市级规划行政主管部门，使其疲于应付日常事务，无精力考虑和谋划城市规划的发展大计。同时，城市规划的分级管理与城市规划执行的统一管理也是有联系的：城市规划执行的统一管理可以从全局的高度，从战略上宏观把握城市发展的方向和重点，为分级管理的顺利进行创造必要的前提和良好的环境与氛围；而分级管理侧重于从战术上实现城市规划的目标，通过不同级别的政府机构在职能范围、管辖区域等的明确划分，实现城市规划执行机制的专业化分工。这样，高层领导有精力和时间去思考带全局、长远、战略性的问题，低层管理者能够快速有效地处理繁杂具体的日常性事务，从而提高了整个城市规划系统的办事效率和质量。从这个意义上讲，城市规划执行的统一管理与城市规划的分级管理是统一的。

5.4.3 城市规划分级管理：先讲原则、再分权责

城市规划的分级管理涉及了城市规划的权力和责任，在城市化快速发展时期，为了防止城市规划分级管理的走样，城市规划权责划分必须遵守以下原则：

（1）明确性原则：各级规划行政主管部门要有明确的权力和责任，防止职能设置界限的模糊不清、扯皮和推诿现象的出现；

（2）稳定性原则：分级管理确定的各项权力和责任必须是稳定的，不宜朝令夕改、变化无常，使规划执行主体和各相关利益主体无所适从，甚至钻空子谋取不法利益，扰乱城市建设活动的有序进行；

（3）权责一致原则：根据不同城市的具体情况，各级规划行政主管部门的权力和责任也不完全一样，但都必须实现权责一致——享有多大的权力，就应当承担多大的责任，实现执法有保障、有权必有责、用权受监督、违法受追究；

（4）高效、有序运行原则：城市规划的分级管理必须提高城市规划执行的效率，节省执行成本，同时保证各项工作井井有条地有序进行。

5.5 行政程序法定化取向——城市规划执行的制度变迁

从我国的行政实践来看，从《行政诉讼法》到《行政处罚法》，再到《行政监察法》、《行政复议法》等，任何一部约束政府权力的法律出台，都会促进政府职能转变，向“小政府，大社会”的服务型政府方向发展。《行政许可法》对城市规划行政许可事项的设立，推动了城市规划执行面向顾客的改革，促进了城市规划向现代行政的转变，特别是根据城市的整体性和综合性特点进行相对集中管理的城市规划“行政三分”的创立，进一步促进了城市规划执行制度的完善。但同时我们也应该看到，仅仅一部《行政许可法》还不能满足我国快速城市化对城市规划执行的要求。《行政许可法》限制了但并没有完全取消政府的审批权力，这就不可避免地会造成政府行政权的重新界定，并可能造成政府行政权的新一轮扩张。

我国行政程序法的基本原则与目标模式

我国行政程序法的行政秩序与行政公正的价值，决定了我国行政程序法的基本原则只能是行政程序的法定。行政程序法的程序法定原则是指对在行政程序法律关系主体作出有关行政行为或参与有关行政行为时应遵循的步骤、方式、方法、顺序、时效等程序规则，必须明文加以规定，并且必须得到严格遵守。只有行政程序法定，行政相对人才可以根据行政程序法规定的行政程序作出法律的预测，从而保证连续性、一致性与稳定性的行政程序的建立；只有行政程序法定，才能将行政程序法内含的公正价值转化为行政行为现实。因此，程序法定的原则是秩序与公正价值的必然要求。事实上，正是行政程序法定的要求才催生了行政程序法的产生。

在行政秩序与行政公正的法律价值取向的引导下、通过程序法定的原则以约束控制行政权力，从而最终决定了我国行政程序立法内容的目标模式应该是控制行政权力，可表述为“控权模式”。

控制行政权力之所以是我国行政程序立法的追求，不仅是行政程序与行政公正的价值以及行政程序法定原则的要求，更为重要的是改善我国行政权力过于强大和过于泛滥的实际所必须。我国行政权力大都缺乏程序控制，这已是不争的事实。行政权力在法定程序外运行，权力失控也就成为必然。由于权力具有天然扩张的自然属性，权力若不受到限制便会肆无忌惮的发展，形成灾祸。国家权力在给社会创造秩序的同时，也使权力的异化与扩张不无可能。国家权力就像一把双刃剑，在为公众谋取幸福的同时，又有可能异化为掌握国家权力的集团谋取私利的工具。正如孟德斯鸠的警世名言：“一切有权力的人都容易滥用权力，这是万古不易的一条经验。有权力的人使用权力一直到遇有界限的地方才休止。”权力的失控必然导致权力的异化，终与法律设立权力的目的相悖。将控制行政权力的行使作为我国行政程序立法的目标模式，就要求必须将行政权力的行使全部纳入行政程序法加以规制，规定“法定程序外无行政”。并且，对于虽然实体正确，但程序违法的行政行为，不赋予其法律效力，程序的外在价值与内在价值同时彰显。

引自：周安平，行政程序法的价值、原则与目标模式，比较法研究，2004.2

《行政许可法》之后，人们开始把目光转向了《行政程序法》。《行政程序法》是一个所有行政主体都要遵守的基本行为要求，规定了行政行为的基本原则和程序，它是一般法，而《行政处罚法》、《行政许可法》等是特别法。引起广泛关注的《行政程序法》对行政权力的运转实施有效的约束[①]，它的颁布和实施将是我国行政法治的一大突破，从而也会完善城市规划执行制度，使城市规划行政程序体现公平行政和正义行政的理念，促进城市规划执行的制度变迁。因为行政的最初内涵强调的是效率原则，而官僚机构本身也通过自身的一系列制度规则在强化着这种效率导向，所以有必要从另一侧面使公平行政和正义行政的理念得以注入公共行政的各个过程，其中重要的途径就是《行政程序法》的拟定及其有关行政程序的其他规则的完善。[②] 这一环节，已经在现代发达国家的蓬勃发展的《行政程序法》建设中得到了较为充分的体现。通过《行政程序法》实现城市规划执行行政程序的法定化，是我国城市规划执行制度变迁的发展方向。

小结

作为一项政府职能，城市规划执行实现了从计划经济向市场经济的转变。在分析了城市规划执行主体的角色之后，本章指出，《行政许可法》施行后，规划许可成为了城市规划执行机制的核心内容。程序控制是城市规划执行流程再造的实现方式和途径。借鉴城市管治的理念，本章提出了作为城市规划执行的辅助机制的城市规划协同执行机制，以实现相关职能部门在城市规划执行上的协同。分级管理实现了城市规划执行上的分权。而行政程序法定化将为进一步完善城市规划执行机制提供法律保障，是城市规划执行制度变迁的发展方向。

---

① 李图强. 现代公共行政中公民参与. 经济管理出版社，2004. 267

② 江美塘. 制度变迁与行政发展. 天津人民出版社，2004. 192

6

城市规划监督机制补缺

- 6.1 城市规划监督的再定位
- 6.2 城市规划新监督机制的构建
- 6.3 变“多头执法”为综合执法
- 6.4 强化体制外监督必须营建公众参与机制
- 6.5 城市规划监督的制度变迁方向

当前城市规划监督仅仅局限于城市规划实施的监督检查这一事后监督方式，而对事前、事中监督则基本处于缺位状态，从而造成了城市规划的权威性和有效性的缺失。因此必须对城市监督进行重新定位，实现全过程和全方位的监督。针对快速城市化进程中城市规划行政执法难的问题，把城市规划行政执法纳入城市管理综合执法中，实现了城市规划执行与监督的部分分离，这应该是城市规划监督方面的一个有益的尝试。这种尝试还远远不能解决城市规划监督机制不健全的问题，必须从健全城市规划监督体系（监督权外移、纵向监督、外部监督和协同监督）、全程监督、程序控制和责任追究制度等方面完善城市规划监督机制。其中公众参与机制则显得尤为重要，可以说，公众参与机制强化了城市规划体制外监督，而公众参与制度化代表了我国城市规划监督的制度变迁的方向（图6－1）。

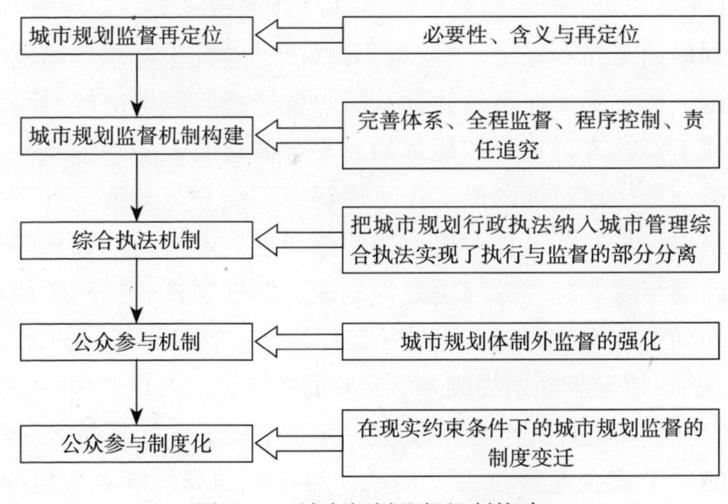

图6－1　城市规划监督机制构建

6.1　城市规划监督的再定位

6.1.1　城市规划监督再定位的必要性

6.1.1.1　当前的城市规划问题与城市规划监督紧密相关

伴随着社会的巨大转型，我国快速城市化引起的城市问题越来越多。一方面，人们对城市发展中的问题总是与城市规划联系起来，

"规划滞后"、"规划不科学"……。[①] 这主要是由于城市规划与社会、政治、经济、文化等存在着广泛联系，也与人们的日常生活息息相关。随着人民群众生活水平的日益提高，人们对所居住城市的环境的关注日益增强，城市规划问题正逐渐走近普通市民，人们越来越不满足于茶余饭后的谈论，越来越多地走向维权的利益表达与诉求道路，这说明城市规划正走向市民、走向社区。另一方面，人们在关注城市规划问题的同时，越来越迫切地要求解决这些问题。解决问题的条件是先找出问题的原因，而城市规划监督不力是形成上述城市规划问题的主要原因。几乎所有的城市规划问题都可以最终归结为规划监督：规划不科学说明对规划决策过程的监督有问题，随意改变规划说明对规划执行的监督缺位，违法建筑的屡禁不止又可归纳为对城市规划实施监督检查的力度不够等等。

6.1.1.2 城市规划监督机制不是"万能钥匙"

规划局的工作不好做，"吃力不讨好"，这几乎是规划局领导的共识。这份工作主要难在不是凭勤奋努力就能把问题解决好，而是使得从事这项工作的人每天处在超量的、不合情理的矛盾之中。社会各界甚至城市领导往往对规划局工作不理解或不能充分理解，有不少人常常把城市建设与发展过程中出现的问题与规划本身的问题划等号，把规划的问题与规划管理的问题混为一谈，把规划管理的问题简单地归结为规划局工作没有做好。[②] 在一定程度上，"规划没搞好"成了一个"托词"，以至于规划局成为形象差的政府部门的代表之一。突出表现为人们对于规划局工作意见较多、满意率较低。如某特区城市2001年底搞的"千家企业评机关"活动，对于规划局的满意程度是49%；

① 城市规划要解决的核心问题并不在于加快发展的速度或者对发展速度的鼓动，更不是以是否有利于具体建设项目的开展作为评价的准则，而是在于发展的公平和公正方面。从这样的角度对现代城市规划发展的解读可以看出，城市规划从来就不是实现城市发展效率的工具。城市规划可以促使城市发展得更好，但并不一定就是要使城市建设项目开发得更快。……从根本上说，城市规划所涉及得是社会资源得配置问题，而对于资源配置来说，在社会整体层面上，其终极准则是公平和公正，而不是效率，或者说效率只是第二层面上的准则。（孙施文．城市规划不能承受之重——城市规划的价值观之辨．城市规划学刊，2006（1））城市化的快速发展追求的是效率和效益，追求的是城市经济的快速发展，由此导致了城市开发建设活动的日益活跃，这样单纯从效率第一的角度评价城市规划得出的结论是有失偏颇的。

② 何兴华．规划局工作的社会满意程度分析．城市规划，2002（10）

某省会城市近来开展的“万人评机关活动”，规划局名列倒数第四，而且通过媒体宣传颇具社会影响，可以说是一个较有代表性的缩影。

由于城市规划监督与城市规划问题的密切关系，人们会有将规划监督看成解决城市规划问题，从而看成解决所有城市问题的“灵丹妙药”的倾向。为了防止这个倾向，有必要将城市规划监督的涵义及其范围界定清楚，这同时也是构建新的城市规划监督机制的前提。

6.1.1.3 有助于分清城市规划层次，建构合理的城市规划监督体系

当前，我国正处于快速城市化进程中，发展速度快，参与部门多，面临的问题也多，主要表现为城市的整体发展（城市规划的未来导向性）和具体建设（城市规划的现实针对性）两个方面。在城市的整体发展上，城市总体规划（对应于城市规划战略决策目标），需要更多地考虑跨地区发展的要求，以及城市基础设施的长期建设要求，通过控制基础设施的发展，进而宏观调控城市的发展。城市总体规划应主要关注那些发展速度快、变化大的地区，以及影响城市长期发展的重大项目。城市的详细规划（对应于城市规划战术决策目标），需要特别重视如何使城市建设项目能够得到顺利实施。根据城市规划承担的不同任务可以看出，由于规划深度不同，城市的不同规划层次覆盖的范围和涉及的内容也是不同的。① 城市总体规划侧重于城市整个地区及与更大地域范围的空间联系，在内容上，城市总体规划需要研究城市的长期发展趋势以及相应的对策和可能采取的措施。与总体规划相比，城市详细规划在规划范围上涉及的是局部地区，要为城市公共建设项目的征地、以及对其他非公共建设项目的用地管理提供法律依据和指南。城市总体规划主要用来制止与城市远期设想不一致的局部规划对城市的长远发展造成的不良影响，具有“预防性”的法律效果。城市详细规划适用于城市近期建设的管理，是一种实施性的规划，具有对每个人都有“约束力”的法律效果。城市详细规划作为可以实施的和具有约束性的地方法规，它的生效需要通过法律规定的程

① 吴唯佳. 新时期城市规划改革的环境和方向. 清华大学学报（哲学社会科学版），2000（5）

序，并对规划造成的用地调整、用地的征用和转让等进行法律规范。

但是，我国当前的城市规划实践，往往忽视了不同规划层次之间的差异。有些地区从规范城市建设的热情出发，不顾实际需要和可能，将详细规划范围盲目扩大。但由于现实条件的制约，部分编制详细规划的地区根本不具有发展的条件，也无投资的可能，使详细规划的实施缺乏实际依据；有些地区为了加强区域发展的管理，也不顾实际需要，盲目将区域规划的内容细化，在这些极为具体的用地和基础设施安排的指导下，使区域发展战略的宏观调控决策和协调失去了意义。这就造成了城市开发建设总体方向的无序管理，也在相当程度上浪费了城市规划人力、物力和财力资源。

城市规划不同层次的问题有不同的解决途径与方法。城市规划监督问题存在于城市规划复杂体系的各个层面正是其广泛性的体现，如果不加区分，混为一体，容易导致层次不清、体系不明、主次不分，也就不利于建构结构合理、层次清楚的监督体系。根据城市规划的不同层次，实现城市规划的再定位，确定不同层次的监督主体、对象、内容和行为，实现城市规划监督手段的多样化和监督参与主体的多元化，有利于建构合理、有效的城市规划监督体系，真正实现城市规划的事前、事中和事后监督。

6.1.2　城市规划监督的涵义与再定位

6.1.2.1　城市规划监督的涵义

目前，城市规划管理领域还没有关于城市规划监督的统一的完整的定义。从广义上讲，城市规划监督应是对城市规划全过程的监督；从城市规划的“行政三分”（决策、执行、监督）角度，城市规划监督是指城市规划执行之后的批后管理（城市规划实施的监督检查），我们称为狭义的城市规划监督。下面分别分析狭义的与广义的城市规划监督的涵义。

（1）狭义的城市规划监督的涵义

狭义的城市规划监督是指城市规划实施的监督检查，含义为：城市规划行政主管部门为了实现城市规划管理的决策目标，根据城市规划法律、法规、规章的规定以及经过审批的城市规划，依据城市规划执行批准的城市规划许可，对城市的土地使用和各项建设活动实施城市规划的情况，进行行政检查并查处违法用地和违法建设的行政执法工作。狭义的城市规划监督主要包括三种行政行为：行政检查、行政处罚和行政强制措施。

①行政检查

指城市规划行政主管部门依法对建设单位或个人是否遵守城市规划行政法律法规或规划许可的事实，所作的强制性检查的具体行政行为。其主要特征包括：一是行政检查是城市规划行政主管部门的具体行政行为，它以行政机关的名义进行。二是行政检查是城市规划行政主管部门的单向强制性行为，不需要征得建设单位或个人的同意。行政主体在作行政检查时，建设单位和个人有服从和协助的义务，否则必须承担相应的法律责任。三是行政检查必须要依法进行。由于行政检查涉及面广，对建设单位和个人权利的影响广泛而且直接，因此必须要有直接的法律依据，否则，建设单位或个人有拒绝接受检查的权利。建设工程规划批后行政检查的程序见图6－2。

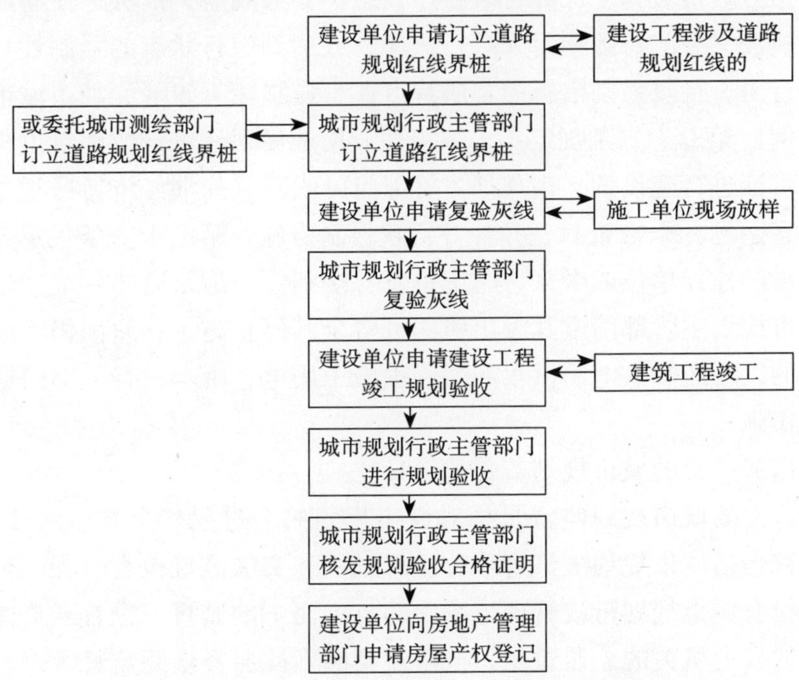

图6－2　建设工程规划批后行政检查程序图

资料来源：全国城市规划执业制度管理委员会，城市规划管理与法规，中国建筑工业出版社，2000. 138

②行政处罚

指城市规划行政主管部门依照法定权限和程序，对违反城市规划及其法律规范和规划许可，但尚未构成犯罪的建设单位或个人制裁的具体行政行为。行政处罚特征包括：一是行为的惩戒性：是以对违法行为人的惩戒为目的，是对个人或组织不履行法定义务的一种制裁，促使其下次履行，不再重犯。二是行为违法的确定性：个人或者组织实施的违反行政法律法规的行为是确定的、实际的，而不是模棱两可或者主观想象的。三是适用主体的行政特征：适用行政处罚的主体是行政权力的主体，即城市规划行政主管部门，其他任何机关是不可替代的。四是行为的外部特征：行政处罚是一种外部行政行为，对有内部管理层级的特定的人员和组织，不能适用行政处罚，而是行政处分。

③行政强制措施

指行政机关为了保障行政秩序，维护公共利益，依法迫使逾期不履行执法义务的行政相对人履行法律，或达到履行状态的强制性具体行政行为。行政强制措施的本质特点在于强制性。如《深圳市城市规划条例》第七十二条规定：未取得建设用地规划许可证或建筑工程规划许可证进行建设的，市规划主管部门可依照《深圳经济特区规划土地监察条例》采取查封、扣押等行政强制措施。第七十八条规定：违法建设的建设单位或个人、施工单位，接到停止施工通知后继续施工的，市规划主管部门或其派出机构可责令其停止施工；逾期仍不停止施工的，可通知供电、供水部门停供施工用电、用水，有关部门应当协同实施。

（2）广义的城市规划监督的涵义

广义的城市规划监督是指对城市规划的全过程、全方位的监督，全过程包括城市规划决策过程，执行过程和实施监督检查过程，全方位是指有城市规划行政管理体系内的自上而下的监督，也有来自体系之外的权力机关的、司法的、行政监察的、社会公众的监督等。下面从分类的角度阐述。

①从城市规划管理的过程来分

根据城市规划管理的“行政三分”，可以将城市规划管理相对划分为城市规划决策、城市规划执行和城市规划实施监督（为避免混淆，此处称为城市规划实施监督）。城市规划监督相对应地可以分为城市规划决策监督，目的在于保证决策的法治化、民主化、科学化；城市规划执行监督，目的在于保证城市规划执行过程中的依法行政，防止自由裁量权的滥用；对城市规划实施监督检查的监督就是要督促城市规划行政机关切实履行好城市规划实施监督检查的职责，确保履行到位。

②从城市规划监督主体的来源分为体制内监督和体制外监督

体制内的监督是指城市规划管理体制内的上、下层级的纵向监督以及内部同一层级内不同部门的横向监督。目前在体制内监督上，上级对下级的监督基本上处于形式上的监督，同一层级内部的监督靠业务划分的合理与制约实现，监督仍局限于程度较低的城市规划实施的监督检查，主要是应付外界的违法建筑投诉的查处工作。体制外的监督包括：一是国家权力机关——人大的监督；二是行政监察机关的监督；三是司法机关的监督；四是社会公众的监督。

6.1.2.2　城市规划监督再定位

城市化的快速发展，城市建设活动的日益活跃，城市规划权威性和有效性不足导致城市规划问题的大量出现，促使我们对当前仅仅局限于城市规划实施的监督检查的城市规划事后监督机制进行深刻的反思。作为一项系统工程，城市规划涉及面广，投资主体多，影响范围大；作为政府宏观调控城市建设和发展的一项行政权力，城市规划又具有公共权力运行的特点，如公益性、综合性、政策性和科学性等特点；作为一个社会运动，城市规划的参与主体多元，涉及了政府、专家、企业、公众等，特别是在快速城市化时期，不同利益主体的碰撞和冲突表现得尤为突出。当前狭义的主要是事后的城市规划监督已经不能满足城市化快速发展的需要，因此必须对城市规划监督进行重新定位。

在城市规划的“行政三分”下，城市规划的监督应当是贯穿整个城市规划行政全过程的监督，即对决策、执行和监督的监督；城市规划监督的对象既要对城市规划权力的监督，又要对城市规划活动的监督；监督实施的主体不仅仅局限在政府内部（我国中央层面上的城市规划监督主要由建设部、监察部和国土资源部等实施)，[①] 更应接受广泛的社会监督，特别是专家、企业和公众的广泛参与。

6.2 城市规划新监督机制的构建

6.2.1 新机制需要健全的程序

监督意味着制约，含有外在强制的含义。在多数情况下不是靠人的自我道德约束来解决的，而是由来自外部的明确的强制性约束条件来实现。因此，监督的主体与客体的分离是必需的，虽然有来自同一行政体制（系）内部的监督，这种监督也必须是分设的。目前对于同一单元组织内的监督（比如：同一级党委和纪委，市政府和市监察局)，由于监督主体归属监督客体领导，监督机构受制于被监督机构，这种“同体监督”就只能是：事前监督，令人生厌；事中监督，力不从心；事后监督，为时太晚，成本过高；更谈不上全程监督了。因而就不难理解，各地腐败案件中几乎所有“一把手”的腐败问题都不是同级纪委主动发现和查处的现象了。虽然城市规划行政部门内部也有监察机构，但他们的作用也仅局限于对办理过程中的经办人员的办事时限的督办以及投诉、信访的调查，偶有配合外部监督机构的调查。这种监察机构不仅对单位领导无约束力（归属他们领导)，即使对于平行部门的领导（同级别）往往也碍于情面（不愿得罪人）而疏于监督。这就是说，强化监督、构建新的监督机制，就要强化监督的主客体的体制性机构分离，有三种途径：一是将监督权尽量分离出去，二是强化体制内不同层级的上级规划行政机关对下级机关的监督；三是强化外部监督。

6.2.1.1 权力的划分—实现城市规划实施监督检查权的重新配置

权力划分即是“分权”的含义，包含权力分离与权力分工方面的意思。权力划分是城市规划实施监督检查要素整合，重塑城市规划实施监督机制的关键。城市规划实施监督检查按行为方式分有行政检

① 国务院关于加强城乡规划监督管理的通知．国发【2002】13 号．2002. 5

查、行政处罚和行政强制措施3种。从3种权力的行为对行政相对人权利和义务的影响来看，城市规划实施监督检查又可分为无影响的行政检查和有影响的行政处罚和行政强制措施。行政检查强调的是事前和事中的监督，是对城市规划实施主体执行规划许可的情况（合法性）和执行过程的监督，从而保证各项建设按照法定的城市规划进行实施，保障城市建设和发展的长远的、整体的利益，保护相关方面的权益。行政处罚和行政强制措施（一般为强制执行）主要是对违反城市规划及其法律规范和规划许可的具体单位或个人的违法用地或违法建设（已有确凿的违法事实和证据），进行制裁和强制执行的具体行政行为，这是事后监督的形式，其目的在于惩罚（对违反城市规划的行为）和纠正（使其回到按规划实施）。从行政检查和行政处罚、行政强制措施的区分来看，可以把两者分离，实现查（行政检查）、处（行政处罚、行政强制措施）分开。

（1）将行政检查工作仍然保留在城市规划行政主管部门，一是要强化其检查的职能，主要是依法拓宽监督检查工作范围，包括对各项目建设用地规划许可合法性，建筑物改变用途的规划许可合法性以及以上各类规划实施情况的过程检查，通过对实施主体申请的建设工程开工订立道路红线界桩和复验灰线以及建设工程竣工规划验收等来实现。二是强化预防，加强事前预防和事中监督，首先是加强宣传教育职能，提高全社会的规划法律意识，使遵守城市规划法律法规成为自觉意识。其次，强化向社区的分权，将规划监督权交给社区，这就需要加强对社区的行政指导和技术服务，实现人人都监督违法建设，反对违法建筑的目标。深圳市龙岗区自2000年以来开展的在各行政村（城市化后已改为社区）聘请“顾问规划师”的试点，取得了较好的成效。第三是加强监督检查工作信息的反馈。对监督检查反馈的情况和问题，进行及时的综合分析，提高城市规划行政管理体系的整体效能，实现监督检查工作的完全到位。

（2）将行政处罚和行政强制措施（行政强制执行）权转移到城市综合执法部门，实现规划实施监督处罚权的分离，加强监督威慑力。经过多年正反两方面的查处违法建筑和违法用地经验教训总结，深圳市于2004年11月将查处违法建筑和违法用地的监督权通过行政授权的方式，授予城市行政执法局（含各区局），这是实现城市规划实施监督检查权重新配置的新尝试。

6.2.1.2 强化纵向监督，监督主体具体化

要改变“看得见的管不着，管得着的看不见”的现象，就必须强化城市规划管理体制内纵向层级间的监督。传统的周期性（一般为一年一次的）规划执法大检查，虽有效果却仅局限于事后监督，这种“上级监督太远”的状况如果不能改变，将无法改变目前由于“监督缺位，监督滞后，监督缺威”而造成的总体上城市规划纵向监督不力的局面。为什么这些看似完备的监督体制实际上收效甚微？究其原因不外乎三个方面：一是来自规划管理体制内部的监督，是上级规划行政机关对下级机关的监督，缺少有效的程序规则，连一年一度的周期性检查都难以落实，因而无法达到监督的目的；二是在监督过程中，没有行政行为的利害相关人参与，缺少程序的发动者，无法沟通行政行为主体和行政相对人之间的关系，使监督形式有名无实；三是由于城市规划决策属于抽象行政行为，对抽象行政行为按现行体制是不能申请行政复议的，只能通过其他监督途径解决违法抽象行政行为的问题。现行的纵向规划监督机制不能有效地发挥作用。这种状况就要求规划管理的纵向监督要从建构程序规则，明确行政行为的利益相关者参与的程序发动等方面进行完善。

没有规则的监督是软弱的监督。长期以来，地方规划行政主管部门的干部人事任命权在地方政府，上级规划行政主管部门没有任何的权限，导致了上级规划行政主管部门对下级规划行政主管部门没有实质的制约权。因此，各地规划行政主管部门对来自上级的规划行政主管部门只尽接待的义务，“接待出生产力”成为各地向上级争取利益、回避监督检查最好的印证。建构上下层级之间的监督规则，成为快速城市化进程中城市规划管理机制中最迫切的问题。其中包括：

(1) 建构上、下级城市规划部门之间规范化的工作联系制度，上级对下级规划行政机关的工作抽查制度，明确工作汇报和抽查的具体内容，比如：省级对市（县）级规划行政主管部门的工作汇报内容应重点包括省域内、区域重大基础设施项目选址许可程序，城市总体规划实施、风景名胜区规划实施及其监督，建设项目决策有无违反规

划，有无违反程序调整规划强制性程序，有无违反历史文化名城保护规划批准建设等。

（2）设专门的投诉、信访渠道，保障行政行为的利益相关人以最直接、最快捷的方式向上级规划行政机关反映下级机关的违法违规行为。

（3）对相应的监督内容建立城市规划行政责任追究制度（在后文中有专门论述）。

当前，行政许可成为了城市规划执行机制的主要组成，为规范行政许可实施，提高行政许可绩效，运用现代电子技术手段，对行政许可实施过程中的行为、运转状态、效率等方面的情况进行实时、全程和自动监控，并根据监督检查的结果，作出相应的决定，采取改善行政许可行为的措施，是完善城市规划纵向监督的一个有效途径。深圳市通过实施行政许可绩效测评电子监察，在这方面进行了有益的探索，并取得了很好的效果。

6.2.1.3 强化权力机关的监督

国家的一切权力属于人民，全国人民代表大会及地方各级人民代表大会是人民行使权力的机关。《宪法》第二条、第三条所规定，国家行政机关（即国务院和地方各级人民政府）由人民代表大会产生，对它负责，受它监督。人大虽然拥有对城市规划管理全过程的监督权，但没有与之匹配的“知情权”，也就是没有与监督责任相适应的法定信息和传递渠道，人大和政府的信息不对称。如市人大在城市规划方面的监督权是通过听取政府工作报告（报告中只有很小一部分与城市规划有关的内容）或实施城市规划的报告，但对报告的内容、报告时间和频率没有明确的规定，政府只是根据需要（而不是人大的要求）在内容和时间上有选择地向人大报告有关情况。与当今城市规划工作量和工作速度相比，每年一次的政府工作报告和偶尔的视察、质询是远远不够的。要有效地落实人大的监督权，就要明确地规定人大监督政府在城市规划决策、执行和实施监督检查工作中的范围和重点，对市政府要向市人大报告的有关城市规划的内容、时间和频率具体化，同时建立人大表达自己意见的畅通的渠道。这是人大监督制度化的要求。初步设想是将市政府（市规划行政主管部门）向市人大报告的内容、时间和频率与向上一级城市规划行政主管部门报告的内容、时间和频率吻合，这样既有利于减轻政府的行政压力，又有利于纵向监督和横向监督一致。

6.2.1.4　协同监督（监督体系网络化），实现对城市规划执行和城市规划实施监督检查的补位

“网络”已成为当代社会中使用频率很高的一个词汇。对网络的概念有两种理解，一是名词，美国迈阿密大学人类学家弗吉尼亚·海恩认为：“网络是一个编结技术不甚高明的鱼网，有许多大小不同的结节或网眼，彼此之间直接或间接相连”。约翰·奈斯比特（John Naisbitt）在他的《大趋势》书中对上述说法作了补充：“网络组织比这更为复杂，因为它具有三度空间。网络就是人们彼此交谈，分享思想、信息和资源。要注意，网络组织是个动词，不是名词”。[①] 单从城市规划决策、执行、监督来看，城市规划过程是线性结构，但从城市规划所具有的社会性、技术性和行政行为的综合性来看，把城市规划过程看成线性过程是非常不可取的。城市规划过程的复杂性，要求以系统化的角度来看城市规划监督问题。仅从城市规划管理“条块结合，以块为主”，即“纵横结合，以横为主”的结构特征来看，构建城市规划监督结构的网络化就非常必要。上文已从纵向的上、下层级监督及横向的人大对政府的监督进行了分析，下面着重就城市规划执行及对城市规划实施监督检查的过程中的监督进行分析。

城市规划执行和城市规划实施监督检查是政府行政的具体行政行为，对具体行政行为的监督除上述已提到的监督外，比较有针对性的有司法途径的行政诉讼的监督，上级行政机关对下级行政机关监督，以及同一层级政府内设的独立行政监察部门的行政监察监督。其中行政诉讼和行政复议都是事后监督的方式，虽然通过对行政诉讼案件和行政复议案例的综合分析评价，可以总结出教训以便以后改进工作，但着眼于预防的监督应加强行政检查部门的监督职能。《行政监察法》规定，行政监察监督行动的主体是行政监察机关。行政监察机关是政府的内部的专门机关，行政监察本质虽然属于内部监督，但因其是独

① 雷翔．走向制度化的城市规划决策．中国建筑工业出版社，2003. 105

立设置、专司监督职能的机关，享有相对独立监督权而具有威慑作用。《行政监察法》第3条规定，“监察机关依法行使职权，不受其他行政部门，社会团体和个人的干涉”。行政监察机关履行职责包括：监督检查国家行政机关及其人员贯彻执行国家法律、法规和政策以及决定命令的情况，监督规划行政主管部门依法行政、廉洁行政、公开行政，督促其建立完善的内部运行程序和限制自由裁量权，对不履行规划实施监督检查的行为进行督办，从而使城市规划决策、执行、监督过程都处于监督之下。

6.2.2 打造全程监督机制是改革的核心

6.2.2.1 体制内自上而下的督察员试点推广

四川、贵州省试行的派驻城市规划督察员办法（附录H）的目的就是解决监督主体的具体化问题（规划督察员解决了原来的机构作为监督主体不具体带来的监督责任不强的问题），监督范围、职责更加明确、清楚。对派驻地经批准的城市总体规划，历史文化名城保护规划的实施情况进行评价，向省规划管理委员会提交评价报告，及时报告违反规划或违反程序调整规划等情况；参与对城市规划有重大影响的大中型建设项目的选址审查，督促地方规划部门对违反规划的建设行为进行查处。按照查处分开的原则，对违反城市规划的行为的处理做出了规定：一是由省人民政府或省级规划行政主管部门通知市（州）人民改正或通知市（州）人民政府责令有关部门改正；二是由省级规划行政主管部门依法查处或责令有管辖权的下级规划行政主管部门依法查处；三是对违反城市规划的直接责任人和有关责任人按干部管理权限依法给予行政处分，构成犯罪的，依法追究刑事责任。对违反城市规划的重大、特大行为，省人民政府可以组织调查组调查处理。①

督察员办法的试行，不但保证了上级对下级规划行政主管部门监督的主体确定性，还有助于建立规划行为的利益相关者参与监督的畅通渠道，督察员通过设立固定的独立渠道鼓励单位、社会组织和个人

① 四川省人民政府．四川省派驻城市规划监督察员试行办法．2003.10

向督察员检举、揭发、举报违反城市规划的行为。派驻规划督察员对市级政府及有关部门的城市规划工作是否违反法定的程序，是否违反规划要求，是否违反资质管理要求等方面进行督察。督察员开展督察工作时，有权向城市规划编制、审批、申报等单位收集资料、调查取证，对违反规划的行为及时向市、州政府及有关部门提出督察意见，并上报省人民政府及规划、督察行政主管部门。

四川、贵州两省的城市规划督察员试点工作已经取得了很好的效果，在总结经验的基础上，建设部将两省改革试点的相关文件在全国转发，推动城市规划督察员制度在全国的推广①。这种体制内自上而下的试点和推广是我国城市规划渐进式制度变迁的又一个例证。当然，由于督察员办法刚刚试行，还有不完善的地方，其中明确督察员失察责任对于使监督者被监督，从而使纵向监督工作更加有序，使事前监督和事中监督更加到位是不容忽视的。

6.2.2.2 行政政务公开及重大事项听证制度

(1) 行政政务公开

实施行政政务公开是对政府行政权力运行进行监督的一个重要举措，是人民群众行使民主权利、维护切身利益的重要保障。② 同时，政务公开也是建设民主法治政府，促进政府职能转变的必然要求。城市规划行政的政务公开从内容上看主要包括行政许可审批、收费检查、行政处罚、行政强制、办事服务等。政务公开为群众办事提供方便，并切实有效地维护群众合法权益。政府上网工程以及行政服务中心的设立，一站式办公、一条龙服务的实行，促进了政务公开。作为一项政府行政行为，必须建立有效的监督制约机制。查评考核体系的

---

① 建设部于2005年5月19日发布《关于建立派驻城乡规划督察员制度的指导意见》（建规【2005】81号），指出派驻城乡规划督察员制度的核心内容是通过上级政府向下一级政府派出城乡规划督察员，依据国家有关城乡规划的法律、法规、部门规章和相关政策，以及经过批准的规划、国家强制性标准，对城乡规划的编制、审批、实施管理工作进行事前和事中的监督，及时发现、制止和查处违法违规行为，保证城乡规划和有关法律法规的有效实施。城乡规划督察员要重点督察以下几方面内容：城乡规划审批权限问题；城乡规划管理程序问题；重点建设项目选址定点问题；历史文化名城、古建筑保护和风景名胜区保护问题；群众关心的“热点、难点”问题。城乡规划督察员特别要加大对大案要案的督察力度。

② 钟纪综．让权力在群众监督下运行—全国政务公开工作健康发展稳步推进．中国监察，2004（13）

不断完善，政务公开领导责任制、行政过错追究制、现场工作评议制、监督员定期反馈制等的实行，保证了推行政务公开的长效机制的运行。2005 年 1 月 4 日正式运行的《深圳市行政许可电子监察系统》在对部门的行政许可绩效量化测评中，把政府各部门的行政政务公开情况作为考评的第一项，并占了 10% 的权重，① 为政务公开的长期、有效的进行提供了制度上的保证。

（2）重大事项听证制度

城市规划是一项涉及方方面面的全局性的活动，特别是在快速城市化进程中，公众对城市规划的关注日益增强，各方相互冲突的利益主体也需要一个表达自己利益和意愿的途径和方式。同时作为社会民主化进程的标志，听证也是世界各国现代行政中极为重要的程序制度。听证是指在行政机关非本案调查人员的主持下，由调查取证人员、当事人、利害关系人以及其委托代理人的参加下，听取各方的陈述意见、质证、提供证据的一种法律制度。它的基本出发点是：凡是有权的机关，做出可能影响对方利益的决定，就应当听取利益可能受到影响的当事人的意见。我国的《立法法》、《行政处罚法》和《价格法》都正式规定了立法、行政处罚和价格决策的听证程序制度。听证制度的实行为在城市规划管理中建立听证制度奠定了基础并积累了经验。

①城市规划重大事项听证

由于城市规划涉及一个城市长远的发展，规划编制审批程序比较复杂且周期较长（一般 5 年以上），因此，应该正确界定听证的适用范围。一般意义上讲，对于所有的城市规划，都应设立听证程序，使它成为相对方的一项权利。但为了提高行政效率，对涉及相对人和公众基本的公民权利和重大利益的城市规划重大事项，必须实行正式听证。如城市总体规划、城市次域规划、城市分区规划、城市详细规划、重大建设项目选址、用地规划、重大市政工程规划、重点地段城市设计等关系到重大公众利益的都应实行听证制度。②

① 深圳市监察局. 深圳市行政许可绩效测评电子监察办法（试行）. 2004. 10

② 金明浩，张鹏. 关于在我国城市规划行政管理中引入听证制度的思考. 甘肃政法成人教育学院学报，2001（4）

②城市规划听证的适用阶段

在城市规划管理的过程中可在三个阶段设置听证程序：一是规划审批前，称事前听证，这一阶段具有准司法性质，故宜采用正式听证；二是规划审批后，称事后听证，这一阶段具有很强的咨询性特点，一般只是对规划方案进行微调，可根据实际情况采用非正式听证形式；三是行政执法阶段，这一阶段执法主要是行政处罚和行政强制措施，也就是对城市规划行政执法的听证。

（3）城市规划听证内容和程序

城市规划行政听证制度可包含以下几个内容：一是通知和公示，行政部门应当告诉当事人对决定不服时，可以在什么时间向什么机关要求听证；行政机关应在听证举行之前一定时间内通知听证当事人有关听证的时间、地点和相关问题，并公告相关的规定、决定等。二是陈述与质询，城市规划行政部门有关人员陈述规划方案的构想以及行政执法决定的依据，而参与听证会的当事人听取陈述之后进行询问、提出建议或主张有利于自己的事实，以及提出证据等。三是记录和报告，听证主持人应将听证会的各方意见和陈述记录在案，听证结束后根据记录整理成听证报告，经与行政决策、执行和监督部门协调后予以公示。城市规划听证会流程见图6－3。

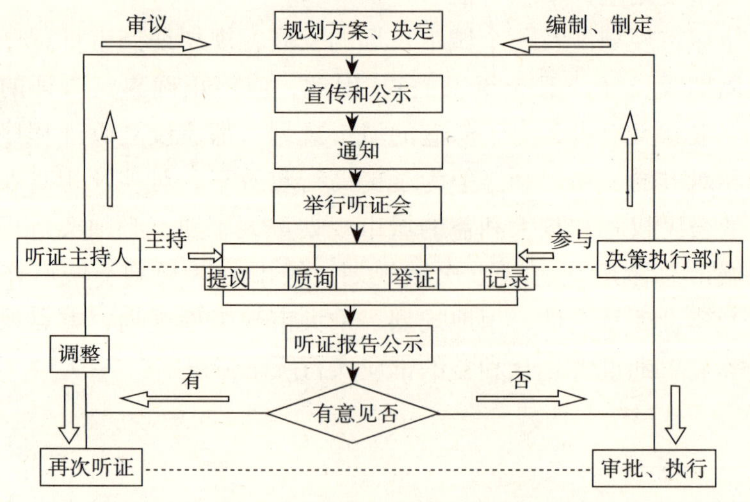

图6－3　城市规划听证会流程

6.2.3 监督的手段必须依赖于程序的控制

在城市规划决策、执行、实施监督检查的实际过程中，不少管理者认为严格的程序会降低工作效率，捆住了自己的手脚，低估了自己的专业水准，程序意味着限制自己的空间。因而他们宁愿“无法”（不要程序），以便“无天”（随心所欲，我行我素）。

城市规划管理的实践证明，建立和完善城市规划程序控制是非常必要的。

6.2.3.1 依法行政的需要

现代法治的核心是行政法治，而行政法治的核心机制是行政程序法律制度，可见行政程序是何等的重要。[①] 正如美国大法官威廉·道格拉斯所指出的那样：“权利规定的大多数条款都是程序性条款，这一事实不是无意义的，正是程序决定了法治与人治的基本区别”。[②]

行政权的扩张以及由此而来的行政权对社会生活的各个领域全方位的渗透，一方面是现代社会的现实需要，另一方面行政权的膨胀也对现代社会中的个人权利与自由带来了潜在的和现实的威胁。权力的履行必须受到制约，这是现代法治社会的基本要求。如果说在自由资本主义时期，对权力的制约主要靠实体的限制，即“管理越少的政府就是越好的政府”的话，那么在快速城市化进程中由于市场的自我调控不能适应经济发展需要而不得不在实体上赋予政府以强大权力的情况下，[③] 对这种权力的制约在更大程度上必须诉诸程序。程序是客观事物的一般发展次序，科学的程序展示了客观事物发展的必然次序和完整过程以及这一过程中相关因素的前后联系和制约关系。所以必须通过行政程序对行政权力进行监督和制约，防止行政权力的滥用，平衡行政权和相对方权利之间的关系，保障对方的合法权益，这也是现代行政的一个重要特征。

城市规划中的建设项目选址、建设项目用地规划许可、建设工程规划许可都与行为相对人的利益相关。建设项目可能会因为项目选址的交通条件、周边用地开发情况、配套的不同带来经济价值的不同。

---

① 杜海平．走向阳光行政．海天出版社，2001

② 转引自王万华．行政程序研究．中国法制出版社，2000.49

③ 王名扬．英国行政法．中国政治大学出版社，1987.62～64

建设项目用地许可、建设工程规划许可因用地性质、开发强度（如容积率)、建筑功能的比例（商业面积多少)、配套要求等指标的不同都能给申请者带来经济利益的巨大差异。城市规划执行涉及巨大的国家财产和私人财产，涉及到城市的自然资源和人文资源，关系到国家利益、市民利益和城市发展的未来，如不依法行政，将会侵害国家和个人的利益，这同时也是城市规划执行者的渎职。而城市规划执行的程序为城市规划执行提供了依法行政的依据。

6.2.3.2　行政控权的需要

控权的概念来自于行政法学，意指对行政权力的控制。“严格意义上的‘控权’是指行政法基于正式法律的立场，为了保障人民权利而积极驾驭、支配行政权力。它是对行政法功能的一种高度概括，也是对行政法民主或自由价值的一种定位”。[①]

对权力的制衡是必需的，规划执行既含专业技术性，又涉及公共政策，比较复杂。一般的制衡手段，如立法机关的监督、司法审查，党政纪检监察和社会监督是不够的。而且，由于规划调节的利益巨大，各方面的干扰又多，出于保护出自公心、敢于干事的执行者的制衡方式是很重要的。[②] 由于权力运行的综合性，对权力的控制方法也必须是综合的。对城市规划执行权的控制有道义、行政、法律等多种途径，并运用规划、权利、权力、程序等各种因素对权力进行综合控制。

以往，城市规划管理注重对实体的控制，即通过重视城市规划的编制成果和项目的方案设计的审查、审批进行控制，这是最基本的控制方式之一，其特点是在于对权力运行的目标和结果的控制，是规则性控制。这种实体控制规则要细化，规则越细，制约效果越好，但实体规则不可能也没必要对每一细节作出预测，予以规范。可能的一般性的规定，客观上存在大量的自由裁量权。城市规划的行政程序是规制行政自由裁量权的一种重要手段。行政程序一旦设定并法律化后，一方面作为行政自由裁量权的享有者、行使者的行政主体在选择行为

① 孙笑侠. 法律对行政的控制. 济南：山东人民出版社，1999

② 杜海平. 走向阳光行政. 海天出版社，2001

方式、方法及步骤时必须遵循程序之规定，即按行政程序规定的方式、方法和步骤去作，否则就要承担违反程序的法律责任。另一方面，作为权利客体的行政相对人，有权要求行政主体按法定的程序依序行政，从反方向督促行政主体合理使用自由裁量权。

6.2.3.3 提高行政效率，行政效能的需要

城市规划执行是城市规划管理的核心，是将规划决策方案变为现实的关键性环节。由于城市规划实施过程中的土地开发和工程建设需要巨额资金的筹集、储备、投入、周转，市场的瞬息万变要求敏锐的把握商机，“时间就是金钱、效率就是生命”，就是快速城市化进程中城市规划执行环境的真实反映。快速城市化发展，意味着非农经济的快速发展，对投资项目的争夺成为各地招商引资的重点。要求行政审批尽量简化手续，做到快速便捷，以不失商机，这就要求在城市规划执行过程中要清晰地界定执行环节的执行权限、标准和时限。

城市规划执行中的每个环节，无不影响着城市规划实施过程中的经济效益。“城市规划法律规范越是详尽，则出现规划管理真空地带的机会就越少。另一方面，规划法规的完整、科学、系统，使各项工作、各个环节都有法可依，可以减少行政工作中的盲目性和相互推诿现象，有助于抵御官僚主义以及不适当的外部干预。有了健全的规划法律，行政行为的程序和时限等便有了法定的依据和约束。这些都将有助于提高城市规划行政工作效率……”。①构建科学合理的城市规划执行的业务流程是高效执行的前提，在合理分工的基础上，明确规定业务流程中行政主体的权利和义务，真正实现行政有据可依，这是高效行政的关键。通过对城市规划执行中的许可事项进行业务分类、梳理，建立整体化、一致性的行政许可流程，成为每个执行主体都必须遵守的制度化流程。同时限制个人随意创设流程的行为，清楚界定各部门之间的分工以及同一层级、不同层级的水平与垂直分工，合理配置和使用有限的人力资源。在快速城市化的地区，让城市规划执行者以公认的合理性原则行使自由裁量权，对于提高行政效率，建立科学合理的执行程序都是非常关键的。

① 赵民. 城市规划行政与法制建设问题若干探讨. 城市规划，2000（7）

要提高城市规划行政执行的效能，在设计流程时，制定科学合理的审批（许可）时限非常重要，必须综合考虑人力资源、业务水平素质、业务量、完成单项许可事项所需时间以及技术和设备支撑条件等，将时限列入个人、部门、单位的工作绩效考核范围，建立有效的激励机制。同时从程序上明确会议前期准备材料、掌握大量相关信息等，为会议的顺利进行做好充分的准备，从而减少会议次数，避免扯皮现象等，也能够促进城市规划执行效率的提高。

6.2.3.4　保护行政相对人的需要

在实施行政行为时，应当注意保护相对人的程序权利，要求行政公开、透明，保护相对方适当参与行政过程的权利。行政程序不仅对控制行政主体滥用行政自由裁量权起作用，而且也为行政相对人判断权利是否被侵犯、义务是否被加重提供依据。行政自由裁量权的运行势必作用于行政相对人，但由于行使自由裁量权的行政工作人员在认知能力与操作经验等方面的差异，决定了其所选择的手段、范围、方法等与相对人的客观事实可能不相适应，行政相对人的权益存在潜在的被侵害性，而行政程序为行政相对人提供了重要的标杆。

《行政许可法》对行政许可事项的办理程序设计，体现了以顾客为导向的设计原则，从原来以官僚主义导向的设计改变为以顾客为导向的设计，体现了政府职能转变和执行理念的方向的变化。《行政许可法》对程序的要求是极为严格的，体现在对许可事项的受理要求上，对于提供材料齐全、符合法定形式的申请必须当场受理，对于材料不齐或不符合法定形式的申请，只能在收到材料之日起5日内要求申请人一次补齐，逾期未通知补齐材料的则视为受理，并不得要求再补充材料。这些要求面向许可机关，体现了服务的精神与对服务条件的约束。

行政公开要求将城市规划执行的依据，过程和结果向相对人和公众公开，使相对人和公众知悉，通过公开行使规划执行权的依据，说明所做出许可的理由，满足公众的知情权，增强执行的透明度，体现执行的民主性。

参与原则，指受行政权力运作结果影响的人有权参与行政权力的运作，并对行政决定的形成发挥有效的作用。城市规划执行许可的形成，不同于机器生产产品，程序作为规划行政部门做出影响相对人权利义务的许可的活动，应当保证相对人在其中的主体地位，不能完全由行政机关自行实施。《行政许可法》第四十六、四十七条分别对涉及公共利益和行政相对人重大利益的事项进行公告和听证进行了规定，以确保行政许可活动中各利益相关方的利益得到充分的保护和表达。同样重要的是建立简便、易行、权威的内部行政救济制度，及时纠正下级的不当许可行为，减少相对人的损失。

6.2.4 责任追究制度是有效监督的法宝

监督的目的在于使被监督者按规则行动，但对于违规者必须有惩治。“规则、制约和惩治，这就构成一项良好制度的三个必备要素，也是良好制度的三个根本特征。”[①] 城市规划监督目的在于使城市规划决策、执行和规划实施监督检查按照确定的规则（包括法律、法规、规章、制度）和程序运行。尽管通过监督可以使“失误”降低到一定程度，但完全避免是不可能的，这就需要对违反规则的行为采用“惩治”手段，以事后惩罚的特殊教育来达到事前预防的目的。

6.2.4.1 权责一致原则—公共权力运行规则

所谓权责一致原则，是指使在政治领域掌握和行使公共权力（包括立法权、司法权、行政权）而产生消极性后果的人，承担否定性或对其不利的行政或法律后果、遭受制裁或惩处。[②] 行使什么样的权力就应承担相应的责任，权力与责任共存。如果权力脱离责任而单独运行，这种权力的行使所产生的恶果是不可想像的。落实权责一致原则，建立健全责任追究制度是公共权力运行应遵守的原则。城市规划决策、执行和实施管理监督检查作为政府的行政权力，属于公共权力，即为追求公共利益而行使的权力。权责一致原则就成为城市规划监督的标准。

法治的目的之一，就是要明确责任与权力随时相伴，不可分割。权利与责任共存规则最重要的内容是过错责任制。这里的“责任”，

① 孙笑侠．法律对行政的控制．济南：山东人民出版社，1999. 296

② 王放放．论权责一致原则．广东行政学院学报，2000（8）

一般理解为份内应做的事。王成栋在《政府责任论》一书中分析认为，责任有广义和狭义之分。[①] 广义的责任，是指在政治、道德或法律等行为的程度和范围；狭义的责任，则指违反某种政治的道德的或法律的义务所应承担的后果，这种后果往往与谴责、惩罚联系在一起，因而是不利的后果。因而责任是一个多层次，具有复杂含义的概念，它反映了对社会成员的要求，也反映了对社会成员不履行职责的态度以及因此而产生的社会后果。权责统一观念是行政权力的核心，有权必有责、用权受监督、侵权须赔偿，是依法行政的基本要求。

6.2.4.2 责任追究——监督的保障

（1）责任的认定

在城市规划领域内，长期以来存在着决策、执行及规划实施管理检查之间责任不清的问题。

①决策失误责任难认定

城市规划决策属于抽象行政行为。目前我国对抽象行政行为的责任追究，还几乎没有明确的规定，现实生活中，城市规划决策失误几乎不用承担责任。这就不难解释前几年的大广场、大马路等形象工程屡见不鲜的现象了。

城市规划决策从目标到实现有时间的间隔，即决策的效果显现滞后性，决策者任期的短暂性，造成决策责任主体难以分清是前任还是后任的，也是重要的原因。

责任主体的片面性、责任内容的片面性和责任形式的不完整性使得城市规划决策责任更加难以认定。责任主体的片面性，表现在监督机制仅确定了政府机关在规划决策中负有法律责任，而对负有直接责任的决策者，并未确定其过错责任。责任内容的片面性，表现在现有监督机制仅规定了纠正规划决策行为过错的法律责任，但对损害行政相对人的法律责任却未尽其详。责任形式的不完整性，表现在现有监督机制未对行政主体以何种形式承担法律责任作出统一完整的规定。

②执行规划实施监督检查的失误责任难认定

从城市规划决策完成并经合法化到城市规划执行完成，中间还有

---

① 王成栋．政府责任论．中国政法大学出版社，1999. 376

很多环节。在整个这一过程中，会进行许多次小型的或重大的抉择，它们在一起能使政策的本来意图发生实质性的变化。此外，从政策领域到操作领域这一漫长的过程中，人们也许弄不清谁对政策的执行与实施负责。[①] 在城市规划执行及规划实施监督检查中，由于失误造成的后果一般不涉及到“人民生命财产安全”，也就不构成“重大事故”，因而在关系、利益、情面、权力面前，总能大事化小、小事化了，无从追究。

（2）责任追究的原则

①城市规划决策、执行和规划实施监督检查失误的责任，可以分为政治责任、法律责任、行政责任。政治责任，意味着行政主体没有履行或违反政治义务而承担的政治上的否定性后果，包括被迫下台、自动辞职等。法律责任在《城市规划法》中没有较强的操作性的规定。行政责任，是指因违反行政法或因行政法规定而应承担的法律责任，如撤销违法的行政行为、履行职务或法定义务等行为责任，通报批评、赔礼道歉，承认错误等精神责任，赔偿损失，罚款等财产责任。

②责任追究是一个复杂的责任判断过程，也是价值取向的体现，一般遵循失误原则、责任法定原则、公正原则和效益原则。失误原则，是指城市规划决策和执行给社会或公民个人的利益产生损害。责任法定原则，是要求责任的确定性，确定责任必须有法律依据，确定的法律责任使行为人预知法律的要求，正确安排自己行为的前提。公正原则体现了法律面前人人平等。效益原则，是指在认定追究决策者和执行者的责任时，进行成本效益分析，降低决策和执行的失误成本。

③责任追究方式及责任主体构成

目前，我国对城市规划决策造成的失误的追究还仅限于探讨阶段，应该尽快研究出台《政府决策失误责任追究法》。对城市规划执行责任追究主要可分为法律责任追究和行政责任追究，而这两者又可归纳为惩罚性和补偿性两大类。前者包括引咎辞职，刑事处罚，行政

① ［美］E. R. 克鲁斯克，B. M 杰克逊．公共政策词典．上海远东出版社，1992. 65

处分等，这是强调对作为责任主体的个人的惩罚。正如哈耶克所说："欲使责任有效，责任还必须是个人的责任。在一个自由的社会中，不存在任何群体的成员共同承担的集体责任，除非他们通过商议而决定他们各自或个别承担责任……如果因创建共同的事业而课多人以责任，同时却不要求他们承担一项共同同意的行动的义务，那么通常就会产生这样的结果，即任何人都不会真正承担这项责任"。[①] 追究方式主要是指国家赔偿制度，不过，即使是补偿性的责任追究方式也含有惩罚的意蕴。

6.3 变"多头执法"为综合执法

6.3.1 城市管理综合执法的意义

在我国快速城市化进程中，由于各职能部门的职责不清、体制不顺、政令不畅等原因，导致城市管理执法的相互扯皮现象严重，各职能部门"有利互相争，无利互相推"，"大利大干，小利小干，无利不干"，城市管理中的一些问题无法从根本上解决。[②] 特别是在快速城市化进程中各地出现的违法建筑和城中村问题，一直是困扰我国城市化进程顺利推进和各项城市建设活动健康进行的难题。目前在全国各地实行的城市管理综合执法，取得了显著的效果，总结各地的经验，可以发现城市管理综合执法具有以下的作用。

6.3.1.1 有利于明确职责，营造整洁的市容环境

城市管理综合执法由于各种行政处罚权力综合化，集中于一身，使各部门职责减少交叉，从而减少扯皮，提高城市管理工作的效率。城市管理从表面上看是针对事，而实质上是对人的管理。一个违法行为往往触及多个法律法规。例如在现有的城市管理体制下，城建和环卫部门从市容环卫管理角度可以罚，市政部门从占道的角度可以罚，公安部门从交通管理的角度可以罚，还有其他相关的部门也可以罚，处罚就显得紊乱，难免处治不平，多头处罚，引起民怨。而实施综合

① ［英］冯·哈耶克．自由秩序原理．邓正来等译．三联书店，1997. 99～100

② 袁羽中．实施综合执法是现代化城市管理的必由之路．社科纵横，2002（5）

执法，则可以实现一队多能，能够较快地处理这类问题，就可以达到提高工作效率，切实维护城市市容和环境卫生的目的。

6.3.1.2 能够充分地发挥政府管理城市的职能，切实维护群众的合法权益

多头执法不仅效率低下，而且严重损害法律法规的严肃性，造成法律法规之间的无法相容和群众的不理解。实行综合执法，一方面，由一支队伍对各种违反城市管理法律法规的行为进行处罚，可以增加依法行政的严肃性；另一方面，实行综合执法便于群众全面行使监督权力，执法队员出现了违规违纪行为时，群众清楚如何投诉、举报，处理起来也较为顺畅。

6.3.1.3 有利于政令畅通，齐抓共管

实行城市管理综合执法，可以精简机构，保障指挥有力，使得政令畅通。由于执法队伍的统一管理和一队多能，必将大幅度地降低政府行政执法成本，减少开支，使政府能以较小的投入获得最大化的社会效益。行政处罚权的相对集中，可以促使各部门步调一致，清除因部门之间职能交叉、推诿扯皮而产生的行政负面影响，促进各职能部门的协调合作，树立政府部门精简高效的崭新形象。同时，审批权与执法权分离后，可以有效地对审批事项的落实和执行情况进行跟踪监督，形成政府部门之间相互制约，相互监督的机制，促使各部门依法行政。

6.3.2 综合执法机制与城市规划监督优化

6.3.2.1 综合执法机制与城市规划实施监督检查的优化

城市管理综合执法是今年来发展起来的行政执法改革趋势。实行行政管理综合执法，旨在解决城市管理领域中比较混乱的行政处罚行为，根源在于行政机构精简和行政处罚执法法制化的需求。1996 年《行政处罚法》颁布以后，这项改革有了法律基础，因而迅速发展。该法第 16 条规定：“国务院或经国务院授权的省、自治区、直辖市人民政府可以决定一个行政机关行使有关行政机关的行政处罚权，但限制人身自由的处罚权只能由公安机关行使。”经国务院法制办（国法函［2004］8 号）和广东省（粤办函［2004］236 号）的授权同意，

深圳市于2004年11月将查处违法建筑和违法用地的监督权通过行政授权的方式（深府［2004］190号，见附录I）授予城市行政执法局（含各区局），其目的在于实现对利益相关的相对人监督的到位。其中城市规划方面纳入城市管理综合执法工作范围的主要有：①

（1）规划管理方面法律、法规、规章规定的未取得建设工程规划许可或者违反建设工程规划许可规定进行建设等违法行为的行政处罚。

（2）规划管理方面法律、法规、规章规定的对不符合城市容貌标准的违法建筑物或者设施的强制拆除。

（3）规划管理方面法律、法规、规章规定的其他行政处罚。

这样，就实现了将城市规划实施监督检查（批后管理）的行政处罚权与监督检查权（包括建设用地的监督检查，建设项目放线验线，施工现场监督检查，竣工验收）的相对分离。在城市管理综合执法中加入城市规划管理方面的行政执法内容，特别是将城市规划行政处罚和行政强制措施（行政强制执行）权转移到城市综合执法部门，实现规划实施监督检查和行政处罚权的分离，对加强城市规划监督的威慑力具有深远的意义。这是狭义的城市规划监督权与执行权的相对部分分离。由于城市规划监督权具有较强的专业特征，分离后综合执法部门与城市规划行政管理部门之间的合作与协调是至关重要的，协同机制的建立是实现综合执法高效运行要进一步深化的改革。同时，加强对综合执法机制运行的监督就成为综合执法改革的重要手段。

6.3.2.2 综合执法机制运行监督

必须套上约束的锁链，权力才不至于被滥用，才不会导致腐败。由于综合执法涉及的职权范围广，权力相对集中，② 在把城市规划行政执法纳入城市管理综合执法工作范围的新条件下，必须加强对综合执法机制的监督。除了一般的党群监督、人大监督、司法监督外，还应加强以下监督制约机制。

---

① 关于将规划及土地行政执法纳入城市管理综合执法范围的决定．深圳市人民政府文件，深府【2004】190号，2004.11.5

② 唐泰来．探索行政综合执法的新路子．特区理论与实践，1999（4）

（1）完善内部机构的监督制约机制

上级相关行政机关通过检查、评比、督办、复议等方式对综合执法进行监督制约。同级相关行政机关对综合执法机构不当执法行为提出改正建议，综合执法机构应当采纳；所驻地街道办通过对驻地执法人员的工作考核进行监督。同时，建立内部监督管理科（处），负责对综合执法人员的内部监督。

（2）建立过错责任追究制

建立过错责任追究制，实际上是对行政执法责任的补充、完善和深化。它要求对行政执法人员在行政执法过程中办了错案或出现了过错，依法、依纪追究其责任。过错责任追究制度的基本内容应包括：明确追究过错责任和免予追究责任的范围；明确执法过错责任的追究种类和方式；明确执法过错责任的确认机关和追究机关；明确执法过错责任的追究程序；明确在行政执法过错责任追究中应坚持的原则。①

（3）自由裁量权控制

在明确城市管理综合执法组织的权限之后，还须对执法过程中的自由裁量权加以控制，从而在制度上克服执法者因主观意志、个人好恶及偏见而滥用自由裁量权的现象。对于过大的自由裁量权的控制，可通过立法的途径予以解决；对于没有界定或不便界定的，对于规定得过粗、弹性过大的，或规定的尺度不一的自由裁量权的控制，则既离不开高素质的执法队伍的组建，也离不开完善的内外监督约束机制；同时还要注意在实践中通过大量经验对一些有规律可循的、较常见的自由裁量权作出具体处罚档次及适用条件的规定，并在实践中日益完善。②

（4）行政执法公示制

行政执法公示制可以彻底拆除横亘在行政执法机关与行政相对人之间的高墙，破除行政执法机关的神秘感。实行行政执法公示制，就是要行政机关把行政执法的职责和程序、工作标准、办事期限以及责

---

① 吴金群．综合执法：行政执法的体制创新．地方政府管理，2000（9）

② 林勇．积极有效地推进城市管理综合执法改革．地方政府改革，2001（3）

任追究、社会监督形式等向社会公开明示，以规范行政执法行为。它实际上是行政执法责任制的发展和升华，它从公开、公正、公平的基本原则出发，把行政执法的各个环节向社会公开宣示，作出郑重承诺，接受社会监督。

6.4 强化体制外监督必须营建公众参与机制

随着我国由计划经济向市场经济的转变和我国市场经济的逐步完善，城市规划向社会分权的要求也逐渐显现出来。这也是目前在规划领域讨论颇丰的公众参与问题。如果把公众抽象为诸多社会主体中的一个质点，则如何协调此质点与政府质点和其他质点的关系问题，其实又是本书3.3中的管治问题。因此只强调公众对原有城市规划管理的参与，依旧没有摆脱政府主导型社会的旧的行政管理理念；而以管治的理念重新审视社会网络中的诸多主体关系，才是新形势下的管理之道。公众参与问题是与公共行政相联系的一个问题，而公共行政和公众参与问题应当放在政府与公众关系这样一个背景下加以考虑。目前政府与公民关系问题正在世界范围内发生着深刻的变化，整个社会科学学术界对公民参与问题的兴趣正是源于此。

长期以来，社会公众管理的主体一直是政府一家独断。随着政治、经济、和社会问题的复杂度与数量的扩增，以及问题子系统不断出现并且越来越复杂，考验着国家政府的行政能力。政府自身感到越来越无力应付，无法对太多和相互矛盾的需求做出裁决。与此相对，公众对政府的公共服务质量也越来越失望。不可否认，近年来政府为摆脱这一困境，的确付出了很大的努力。但是传统上的政府的变化思路，似乎总是与规模的扩大或者精简，以及如何提高效能等相伴随。

英国当代社会理论学者吉登斯则试图超越此现状，提出了“全球化”的第三条道路。所谓“第三条道路”认为，当代的人民有必要重构传统对于国家的刻板理解，也就是“把国家当作敌人”的右派和“认为国家就是答案”的左派，重新去认识国家在目前及未来应用的定位及角色。[1] 解决的办法就是需要外力的融入和参与，采取新的、比较恰当的“管治”形式，即把焦点放在：通过调动民族国家、国际组织、民间组织等各方面的积极性和主动性，以此协调各方面利益要求，建立主体间的各种合作方式，结成伙伴关系分享权力。进一步讲，政府要“如何做”才能加强公众、社区和社会组织之间的自动自发精神与意愿，实现现代公民应该具备的“新公民精神”，这是一种支持、鼓励公民积极地参加公众事务，建构政府与民间共同合作的管治新模式。而新治理最主要的核心内容就是“公众的参与”。这也是第三条道路的基本前提。

上述公共行政的新理念与传统公共行政相比，其“新意”提出在于：第一，公共权威并非一定是政府机关，可以是政治国家与公众社会的合作、政府与非政府的合作，还可以是公共机构和私人机构的合作。第二，管理过程中权力运行的向度不一样。政府统治的权力运行方向总是自上而下的，它运用政府的政治权威，通过发号施令、制定政策和实施政策，对社会公众事务实行单一向度的管理。而管治则是一个上下互动的管理过程，它主要通过合作、协商、伙伴关系、确立认同和共同的目标等方式实施对公共事务的管理。管治拥有的管理机制不依靠政府的权威，而是合作网络的权威。第三，管理的范围不同。政府统治所涉及的范围就是以领土为界的民族国家，而管治所涉及的对象则要广泛很多。第四，权威的基础和性质不同。统治的权威主要源于政府的法规命令，管治的权威则主要源于公民的认可和共识。前者以强制为主，后者以自愿为主。即使没有多数人的认同，政府统治照样可以发挥其作用；治理则必须建立在多数人的共识和认可之上，没有多数人的同意，治理就很难发挥其真正的效用。[2]

6.4.1　国外城市规划管理公众参与的理论与实践

西方社会在一个多世纪的实践中，探索出了一些较为适合自己社会现实的公众参与公共政策，包括公众参与城市规划的道路，并总结

---

① 安东尼·吉登斯. 第三条道路——社会民主主义的复兴. 北京大学出版社，三联书店，2001. 67~68

② 李惠斌主编. 全球化与公民社会. 广西师范大学出版社，2003. 69—70

出许多经验和理论。美国的城市规划公众参与和美国宣扬的自由、民主的社会政治理念一脉相承。作为基本权利，公民参与社会政治决策已成为美国的社会政治制度。

然而，在美国城市规划领域广泛深入讨论“公众参与规划”这个问题，是20世纪60年代的事情，社会问题成为当时的焦点，公众的利益如何保障，规划师如何维护公众的利益，特别是社会弱势群体的利益，如何看待公众参与规划的层次，这些问题把公众参与规划的讨论引向深入。这个时期的主要文献是保罗·达维多夫（Paul Davidoff）在1965年发表的“规划中的辩护论和多元主义”，以及谢里·阿恩斯坦（Sherry Arnstein）在1969年发表的“市民参与阶梯”。

6.4.1.1　斯凯夫顿报告（1969）：公众如何参与地方规划

斯凯夫顿报告提出了一些关于鼓励公众参与规划的有趣想法，例如，采用“社区论坛”的形式建立与地方规划机构之间的联系。通过任命“社区发展官员”来联络那些不倾向公众参与的利益群体。

6.4.1.2　达维多夫的“辩护性规划理论”（1965）：城市规划如何维护并作为少数低收入居民利益的代言人

达维多夫认为（传统的）规划过程掩盖了个别群体的利益。他认为不同的社会群体有各自的利益要求。如果他们的要求得以实现的话，将产生许多根本不同的规划方案。在众多的利益群体中，商人、富人和掌权势的人可以通过自身的实例和多种渠道影响规划，使得规划更符合他们利益的需要。而穷人和其他没有权势的人群，他们的利益却无法落实。因此他提出，规划师应当借鉴律师的角色，成为社会弱势群体的辩护人、代言人。根据达维多夫的假设，每个规划师去为不同社会群体的利益代言和辩护，如为穷人、小商人、环保主义者等等，并编制相应的规划，然后把各自的规划方案呈递到地方规划委员会，就像在法庭上那样，规划师进行各自方案的辩护，让法庭的法官（即地方规划委员会）来审查事实、评价优缺点，最后来作出裁定。

6.4.1.3　阿恩斯坦的“市民参与阶梯”（1969）：对“公众参与”概念的系统分析

她运用形象的比喻，把公众参与规划的程度比作一把梯子上不同的横档。[①] 她认为公众参与并不只是一件事情，它可以被诠释为多种方式，因而是多件事情。公众参与可以分为不同的层次，参与的程度也因此有所不同。

从阿恩斯坦的“市民参与阶梯”理论可以看到，只有当所有的社会利益团体之间——包括地方政府、私人公司、邻里和社区非营利组织之间建立一种规划和决策的联合机制，市民的意见才能够真正起到作用。

6.4.1.4 戴维·哈维（David Harvey）的“社会公正”：探索城市中不同社会团体之间冲突的内在原因及社会公正的原则

“社会公正和城市”是哈维在20世纪70年代中期完成的、关于城市社会冲突并试图寻求一种理性的基础来解决社会矛盾的著作。他根据研究提出“不存在绝对的公正”，或者说公正因时间、场所和个人而异。

6.4.1.5 塞杰尔（Sager）和英斯（Inns）的“联络性规划”：规划决策体制中的公众参与

（1）公众听证会制度：美国在制度上对公众参与城市规划作了保证。在城市规划体系中，公众参与的主要形式是公众会议。其方式多以公众评议、公众听证会的形式开展。公众参与主要是依靠社区力量和组织。公众参与的成份有三类：一般公众，私营企业团体，非营利组织。公众听证会由市议会代表主持。先由规划编制部门陈述规划方案内容，然后进行公众意见听证。各社区组织所派的代表相继发言辩论。主持人做出裁决或责成有关部门补充后，下一次听证会继续讨论。

（2）城市规划决策程序中公众参与的位置：在这种决策程序中，公众参与占了较为重要的地位。从规划方案的开始到提出，顾问咨询组和任何感兴趣的社会团体都可以发表意见。由此，公众参与在规划

---

① 根据市民在决定“最终的服务或产品”的力量和程度的大小，Arnstein 把市民参与的阶梯（the ladder of citizen participation）分为了八个横挡（rung），市民参与阶梯最底层的横挡是（1）操纵（Manipulation）和（2）治疗（Therapy），描述了非参与（nonparticipation）的程度；（3）告知（Informing）、（4）咨询（Consultation）、（5）安抚（Placation）表示了象征性（tokenism）的参与；（6）伙伴关系（Partnership）、（7）委托代表（Delegated Power）、（8）市民控制（Citizen Control）代表了真正的市民权力（citizen power）。（Arnstein，Sherry R. A Ladder of Citizen Participation. JAIP，Vol. 35，No. 4. July 1969. pp. 216～224）

决策体制中得到保证。

美国民主社会整体的特征和民众参与思想由来已久，其基础比较广泛和深入。美国城市规划也完成了从“设计特征”到“科学特征”的转变。在“公众、私营部门和非营利组织”的合作框架中，权利的平衡是关键。公众参与城市规划决策的实质，反映的是公众权益的平衡和决策权力的分配。

6.4.2 我国城市规划管理公众参与的历史

城市规划中的公众参与概念是从西方引入的，不过从历史来看，我国也在不同的阶段有不同的方式和方法，不同程度上凝聚普通百姓的一些想法和力量来从事某些市政建设。

6.4.2.1 （近代）解放前：绅商参与

在中国近代，城市规划建设处于相对落后的状态，除了租界和殖民地城市的外国人居住地区引入了西方城市规划管理模式之外，在中国人自己建设的城市和地区，城市规划工作发展较晚，直至1895年，张謇才在近代南通逐步开始从传统城市向近代城市发展的工作。由于城市规划开展较少，因此公众参与鲜有建树。

不过，近代中国城市和地区的市政建设，也并非没有市民参与的痕迹。比如，在上海等租界和殖民地城市的华界，在率先进行近代城市建设的南通等城市，存在着一种绅商，或者“士绅”参与市政设施建设、维护的模式。比如，上海华界市政原来主要是由民间慈善团体“善堂”来承担的；南通张謇在城市建设中，也注意“征求公众意见，认为妥善后实行”。当然，他所指的公众是绅商。

由此看来，在中国近代城市规划建设中，就存在一种公众参与的机制，它是延续了古代绅商或者家族聚议，以及个人慈善及行会组织的一些习惯做法，也借鉴了租界内外国人工部局的一些管理经验形成的。实际工作中起到了一定听取民意，组织民众参与的作用。

6.4.2.2 1949～1978年

改革开放前，我国长期处于计划经济体制下，土地公有，一般认为城市规划的编制、实施纯粹是一种政府行为，公众无需过问，也无权过问，也不好参与。

不过，基于单位和居委会等中间组织的存在和相对完善，也保障了一定范围内的公众参与。人们对于与自己切实有关的建设，可以通过单位向有关部门集中反映。虽然这并不是一种规范的规划管理机制，但是确实能够起到一定的作用。

6.4.2.3 1978～至今

改革开放之后，一方面，在城市管理机构方面，在努力寻找和营造一种公众参与的可行办法和氛围，但是实际的效果，基本上流于形式，每年拿出方案来给大家展览，提意见，结果不了了之。另一方面，随着经济体制的改革，经济和社会组织结构出现了重组，以往人人都归属于一个单位或者街道办事处的时代结束了，人们在社会上更加自由地流动，但在这个社会转型的阶段，他们的利益和建议，在体制上却难以保证有较通畅的渠道去输导和汇集。

近些年来，国内一些城市，尤其是深圳等地多方探索公众参与城市规划的方法和机制。1998 年 5 月 15 日，作为深圳市成立以来第一部有关城市规划的系统的法律文件——《深圳市城市规划条例》得以通过颁布实施。“公众参与”首次在国内出现于城市规划的法律文件中；深圳龙岗区通过借鉴台湾的经验，在结合龙岗实际的情况下建立起来的“顾问规划师制度”，既是为了提高区、镇、村的规划建设水平和意识，加强城市规划建设的管理，促进城市规划的实施，也是试图在现行体制和管理机制下，进一步落实公众参与推动城市化进程，保障村镇规划实施机制进行的创新和探索。

6.4.3 公众参与全过程——城市规划体制外监督的强化

公众监督城市规划的过程应是市民参与城市规划的过程，如果仅仅停留在将规划决策的成果告知市民，那最多也只是起到宣传教育作用。公众参与是管理民主化的一种体现。在城市规划行政领域内引入“公众参与”机制，对城市规划制定过程中的科学决策和有效管理具有十分重要的作用。公众参与的发展有一个过程，整个社会的民主化程度以及公众的整体素质和水平决定了公众参与的热情和广泛程度。直到 20 世纪 70 年代，西方国家遵从的还是这样的理论：政治家决定社会目标，规划师执行政治家的指示，公众的意见很少听取，因为太多的公众参与城市规划决策被看成是对现有政治秩序的威胁。在我国，计划经济体制下的城市规划决策和执行是自上而下的，公众被排斥在此过程之外，他们只有遵守和执行决策的义务。而市场经济条件下的城市规划决策愈来愈多地带有自下而上的特点。城市规划决策的公众参与不仅是正确决策的需要，也是社会进步的必然和标志。2004年9月24日广东省十届人大通过了《广东省控制性详细规划实施条例》，其中第二十条明确了在指定区域如果没有编制控制性详细规划的用地一律不办理各类土地手续。这一条例迅速被地方政府推行，比如在东莞规划管理部门通知市域各镇区必须按此要求编制规划，但由于经费问题，大部分的规划由各管理区（行政村）委托编制，由于这种委托代理关系，实际上规划编制单位是作为代言人的角色，将基层的声音在合理的范围内用专业的语言向上传递。这也是城市规划决策中公众参与的一种形式，有利于公众对城市规划的认可并达成共识，从而确立城市规划的权威，提高城市规划的有效性。

当前我国城市规划中的公众参与仅仅局限在规划宣传介绍和展示上，涉及到规划的制定、规划的决策等问题时，虽然也以某些方式在进行，但却十分有限，有的以“机密”为由有意回避。规划中公众的意见反不反映或反映多少，公众自身根本无法知晓，更无法落实和监督。公众参与规划的效果，几乎完全取决于掌握规划命运的主政者的价值取向和综合素质。在城市规划“行政三分”下，作为一种有效的社会监督方式，公众参与必须贯穿城市规划的全过程。建立公众参与程度较高的规划审批机构，规定在规划编制和审批过程中不仅有政府相关职能部门参与，而且应当有法律、经济、社会、心理等专业的专家参与，有受影响的不同利益集团和个人参与，广泛分配权力，集体行使权力，优化权力结构，确保规划编制审批成为政府、专家、公众等的研究、磋商与讨论的互动过程，① 使城市规划成为上至政府、下至社会公众均能接受和遵守的“契约”。按照政务公开、公正、透明的要求，及时公布规划执行的进展，建立“阳光规划”，使公众享有

① 唐春媛，刘明．试论政治文明视野下的城市规划公众参与．福建工程学院学报，2003（4）

充分的规划知情权，同时建立专门的机构，保障公众对规划实施的影响和制约权力。城市规划实施的监督和检查也要征求公众意见，激励公众参与，接受公众监督。对公众参与城市规划的意见、建议，由城市规划行政主管部门归纳整理，确定采纳的意见，并根据不同情况，通过新闻媒体公布、书面回复、指定专人口头答复等方式反馈。

公众参与城市规划决策不仅仅是从政府手上分走了权力，同时也替政府分担了责任。“现代政府建立的社会基础是商品经济及其自由平等的契约原则。它要求政府在扩张权力的同时增加社会和公民的权力，达成政府权力和公民权力的平衡”。① 加强市民的监督，政府必须对公众参与规划决策与执行的组织机制制度化，防止随意性。一是对公众参与城市规划的范围及程序做出明确的规定，最终通过立法，实现法制化。《深圳市城市规划条例》对公众在城市规划过程中参与的内容、程序做出了规定，保障了市民对城市规划“知情权、质询权、参与权、决定权”的行使。二是建立和完善城市社区基层组织实现有序的公众参与，公众参与要有序有效，离不开社区基层组织，深圳市龙岗应通过顾问规划师对社区组织和市民进行培训和引导，使市民通过社区组织参与城市规划成为公众参与比较现实的实现途径。

深圳市龙岗区的“规划下乡”

来自深圳市龙岗区公众参与实践表明，公众对城市规划决策与执行的参与是与政府的权力运行组织模式密切相关的，尽管公众参与的热情和程度有赖于整个社会素质的提高，但在正确理念下的有效组织是当前提高公众参与程度和监督效果的关键。该区在进行试点村规划的过程中，认识到镇村规划建设无序的重要原因之一是农民的规划意识薄弱，不懂规划，不了解规划。为此，开展了以“规划下乡”为主体的系统工程，在龙岗镇村掀起一场规划意识的普及宣传的热潮。“规划下乡”是一个系统工程，包含如下几个方面的内容：规划成果下乡，规划管理服务下乡，规划政策下乡。

① 施雪华. 政府全能理论. 杭州：浙江人民出版社，1998. 92

(1) 规划成果下乡。主要做法有：举办“镇村规划暨村民住宅设计方案巡回展”，将住宅模型和新村规划蓝图制作成老百姓能看得懂的直观模型，在各镇巡回展出，有组织地安排村民前来参观，通过美好的新村蓝图来提高村民的规划意识，从而接受规划；开展试点村规划实施，建成一批农村新村典型组织农民参观，通过农民教育农民，产生示范效应；设立了以区城市规划展厅为核心，以各镇规划展室为辅助的城市规划宣传网络；申请专业网址，将规划公开上网，在网上广泛征求意见。

(2) 规划管理服务下乡。为了进一步加强镇村规划管理，提高镇村干部的规划意识，强化工作人员的服务意识，龙岗分局开展了机关工作人员与行政村结对子活动。活动规定分局领导与每个镇领导对口联系，180 名干部职工由副科级以上干部和一般干部各一名，两人一组与全区 90 个行政村干部对口联系，结成对子。通过分片、分村负责的方式，带政策、法规下乡，密切同各镇村干部群众的联系，与他们交朋友，了解镇村现状，研究镇村发展，帮助村里解决实际问题，灌输规划思想，协助村里完善土地手续及建设项目报建手续。“结对子”活动纳入该局任务督办，建立工作责任制，定期检查，要求挂点干部每年至少为村里做一件实事，每半年写一次总结材料，年终进行考核评比，确保活动扎实开展。“结对子”活动，通过与村民交朋友，以朋友的身份帮助村里解决问题，宣传《城市规划法》，村民较容易接受。半年实践效果表明，镇、村普遍反映情况良好，村民规划、国土意识有了较大提高。

(3) 规划政策下乡。针对农村集体干部对规划认知程度低的情况，为了从根本上提高规划意识，必须向其灌输基本的规划理论知识，提高自身的综合素质，把握镇村建设的发展方向，使集体经济不断发展壮大，并保持稳定的增长。过去的经验教训证明，某些村集体已基本建到发展尽头，甚至到了山穷水尽的地步，其中一个重要原因就是村干部规划意识薄弱。在各科室派业务骨干下镇举办培训班，为村民村干部讲课，宣传规划、土地及房地产政策，提高其政策水平和综合素质。同时，将规划政策法规、规划成果及实施措施编制成能与老百姓交流的，老百姓看得懂、摸得着、通俗易懂的小册子，如《试点村规划建设指南》、《试点村规划建设实施细则》等，分发到每户农民手中，方便村民了解有关政策及办文程序和手续。

深圳市龙岗区的“规划下乡”，从镇村规划编制到实施的各个环节中，坚持走群众路线，以通俗易懂的形式，让广大村民了解、关心并积极参与到涉及他们切身利益的镇村规划中来，提高村民特别是村干部的规划意识，强化镇村规划的可操作性，促进了镇村规划建设管理工作的规范化、法制化和民主化，取得了良好的社会效果。“规划下乡”不仅受到来自最基层的公众——当地村民（城市化后转为居民）的欢迎，而且还取得了村民监督实施者（村委会）的大力支持和赞同。“规划下乡”提供了村民参与城市规划的途径和渠道，普及了城市规划知识，加强了城市规划三大构成要素之一的社会运动的基础建设，并在一定程度上促进了公众参与其他政府职能履行的积极性。

6.5 城市规划监督的制度变迁方向

6.5.1 市民社会发展与公众监督意识觉醒

“市民社会”是公众参与的实践活动空间。改革开放20多年来，中国的社会基础发生了深刻的变化，在这一历史性的变革中，中国市民社会赖以成长的条件和现实空间正在不断的形成和扩展之中。中国市民社会的兴起与发展，对公众参与公共行政带来了实质性的变化，[①]主要有：

（1）公民的直接选举权的扩大。选举被认为是现代民主政治的基础，是公民最基本的政治权利。公民选举权的实现程度，必须依靠一

① 李国强．现代公共行政中的公民参与．经济管理出版社，2004.232

套切实可行的选举制度。在这方面中国政府采取的主要举措有：颁布新的选举法，确定县级以下的人民代表大会代表由选民直接选举产生；推行村民委员会制度，规定村民委员由村民直接选举产生；在基层农村和乡镇引入"海选"机制，即对候选人不作事先的"内定"，由选民直接选举产生；在各级权力机关的选举中引入差额选举办法，将原来候选人与应选人的等额，改为候选人必须多于应选人；在极个别的地方，还尝试进行了乡长、镇长的直接选举。

（2）推行社会自治。社会自治是基层民主的实质性内容和主要表现，它与公民的选举权一起构成基层民主的两端。除了民族区域自治外，中国目前试行的公民自治主要体现在三个领域：农村村民自治、城市社区自治和行业自治。

（3）公民知情权的扩大。政治信息逐渐公开化，20 世纪 90 年代后，中国各级地方政府在增大政治透明度方面先后出台了许多重大措施：1）实行人大会议旁听制度，在人大及其常委会议决重要的法规、政策和人事任免事项时，允许一部分公民列席旁听。2）公开审判制度，允许公民自由旁听法庭的整个审理和判决过程。3）检务公开制度，即检察院在侦讯和起诉犯罪嫌疑人时，应当根据案件的性质及时公开相关信息，允许律师及其他相关人员及时了解有关情况。4）警务公开制度，即公安机关在逮捕、拘留、处罚有关人员时，应当公开说明事由，当事人及其家属参与旁听，及时了解情况。5）政府上网工程，这是信息高速公路的产物，中央各部委和一些地方政府利用因特网的便利条件，建立自己的网页，将相关信息上网公布。一些政府部门甚至上网办公，公民可以通过因特网向政府申办某些事务。

（4）公民监督权的扩大。从 20 世纪 80 年代以来，对公共权力的社会监督大致形成一套制度，主要有新闻监督、群众监督、行政诉讼和行政复议、任前公示等。

我国市民社会的发展，社会主义民主法治国家的建设，必将推动我国公众参与公共行政以及社会各个生活领域的发展。市民社会的建设和发展将为公众参与提供法律和制度上的保障，而各种民间组织和社团的大量出现并广泛参与，使得公众参与将更加完善、直接和真实。公众参与将是市民社会中一支重要的政治力量，代表了市民社会的发展方向。

保障公众对行政管理事务的知情权、监督权和参与权，是现代政府的基本行为准则和目标。在城市规划管理体制的创新中，充分保证公众的知情权、监督权和参与权，扩大公众在城市规划决策、执行和监督中政治参与程度，不仅可以提高城市规划管理的质量和水平，而且可以提高公众对城市规划的理解、支持和认同感，减少城市规划推进的阻力，降低城市规划执行的成本，提高城市规划决策的科学性、可行性和城市规划监督的有效性。当前，我国公众参与城市规划监督主要表现为城市居民的社区管治制度。① 为了切实保护人民的根本利益，为人民群众提供利益表达的渠道和方式，同时加强党的执政能力建设在城市规划方面的体现，必须发挥社区管治在城市规划监督机制中的重要作用。社区管治作为公众参与城市规划监督的一种基本制度和组织形式，拓宽公众参与的渠道和途径，提供了公众参与城市规划监督的平台和组织上的保证，而公众从社区建设的受益也激发了公众参与管理社区事务的热情，促进了公众参与城市规划监督意识的觉醒。

6.5.2 产权制度深化与自觉监督意识

集权化的规划管理体制，集决策、执行、监督于一体。在快速城市化进程中，来自发展的需求，使得人们的目光聚焦于规划的执行；为了给执行找依据，人们才关注规划决策，决策为了执行，这也是现实的需要；同样，为了保护合法的执行，我们又必须加强监督。法律监督原本是最有效的监督，在最早的违法行为发生时，违法者一定是心存芥蒂、担惊受怕。一旦没有受到法律的制裁，其违法谋取利益的行为就有示范效应，越来越多的违法谋利者就会共同筑起心理防线，这将鼓舞更多的人向他们看齐（“从众心理”所致），这也是“公地

① 社区管治（Community Governance）是指建立在社区内包括各种公共、私人、企业、社团、组织在内的各利益单元相互信任和互利互惠的基础之上，以合理解决城市中各社区之间、及社区内部的矛盾为目的，使政府、各非政府组织、有关人员、社会团体、居民代表能够在“同一张谈判桌”上，共同参与促进对城市社区公共决策的制定，公共事务的管理和各种相关问题解决的能力和方式的总和。（罗鹏飞，徐逸伦，管治与我国城市社区组织的制度创新．现代城市研究，2003.2）

悲剧”[1] 造成的。违章建设和违法用地行为实际上就是一幕又一幕的“公地悲剧”。

防止“公地悲剧”的发生，除了来自外部的监督（城市规划部门实施监督检查对于被监督者来说是外部的），还应该建立被监督者内部的监督，这种监督只有明确共同的集体利益中的个体利益时才能发生。这在以村为单位的集体组织里面，只有个体的利益是相对明确的，才有可能对侵害他们利益的行为进行监督。深圳市龙岗区进行的“试点村规划”、“规划下乡”，就是帮助各村建立起他们自己的利益目标，明确集体利益和个体利益，以实现他们的自我监督。深圳市龙岗区横岗镇荷坳村的“规划下乡”实践证明了这种模式的实效性。通过3年的实践，荷坳村实施了规划指导下的旧村改造，建起了一栋栋连体别墅式的花园小区（图6－4），成为龙岗区没有违章建筑的社区。

图6－4　深圳市龙岗区横岗镇荷坳新村

① 加勒特·哈丁在他的著名论文“公地的悲剧”中考察了一个对当地所有牧民开放的公共草场。每个牧民都可以自由地在这个草场放牧。随着牧民们不断增加他们饲养牲畜的总数，总的利润将增加，但边际收益是下降的，边际成本是上升的；如果牧民们饲养的牲畜过多，就会造成对于牧草资源的滥用，牧草无法得到更新，利润将下降。所以实际存在一个最佳的放牧量。但对于某一个牧民来讲，他增加放牧的话，本人的利润会增加，而由于牧草难以更新所带来的损失将由全体牧民分摊。作为一个理性的经济人，这个牧民将会增加放牧量，其他牧民应该联合起来阻止他的这种行为，但由于组织成本大大高于自己分摊的成本，很难采取阻止行动，结果每个牧民都将增加自己的放牧量，总的牲畜量远远大于最佳的放牧量，草场资源无法达到更新，产量将越来越小，经济无法实现可持续性。这一典型事例说明了对公有资源的使用难以达到有效率的状态，或者维持公有资源有效使用的成本太高，事实上难以达到。（陈安国，从“公地的悲剧”看我国自然资源管理方式的转变．科技进步与对策，2002.8）

在快速城市化时期，由于土地资源以及城市空间资源的稀缺性以及缺少产权的界定，导致了资源过度的利用和开发，在加上相关政策法律的缺乏或不明确，导致了“公地悲剧”的一再上演，加大了城市化进程推进的成本。为了有效地防止“公地悲剧”的发生，必须深化产权制度改革，建立归属清晰、权责明确、保护严格、流转顺畅的现代产权制度，这是市场经济存在和发展的基础，是完善基本经济制度的内在要求，同时也是快速城市化进程顺利推进的重要条件。“有恒产者有恒心，无恒产者无恒心”,① 只有清晰界定了土地以及附着在土地上建筑的产权归属，才能提高人们的责任心，促进自我监督意识的觉醒，从而减少不必要的摩擦和冲突，减少人们自利行为导致的外部性的负面影响，降低快速城市化进程中旧村和“城中村”改造与违章建筑治理的成本。当前的紧迫任务是完善相关法律法规，从法律上明确违章建筑与土地的产权归属，针对不同权属的违章建筑，采用不同的治理措施：有产权的要适当补偿，无产权的强制拆除，推动违章建筑改造的顺利进行。

产权的概念和作用

在克鲁索·鲁滨逊的世界里，产权不起任何作用。产权是社会的工具，其意义来自这样一个事实：在一个人与他人做交易时，产权有助于他形成那些他可以合理持有的预期。这些预期通过社会的法律、习惯和规范表现出来。产权所有者拥有他人允许他以特定方式活动的承诺。所有者指望社会组织他人干涉自己的行动，如果这些行动不在他的产权规定禁止之外的话。所谓产权，意指使自己或他人受益或受损的权利，指出这一点很重要。允许通过生产更好的产品损害竞争者，但不允许枪击他。允许枪击窃贼而得益，却禁止以低于价格下限的价格出售物品。因此，很清楚，产权规定了人们怎样受益和受损，从而规定了谁需给谁补偿以改变人们的行动。对这一点的承认，就很容易引出产权和外在性的密切联系。

① 原文为：“民之为道也，有恒产者有恒心，无恒产首无恒心。苟无恒心，放辟邪侈，无不为己。”意为：百姓的基本情况是：有固定产业的人才有固定的道德观念，没有固定产业的人就不会有固定的道德观念。假若没有固定的道德观念，就会放荡任性，胡作非为，什么事都干得出来。（任大援，刘丰译注.《孟子·腾文公章句上》. 甘肃民族出版社，1997. 107～109）

外在性是一个模糊的概念。它包括外在费用，外在收益，以及货币形式和非货币形式的外在性。对这个世界而言，不存在什么有害的或有益的外部效应。总会有某个人或某些人因这些效应而得益或受损。一种有利或有害效应之所以转化为外在性，是因为如果让一个或多个相互联系的决策者承担这些影响，费用就会太高，就不值得这样做，这就是本书的外在性的涵义。“内在化”这些效应指的是一个过程，通常是产权的变化，它使这些效应（在更大程度上）由所有相互联系的人们承担。

产权的主要功能就是引导人们在更大程度上将外在性内在化。与社会的相互依赖相关的每一项费用和收益都是潜在的外在性。费用和收益成为外在性必需一个条件。交易各方进行权利的交易（内在化）所引起的费用必须超过因内在化而得到的收益。一般说来，由于交易中“天然的”困难或者法律方面的原因，与收益相比，交易费用可能很大。在法制社会中，禁止自愿谈判会使交易费用无限大。除非允许交易进行从而提高了内在化发生的程度，不然，在外在性存在时，一些费用和收益也仍不会被资源利用者考虑在内。

引自：Harold Demsetz. Towards a Theory of Property Rights. The American Economic Review. Vol. 57, Issue 2. May, 1967. 347 – 359

6.5.3 城市规划管理公众参与制度化取向

公众参与城市规划在我国已经取得了很大进展，但还存在许多问题，从问题产生的根源上看，是没有实现公众参与的制度化。现行的法规中缺乏将公众参与纳入具体的城市规划的程序，造成公众参与的随意性。如《城市规划法》第28条明文规定的仅仅是“城市规划经批准后，城市人民政府应当公布。”也即批准后的参与，属于较低层次的参与。公众在获取政府有关规划信息、获取有关规划申请的情况和表达意见等方面没有明确和畅通的制度渠道。① 作为一种重要的社

① 邵任薇. 中国城市管理中的公众参与. 现代城市研究，2003（2）

会力量，公众在现代社会中发挥着越来越重要的作用，城市规划监督的失效在很大程度上是由于公众参与的程度不够，在于公众参与制度化的缺乏。

公众参与制度化的建设必须从法制上加以保证，全国各地正在进行的公众参与城市规划的实践，使得公众参与写入即将修改的《城乡规划法》之中成为可能，从而明确公众参与的法律地位，保障公众参与的合法权利，树立公众本位意识。从更长远的创建民主法治社会、市民社会的发展方向以及“以人为本”的意义上看，制定以公众为中心的参与公共事物程序，并强调参与活动的过程重于结果的《公众参与法》应该是现代公共行政中公众参与的法律保障的发展方向，同时也是城市规划监督制度变迁的发展方向。

小结

本章首先从对当前城市规划监督的范围过于狭小的现实出发，提出必须对城市规划监督的再定位——实现城市规划全过程的监督。论文从体系健全、全程监督、程序控制和责任追究等方面完善了城市规划监督机制。纳入了城市规划行政执法的综合执法机制，实现了城市规划执行与监督的部分分离，而对综合执法的监督成为城市规划监督机制的一个新重点。公众参与机制强化了城市规划的体制外监督。最后，在指出市民社会发展促进了公众参与监督意识的觉醒，而产权制度的深化加强了公众的自觉监督意识之后，论文分析了公众参与城市规划监督的发展方向：首先实现在即将修订的《城乡规划法》中的体现，最终是《公众参与法》的出台。

7

结论及展望

7.1 城市规划作用的再认识

城市规划是一门实践性很强的应用科学。它的诞生就是基于解决社会的现实问题，具有强烈的针对性和城市空间发展的导向性，这也构成了城市规划两大特征和两大任务。

我国的快速城市化进程伴随的是社会、经济、制度的巨大转型。"经济基础决定上层建筑，生产关系要适应生产力发展的要求"的理论说明在快速城市化进程中，作为上层建筑的制度层面必须不断改革才能适应经济快速发展的要求。城市规划、城市规划管理制度作为政府管理制度的组成部分，在城市政府改革进程中的不断变革就成为发挥城市规划作用、实现两大主要任务的关键。

通过分析当前快速城市化进程，我国快速城市化地区在实现城市规划两大主要任务方面的经验与存在的问题，可以得出结论：在过去25年的快速城市化进程中，城市规划在引导、推动城市化发展进程中发挥了重要作用，取得了蜚声国际的成绩；同时，大范围的城市无序建设，规划失控、日益泛滥的违章建筑和越来越多的"城中村"等，说明城市规划作用的失效所遗留的问题是巨大的，代价也是沉重的。

城市规划作用的失效虽然有城市规划技术落后方面的因素，但最关键的因素还在于对城市规划角色的认识及其定位。即作为政府行为的城市规划的作用以及作为社会运动构成的城市规划作用的认识和定位，长期以来由于没有得到应有的重视，造成对这种角色的认识的不足及作用发挥得不够，这是当前城市规划、城市规划管理的主要问题。而其中尤其关键的是城市规划的政府行为角色。从城市规划管理过程中，城市规划决策、执行和监督三大环节来看，在决策环节缺乏必要的机制保证，在执行环节流程设计不合理、权力分配不科学，在监督环节出现众参与缺位、制度不健全问题，这是城市规划政府行为角色和社会运动构成角色不到位的主要原因。因而城市规划制度改革是发挥城市规划作用的关键。

7.2 机制改革是快速城市化的务实之选

本书作如下概括：

1. 从城乡规划管理机制改革的约束条件层面来看

首先，正如本书3、4章中的相关分析所述，纵观我国政府职能转变的历程，可以看出中国的渐进式改革具有明显的诱致性和演进主义的特点。而作为政府职能的一部分的城乡规划管理机制改革也必须遵循相同的路径选择。在这里需要强调的是这一约束条件含有三层意思：第一是从制度变迁的速度角度上来说，我国城乡规划管理是渐进式的，区别于激进式的改革；第二是从制度变迁的主体角度上来说，我国城乡规划管理是需求诱致性的，区别于强制性的制度变迁。第三是从制度变迁的规模角度上来说，我国城乡规划管理是局部制度变迁，区别于整体制度变迁。做出这样的选择正是延续了我国推动政治体制改革，选择渐进式道路的大方向；同时也是基于我国的基本国情，基于“与现实发展的各种条件（制度基础、经济基础）最匹配”才是有生命力的，也是最好的思想。它来源于中国共产党人（毛泽东）将马列主义和中国实际相结合取得革命胜利的历史经验，也根植于邓小平提出的建设有中国特色社会主义的当代思想。

2. 从城乡规划管理机制改革研究的范围来看

（1）研究对象的定位

我国城乡规划管理机制的改革可以被看成是一种制度变迁的历程。而任何制度变迁都包括制度变迁的主体（组织、个人或国家）、制度变迁的源泉以及适应效率等诸多因素。新制度经济学者认为有效的组织是制度变迁的关键。组织的类型很多，它包括政治组织、经济组织和教育组织。作为政府中的城乡规划管理部门（组织）有能力也有义务进行相关制度变迁的研究与实践工作的开展。结合笔者自身的工作岗位，本书把研究的对象定位于城乡规划管理机制改革的关键性因素——政府的城乡规划管理职能部门。

另外这种分析的定位从我国其他学者的讨论中也可以得到印证。我国学者杨瑞龙通过实证分析，提出了我国制度变迁的三种方式。他认为，改革之初我国选择的是“自上而下”的供给主导型制度变迁方式。权力中心凭借行政命令、法律规范与利益刺激，在一个金字塔型的行政系统内自上而下地规划、组织和实施制度变迁。其目的是通过制度创新使新制度安排的收益大于成本。为了获取最大化的垄断租金，权力中心为制度创新设置了严格的进入壁垒，其他利益主体要进行制度创新必须要得到权力中心的授权。显然，杨瑞龙的所谓自上而下的制度变迁实际上就是拉坦和林毅夫分析的强制性制度变迁。如果以这样的制度变迁方式完成向市场经济的过渡，就会遇到难以解开的“诺思悖论”①。制度变迁的设计，既可能使政府失“利”，也可以使政府获“利”。对于权力中心而言，通过创新突破，有了独创性的政绩更可以获得晋升。改革开发以来，中央、广东省实行了“财政包干”的特殊政策以及逐级放权的管理体制改革，各级地方政府具有了现代经济学意义上的“经济人”的某些特点，成为相对独立的经济活动和政绩考核的主体，这就使得地方政府在制度变迁的过程中具有了关键性作用。它既能满足微观主体在制度非均衡条件下寻求最大化利益的要求，又能通过在与上级权力中心的谈判与交易中形成的均势来实现国家的垄断租金最大化的制度变迁方式。杨瑞龙认为，通过放权让利的改革和“分灶吃饭”的财政体制的变革，地方政府拥有了较大的资源配置权，同时也有追求利益最大化的动机，它有一定的实力成为沟通权力中心的制度供给意愿与微观主体的制度创新需求的中介环节，它“有可能突破权力中心设置的制度创新进入壁垒，从而使权力中心的垄断租金最大化与保护有效率的产权结构之间达成一致，化解‘诺思悖论’。这样一种有别于供给主导型与需求诱致型的制度变迁方式，我把它称之为中间扩散型制度变迁方式”。杨瑞龙关于我国制度

---

① 诺思悖论是指国家有两个目的，一是通过界定形成产权结构的竞争与合作的规则使自己的租金最大化；二是在前面的框架内降低交易费用以使社会产出最大，从而使国家的税收最大化。第一个目的促使国家界定无效的产权安排，第二个目的则要求国家建立有效率的产权以实现税收的最大化，于是两者之间具有内在的持久的冲突。可见，单从两个目的本身来看，并不存在必然的冲突，冲突的只是实现两个目的的手段间的冲突。实际上，这依然是对国家角色的矛盾定位。

变迁理论的贡献在于他提出了个有别于拉坦和林毅夫的中间扩散型制度变迁的概念和指出了我国由一个中央集权型计划经济的国家有可能成功地向市场经济体制渐进过渡的现实路径：改革之初的供给主导型制度变迁方式逐步向中间扩散型制度变迁方式转变，并随着排他性产权的逐步建立，最终过渡到与市场经济内在要求相一致的需求诱致型制度变迁方式从而完成体制模式的转换。基于以上的分析可以看出，目前城乡规划管理机制改革是诱致性变迁的核心和始发环节，作为政府职能一部分的城乡规划管理的改革，责任和意义重大。

(2) 研究内容的安排

考察改革开放以来城乡规划管理的改革历程，带有明显的诱致性特征。无论是城市规划委员会决策制度的改革，还是城市规划体系进行的法定图则、控制性详细规划法定化的变革乃至公众参与的引入，都是通过地方的局部试验而开始的。这些自下而上的局部性试验对于自上而下的强制性制度变迁具有非常重要的作用，其作用在于提供实践验证。因此，从城乡规划管理的决策、执行和监督相对分离进行政府内部的行政三分，对于我国政治体制改革具有非常重要的借鉴意义。

①本书从政府行为角度对城乡规划管理加以研究时，是从规划的决策、执行和监督环节加以讨论的。这些研究内容的确定是基于如下考虑的：

在新制度经济学中，制度变迁内在机制的一个构成要素是适应效率，有效制度要求为组织提供适应效率。何谓适应效率？适应效率不同于配置效率，它涉及那些决定经济长期演变的途径，还涉及一个社会获得知识和学习的愿望，引致创新、分担风险、进行各种创造活动的愿望，以及解决社会长期“瓶颈”和问题的愿望。

在经济学分析中，稀缺生产要素的重新配置可能产生配置效率，即要素比以前得到了更有效的利用；与此相类似，制度的替代、转换过程和交易过程使组织具有了适应效率，或者说，制度变迁使组织更具有了创新的能力和愿望，适应效率更多地与组织的“主观愿望”联系在一起。

新制度经济学提出的“适应效率”可能与达尔文的“物竞天择，

适者生存”观念有一定关系。我们检验一种制度是否有效，首先就要看这种制度是否给组织带来了适应效率。适应效率可能没有配置效率那么好衡量，因为它更多的是与无形的“主观愿望”的价值观念相关联，但是组织中的“适应效率”又是实实在在地存在的，所以适应效率来自于有效的制度。

在不确定的世界里，没有人能够完全知道如何解决我们所面临的所有问题。人类如何在不确定的世界里生存和发展，这是经济学将要探讨的一个重要问题。用制度减少不确定性和降低风险是新制度经济学得出的一个基本结论。知识的积累及教育体制的发展，导致了社会和技术信息的广泛传播，以及与工商业和政府机构的发展密切相关的统计资料储备的增长，减少了与制度安排革新相联系的成本。如果没有对需要保险的风险进行估价的办法，任何保险计划和保险制度的创新都是行不通的。例如人寿保险正是关键统计数据收集方法的改进，为制定一个适当的死亡率表提供了基础，才使像人寿保险计划这样的革新成为可能。

有效制度是如何为组织提供适应效率的呢？这主要表现在：第一，有效制度允许组织进行分权决策，允许试验，鼓励发展和利用特殊知识，积极探索解决经济问题的各种途径。简单地说，有效的制度应该为组织提供一种创新的机制（或氛围）。制度作为一种重复博弈的规则，它的主要功能就是为组织提供一种适应外部不确定性世界的“适应效率”。组织加上有效的制度就能在复杂的竞争和不确定性的世界里生存和发展。第二，有效制度能够消除组织的错误，分担组织创新的风险，并能够保护产权。任何组织在激烈的竞争环境和不确定性的世界里，都有可能犯错误，问题不在于组织该不该犯错误，而在于我们的组织是否存在消除组织错误的机制和制度安排。本书提出的在城乡规划管理决策机制层面引入更多的决策主体（即分散决策的思想）和在对于城乡规划管理监督机制的建立与完善等思想，实际上是从提高规划管理部门的适应效率角度出发的，例如，可以认为监督制度是一种消除错误的制度安排。

②本书从社会运动角度对城市规划管理加以研究时，是从公众参与和管治对于规划的决策、执行和监督环节的渗透角度加以讨论的。

这些研究内容的确定是基于如下考虑的。

在新制度经济学关于制度变迁的理论中，有关于路径依赖对制度变迁影响的论述。其中诺思把前人关于技术演变过程中的自我强化现象的论证推广到制度变迁方面来，从而提出了制度变迁中的轨迹和路径依赖问题。技术演变过程中的自我强化是指新技术的采用往往具有报酬递增的性质。由于某种原因首先发展起来的技术通常可以凭借先占的优势地位，利用规模巨大促成的单位成本降低，普遍流行导致的学习效应提高，许多行为者采取相同技术产生的协调效应，在市场上越是流行就促使人们相信它会进一步流行预期等等，实现自我增强的良性循环，从而在竞争中胜过自己的对手。相反，一种具有较之其他技术更优良的品质的技术却可能由于晚人一步，没有能获得足够的追随者而陷入恶性循环，甚至“锁定”在某种被动状态之下，难以自拔。总之，细小的事件和偶然的情况常常会把技术发展引入特定的路径，而不同的路径最终会导致完全不同的结果。

在制度变迁中，同样存在着报酬递增和自我强化的机制。这种机制使制度变迁一旦走上了某一条路径，它的既定方向会在以后的发展中得到自我强化。诺思指出，“人们过去做出的选择决定了他们现在可能的选择”。沿着既定的路径，经济和政治制度的变迁可能进入良性循环的轨道，迅速优化；也可能顺着原来的错误路径往下滑，如果弄得不好，它们还会被锁定在某种无效率的状态之下。一旦进入锁定状态，要脱身而出就会变得十分困难。正如诺思所说，既有方向的扭转，往往要借助于外部效应，因此必须引入外生变量或依靠政权的变化。

本书在第三章的论述指出“随着由计划经济向市场经济的转型，以市场为取向的经济制度解构了传统的政治经济一体化、经济生活单一化、利益主体同质化的局面”，但中国的历史文化和现实国情，及中国由计划经济体制向市场经济体制转型的过程所走过的路径，决定了其后续过程的模式。路径依赖形成的深层次原因就是利益因素。一种制度形成以后，会形成某种在现存体制中有既得利益的压力集团。或者说，他们对这种制度（或路径）有着强烈的需求。他们力求巩固现有制度，阻碍进一步的改革，哪怕新的体制较之现存体制更有效率。如果制度变迁中的路径依赖形成以后，制度变迁就可能变成“修修补补”的游戏。因此，计划经济向市场经济的转换就是要解决对于计划经济的路径依赖问题。城乡规划管理机制的改革同样需要面对以前的管理模式所形成的不良惯性的影响。在解决路径依赖对制度变迁影响方面，诺思认为，路径依赖是对长期经济变化作分析性理解的关键。路径依赖理论能较好地解释历史上不同地区、不同国家发展的差异。诺思对为什么一些国家富裕而另一些国家贫困进行了分析，他的结论是：“由于缺少进入有法律约束和其他制度化社会的机会，造成了现今发展中国家的经济长期停滞不前。”因此本书所探讨的在城乡规划管理决策中的规划委员会制度法制化、执行中的行政程序法的制订和监督中的公众参与制度化就是提供了一个解决制度变迁中路径依赖问题的机会。

改革开放已走过了1/4个世纪，中国社会经济发展已使中国的经济基础发生了重大变化，市场经济制度框架已基本确立，市民社会基础已具备一定条件，在快速城市化地区，社区建设已被列入重要议事日程。在这种大环境下，对不能适应生产力发展要求的上层建筑进行改革的政治环境已经具备一定的条件。国务院颁布《依法行政纲要》以及《行政许可法》的实施进一步说明了中国政府自我革命、改革政府的决心和力度。在这样的条件下，在不改变我国政体的前提下，对政府行政体制内的部门进行局部机制改革，按照建立新型公共行政的目标进行局部试验，这正是渐进式制度变迁理论要求和基本途径。在继承已经经过试验具有生命力的城市规划决策、执行、监督方面的改革成果，按照时代的要求进行不断的创新发展，将是加快政府行政体制改革、推动政治体制改革的有益探索。

7.3 改革展望

2005年1月1日开始，中国大陆共有88部法律规章开始施行，其中，国家级法规47部，地方级法规41部，如此大规模地集中推出有关法律规章是中共执政历史上少见的。这是不是就意味着：中共为加强党的执政能力建设，将废弃多年来以政策制度导向、以领导者讲话批示定航的传统改革轨迹，走向以法律规章为主导的建设轨迹？

如果这个事实可以得到肯定的答案，那么，总设计师邓小平开创的中国改革开放，以摸着石头过河为主旋律的社会变革思路将被替换，“摸石头”的指导方针将完成开创中国改革的历史使命，并标志着新的“过河”形式将出现，中国的改革开放也从此将进入一个有序的新阶段，一个新时代。

邓小平的务实理论在实践过程中成了实际上的动力，虽然，它在对摸索中推进中国改革开放进程所产生的社会历史现象进行的是描述性论断，而不是对未来发展所作的方向性或目标性的逻辑推断，强调的是结果而不是过程和程序，但这个改革初级阶段的总设计，无疑为开启开放的大门，推动改革的实施起到了历史的作用。从提出“实践是检验真理的惟一标准”开始，到“发展是硬道理”的强化，25 年来，中国的改革在实践为原则基础上亦步亦趋，坚冰不断被打破，阻力不断被消除。

然而，邓小平实行改革开放路线，打破的是计划经济旧废墟，适时走过了 25 年的改革之路的今天，“摸着石头过河”依然还是我们常用的指导方针，以致我们至今还是没有完整建立市场经济的原则基石。是继续新自由主义，继续摸着石头过河，还是创立新法治主义，强调理论对实践的指导意义，在法律、规范的框架下指导改革。重新确定中国改革方向的讨论，成为争夺改革话语权的角力。

事实上，中国已进入经济体制后时代，市场经济派成为改革的主流学术观点，中国改革的轨迹基本上是以新自由主义为主导，强调以市场为导向，是一个包含一系列有关全球秩序和主张贸易自由化、价格市场化、私有化观点的理论思想体系。

中国经济体制改革进行到后期，主流学术界认为新自由主义完善了改革的理论体制，但最近著名学者朗咸平指出“在没有法规基础上的改革，贫富差距、国资流失等大量问题浮现，最近我提出了以新法治主义替代新自由主义，希望建守有法治的游戏规则”①。他强调，不是反对新自由主义，“美国现在还在实行，但法制缺位的中国还不具

① 纪硕鸣．告别摸石头过河的时代．www.phoenixtv.com，2005 - 1 - 11

备条件”。

郎咸平认为，中国改革开放20多年，总体上由新自由主义思维主导，新自由主义强调民主自由、民营经济，政府不要干预。如果简单作出判断，认为这就能富国强民那一定是错了，因为这只是经济发展到一定富强时的结果，“我们知道，美、英、德、法、日等资本主义的强大是建立在一个法治化的基础上，法国拿破仑是创立第一部大陆法系法典，成为法国法治化的开始；德国的俾斯麦写了第二部大陆法系法典，他是德国法治化的创史人；日本的法治化是从明治维新开始的，而美国是1890年哈里逊总统拟订了一部反托拉斯法，直到罗斯福总统拟定了一部证券交易法，完善了美国的法治建设。”郎咸平表示，这些资本主义发展的历史都反映了当时是大政府推动法治化，法治建设完成后，每个行为都受到游戏规则的限制才不会在产权改革中侵犯别人或国家利益，中产阶级才能兴起，他的财产权才会受到保护，然后政府才能退出。

西方资本主义是建立在法治的基础上，而中国是在还没有完善法治的基础上推崇资本主义，没有法治基石的自由主义会成为无政府主义，那是非常危险的。

郎咸平在中国改革25年的时刻，提出了“我们需要在法治基础上实现改革目标”的命题，亦宣布了“摸着石头过河”将告别历史舞台，中国改革应该进入一个有序化、过程清晰、目标明确的时代。而新一届政府在十六大四中全会中一再强调法治化建设的重要，胡锦涛的科学发展观，强调的是改革及社会发展路向的科学、客观、效率，这对中国未来发展是一个重要变革的信号。

事实上，中国摸着石头过河走了25年，成绩蜚声国际，代价也是沉重的，改革初时阶段，虽然会走不少弯路，但成本还比较低，中国尚可以支付，但改革后期，尤其倡导与国际接轨后，摸着石头过河的改革成本在不断加大。

辩证唯物主义注重理论对实践的指导作用，坚持在实践中完善和发展理论，增强理论与实践的互动性，加快理论的更新周期，虽然我们强调实践是认识的基础，但我们决不应该否定认识是在实践基础上主体对客体的能动反映，认识对实践的指导作用。

中国改革20多年，在实践中也摸索出一些经验，现在到了将经验总结为理论，并对实践作出指导的时刻，“摸着石头过河”的改革方针在历史上起过重要的作用，今后或许还继续在某些领域起一些作用，但绝不能再作为未来改革的主旋律。鉴于此，我国城乡规划管理也将适应时代变革的趋势，走出一条逐步法治化而非人治化的道路，从而保持我国城乡的可持续发展。本书亦是为此方向的发展做初步的理论和实践的尝试。

最后，用温家宝总理2005年3月14日上午在十届全国人大三次会议举行的中外记者招待会上的一段话作为本书的结束语：“中国的改革不是一年的事情，而是长久的任务。有些问题早改比晚改好，否则积重难返。”

主要参考文献

1 洪铁城. 城市规划100问. 中国建筑工业出版社，2003. 33

2 秦华. 对城市化科学内涵的思考. 探索，2001（6）：76

3 汤茂林. 注重城市化的“质”. 城乡建设，2001（4）：33

4 仇保兴. 国外城市化的主要教训（续）. 城市规划，2004（5）

5 中国城市发展报告（2001—2002）. 中国统计年鉴（2002）. 578

6 我国城市化率逾40%. 中国国土资源报. 2004－11－2（1）

7 Northam R. M. Urban Geography. New York John Wiley & Sons，1975

8 仇保兴. 转型期间城市规划、建设与管理的若干策略. 中国建筑工业出版社，2002

9 深圳人口接近1200万. 摘自 http：//szlife. szonline. net/Channel/content/2005/200504/20050425/150613. html

10 深圳人口之谜. 因特虎，2004－8－7

11 深圳昨首次对危楼实行强制性爆炸性拆除. news. dayoo. com，2004－9－9

12 仇保兴. 城市经营、管治和城市规划的变革. 城市规划，2004（2）. 18

13 贾冬婷. 高速城市化深圳的双重图景. 三联生活周刊，2005（48）

14 倪鹏飞. 中国城市竞争力报告. 社会科学文献出版社，2003

15 深圳市经济特区规划监督条例

16 深圳市城中村（旧村）改造暂行规定

17 蒋尊玉，冯现学主编. 为了美好的家园——深圳市龙岗村镇规划管理与实践探索. 海天出版社，2000. 32

18 杨宇立，薛冰. 市场公共权力与行政管理. 陕西人民出版社，1998. 285

19 雷翔. 走向制度化的城市规划决策. 中国建筑工业出版

社，2003. 6
20 孙笑侠．法的现象与观念．北京：群众出版社，1995. 185
21 李惠等主编．中国政企治理问题报告．中国发展出版社，2003
22 何兴华．管治思潮及其对人居环境领域的影响．城乡规划，2001（9）
23 Brenner，N. （1999）. Globalization as Reterritorialisation the Re - Scaling of Urban Governance in the European Union . Urban Studies，36（3）
24 Friedmann，J. Urban and regional governance in the Asia Pacific. Vancouver：the University of British Columbia，1998
25 张庭伟．新自由主义、城市经营、城市管治、城市竞争力．城乡规划，2004（5）
26 李习彬，李亚．政府管理创新与系统思维．北京大学出版社，2002. 4
27 九届全国人大一次会议关于国务院机构改革方案的说明，1998
28 何增科．公民社会与第三部门．社会科学文献出版社，2000. 5
29 张兵．城市规划实效论．中国人民大学出版社，1998. 78
30 何兴华．规划局工作的社会满意程度分析．城市规划，2002（10）
31 刘熙瑞．公共管理中的决策与执行．中共中央党校出版社，2003
32 ［美］戴维·奥斯本，特德·盖布勒著．改革政府——企业精神如何改革着公营部门．上海译文出版社，1996. 12
33 陈周旺．全球问题视角下的公共行政改革．东方文化，1999（2）：25
34 建设部城乡规划司编．城市规划决策概论．北京：中国建筑工业出版社，2003
35 阿尔蒙德．比较政治学．上海泽文出版社，1987. 281
36 西蒙．管理行为．北京经济学院出版社，1988
37 任致远．21 世纪城市规划管理．南京：东南大学出版社，2000
38 郭景，姜爱林．论土地政策的执行．软科学，2003（4）
39 卢现祥．新制度经济学．武汉大学出版社，2004

40 杨继绳．邓小平时代．中央编译出版社，1998

41 邓小平文选（第3卷）．人民出版社，1993：176

42 邓小平文选（第3卷）．人民出版社，1993：164

43 彭澎．政府角色论．中国社会科学出版社，2002. 53

44 刘文革．强制性制度变迁．黑龙江人民出版社，2003

45 汉斯·班贝格．德国的行政现代化：新瓶装旧水．国家行政学院国际合作交流部编译

46 周志忍．当代国外新政改革比较研究．国家行政学院出版社，1999：3

47 谭功荣译，戴维·奥斯本，彼德斯·普拉斯特里克著．摒弃官僚制——政府再造的五项战略．中国人民大学出版社，2002

48 周志忍．英国的行政改革与西方行政管理新趋势．北京大学学报（哲学社会科学版），1994（5）：50～52

49 江泽民．全面建设小康社会开创中国特色社会主义事业新局面：在中国共产党第六次全国代表大会上的报告．中国人民出版社，2002：35

50 行政三分深圳启动．成都商报．2003. A7

51 于光远．经济社会发展战略．中国社会科学出版社，1984. 254

52 牛慧恩，陈宏军．试论我国战略规划编制与管理中存在的问题—深圳国土规划试点工作中的一些体会．城市规划，2003（2）

53 雷翔．走向制度化的城市规划决策．中国建筑工业出版社，2003

54 ［美］彼得·德鲁克著，许是详译．卓有成效的管理者．机械工业出版社，2005. 117

55 魏宇豪．公共管理导论．上海三联书店，1997. 109

56 许文惠，张成福，孙柏瑛．行政决策学．中国人民大学出版社，1997. 152

57 陈秉钊．城市规划系统工程学．同济大学出版社，1991

58 ［英］P. 霍尔著．邹德慈，金经元译．城市和区域规划．中国建筑工业出版社，1985

59 Brooks, M. P. Four Critical Junctures in the History of the Urban Planning Profession: An Exercise in Hindsight. JAPA, 1988, Vol. 54

（2）.242

60 张兵．城市规划实效论．中国人民大学出版社，1998.125

61 王富海．调整总体规划的焦距，建立以近期规划为核心的新操作体系．中国城市规划学会2002年年会论文集

62 张兵．从广州、南京到江阴，我们距离战略规划还有多远？中国城市规划学会2001年年会论文集

63 仇保兴．杭州市城市发展概念规划综述．见仇保兴．追求繁荣与舒适——转型期间城市规划、建设与管理的若干策略．中国建筑工业出版社，2002

64 王蒙徽，胡显文，孙翔．对于近期建设规划编制内容与方法的探讨．城市规划，2002（12）

65 刘熙瑞．公共管理中的决策与执行．中共中央党校出版社，2003.23

66 胡象明．论政府政策行为的价值取向作者．政治学研究，2000（2）

67 陈秉钊．新世纪初中国城市规划的改革．城市规划，2000（1）

68 美希尔斯曼著．曹大鹏译．美国是如何治理的．商务印书馆，1986.5

69 陈秉钊，当代城市规划导论，中国建筑工业出版社，2003：124

70 美查尔斯·E·林布隆．政策制定过程．华夏出版社，1998.5

71 陈秉钊．论城市规划的分级管理综合管理与垂直管理．城市规划汇刊，1999（5）

72 陈振明．政策科学．北京中国人民大学出版社，1998.256

73 王兴平．城市规划委员会制度研究．规划师，2001（4）

74 王秉涛，路言志．贵州省城市规划管理体制改革探讨．规划师，2004（3）

75 黄达强、刘怡昌主编．行政学．中国人民出版社，2000.359

76 陈秉钊．当代城市规划导论．中国建筑工业出版社，2003.121

77 李容根主编．八大体系．深圳行政管理体制改革探索．深圳．海天出版社，1998.121

78 毛正刚，凌恩蓉．创建学习型政府研究．成都行政学院

报，2004（1）

79 江泽民．全面建设小康社会，开创中国特色社会主义事业新局面．在中国共产党第十六次全国代表大会上的报告，2002. 11. 8

80 Nonaka Ikujiro，Konno Noboru. The Concept of Ba：Building a Foundation for Knowledge Creation. California Management Review，1998（Spring）：40～54

81 马振清，高岩．学习型政府．政府生态理论的价值回归．哈尔滨工业大学学报（社会科学版），2003（4）

82 王强，陈易难．学习型政府——政府管理创新读本．中国人民大学出版社，2003

83 杨琳．集体学习制度化体现新领导集体鲜明政风．瞭望，2004. 12. 15

84 张兵．渐进的规划制度改革面临的思路．城市规划，2000（10）

85 丁煌．政策执行阻滞机制及其防治对策．人民出版社，2002. 25

86 耿毓修，黄均德主编．城市规划行政与法制．上海科学技术文献出版社，2002. 53

87 刘博逸．行政决策执行过程中的偏差分析．地方政府管理，2000. 4

88 马武定．制度变迁与规划师的职业道德．城市规划学刊，2006（1）

89 全面推进依法行政实施纲要学习读本．研究出版社，2004. 26～27

90 应松年主编．行政程序立法研究．中国法制出版社，2001. 31～33条

91 汪永清主编．中华人民共和国行政许可法释义．中国法制出版社，2003. 78

92 ［美］亨廷顿．变化社会中的政治秩序（中译本）．三联书店，1996. 23. 转引自丁煌．政策执行阻滞机制及其防治对策．人民出版社，2002.

93 黄光宇，张继刚．我国城市管治研究与思考．城市规划，2000（9）

94 全国城市规划执业制度管理委员会．城市规划管理与法规．中国

建筑工业出版社，2000. 50
95 钱学森．一个科学新领域——开放的复杂巨系统及其方法论．城市发展研究，2005（5））
96 陈秉钊．论城市规划的分级管理、综合管理与垂直管理．城市规划汇刊，1999（5）
97 李图强．现代公共行政中公民参与．经济管理出版社，2004. 267
98 江美塘．制度变迁与行政发展．天津人民出版社，2004. 192
99 孙施文．城市规划不能承受之重——城市规划的价值观之辨．城市规划学刊，2006（1）
100 吴唯佳．新时期城市规划改革的环境和方向．清华大学学报（哲学社会科学版），2000（5）
101 全国城市规划执业制度管理委员会．城市规划管理与法规．中国建筑工业出版社，2000. 138
102 国务院关于加强城乡规划监督管理的通知．国发【2002】13号. 2002. 5
103 雷翔．走向制度化的城市规划决策．中国建筑工业出版社，2003. 105
104 四川省人民政府．四川省派驻城市规划监督察员试行办法. 2003. 10
105 建设部．《关于建立派驻城乡规划督察员制度的指导意见》（建规【2005】81号，2005. 5. 19
106 钟纪综．让权力在群众监督下运行—全国政务公开工作健康发展稳步推进．中国监察，2004（13）
107 深圳市监察局．深圳市行政许可绩效测评电子监察办法（试行）. 2004. 10
108 金明浩，张鹏．关于在我国城市规划行政管理中引入听证制度的思考．甘肃政法成人教育学院学报，2001（4）
109 杜海平．走向阳光行政．海天出版社，2001
110 王万华．行政程序研究．中国法制出版社，2000. 49
111 王名扬．英国行政法．中国政治大学出版社，1987. 62 ~ 64
112 孙笑侠．法律对行政的控制．济南：山东人民出版社，1999

113 赵民．城市规划行政与法制建设问题若干探讨．城市规划，2000（7）

114 孙笑侠．法律对行政的控制．济南：山东人民出版社，1992.296

115 王放放．论权责一致原则．广东行政学院学报，2000（8）

116 王成栋．政府责任论．中国政法大学出版社，1999.376

117 ［美］E.R. 克鲁斯克，B.M 杰克逊．公共政策词典．上海远东出版社，1992.65

118 ［英］冯·哈耶克．邓正来等译．自由秩序原理．三联书店，1997.99－100

119 袁羽中．实施综合执法是现代化城市管理的必由之路．社科纵横，2002（5）

120 关于将规划及土地行政执法纳入城市管理综合执法范围的决定．深圳市人民政府文件，深府【2004】190号，2004.11.5

121 唐泰来．探索行政综合执法的新路子．特区理论与实践，1999（4）

122 吴金群．综合执法：行政执法的体制创新．地方政府管理，2000（9）

123 林勇．积极有效地推进城市管理综合执法改革．地方政府改革，2001（3）

124 安东尼·吉登斯．第三条道路——社会民主主义的复兴．北京大学出版社，三联书店，2001.67～68

125 李惠斌主编．全球化与公民社会．广西师范大学出版社，2003.69－70

126 Arnstein, Sherry R. A Ladder of Citizen Participation. JAIP, Vol. 35, No. 4. July 1969, 216～224

127 唐春媛，刘明．试论政治文明视野下的城市规划公众参与．福建工程学院学报，2003（4）

128 施雪华．政府全能理论．杭州：浙江人民出版社，1998.92

129 李国强．现代公共行政中的公民参与．经济管理出版社，2004.232

130 罗鹏飞．徐逸伦．管治与我国城市社区组织的制度创新．现代城

市研究，2003. 2

131 陈安国．从“公地的悲剧”看我国自然资源管理方式的转变．科技进步与对策，2002. 8

132 任大援，刘丰译注．《孟子·腾文公章句上》．甘肃民族出版社，1997. 107 ~ 109

133 Harold Demsetz. Towards a Theory of Property Rights. The American Economic Review. Vol. 57, Issue 2. May, 1967, 347 ~ 359

134 邵任薇．中国城市管理中的公众参与．现代城市研究，2003 (2)

135 纪硕鸣．告别摸石头过河的时代．2005. 1. 11 www. phoenixtv. com

附录

附录一

深圳市查处违法建筑、城中村改造有关法规政策制定情况

序号	出台时间	法规政策名称	法规政策简要内容
1	1982. 9. 17	深圳市人民政府颁发《深圳经济特区农村社员建房用地的暂行规定》（深府［1982］185号）	第一次提出了规划农村建房用地问题，社员建房用地只分配给本社、本村有长期户口人员。规定了居民住房的基底面积不得超过80m^2，以城市的总体规划来要求农村建房用地，实施“统建”，统一规划，统一施工。同时明确在深圳经济特区成立后，社员所建设的永久性房屋，均以新房计算，不予安排新的建房用地
2	1983. 1	市委市政府制定《关于严禁在特区内乱建和私建房屋的规定》（深府［1982］第1号）	严禁一切单位在特区内自行兴建建筑物，所有个人严禁私建私房。明确规定特区范围内的一切建设项目，必须严格按照城市总体规划、小区规划要求进行。严禁任何单位或个人买卖、出租和自由转让国家土地。同年3月对这一规定进行了补充，规定特区内土地由国家统一开发，任何单位或个人无权自行兴建建筑物，为保证特区建设的顺利进行开拓了道路
3	1983. 5. 8	深圳市委市政府颁布《关于清查和处理我市国家干部、职工私人建房问题的通知》（深府［1983］100号）	进一步严令禁止国家干部、职工私自建房，纠正特区内出现的私占土地、乱建私房，败坏党风，破坏特区发展规划的现象
4	1986. 6. 27	深圳市人民政府签发《关于进一步加强深圳特区农村规划工作的通知》（深府办［1986］411号）	根据当时情况修改和完善了原有的规定，提出控制农村私人建房的层数等规定，明确：农村私人建房原则上每幢不得超过3层，每人平均建筑面积在40m^{2}以内；3人以下的住户，其建筑面积不得超过150m^2；3人以上的住户，其建筑面积最多不得超过240m^2；农村的旧村改造，由市规划局安排给管理区或有关单位改造，但旧村改造方案要报市规划局审批；改造旧村要拆的旧房，如其房主建有新房的，原则上不另补建房用地和住房，只由改造单位赔偿经济损失；暂停一切农村建设审批工作，对未经市规划局划定用地红线的农村，正在兴建的私房重新审核，对未经批的违章建筑一律停工；清理和整顿农村建筑队伍

续表

序号	出台时间	法规政策名称	法规政策简要内容
5	1987.9.28	深圳市人民政府颁布《关于特区内违章用地及违章建筑处理暂行办法》（深府［1987］427号）	该办法明确了“违章用地”及“违章建筑”的定义和相应的行政处罚措施、处理程序，规定：凡违章用地，一律限期退出，并给予罚款，建筑给以没收或拆除，罚款金额按用地面积每平方米300元计算，并没收其转让、买卖、租赁或变相买卖、租赁土地的全部违章所得；凡违章建筑，视其对城市规划的影响程度，分别给予限期拆除、没收或罚款的处罚
6	1988.5.23	深圳市人民政府出台《深圳市人民政府关于处理违法违章占用土地及土地登记有关问题的决定》（深府［1988］253号）	明确“非法占用土地”行为的定义及处罚措施、程序。进一步加强了惩处、遏制违章占地、违章建筑及破坏城市总体规划的违法行为
7	1988.11.14	深圳市人民政府颁发《关于严格制止超标准建造私房和占用土地等违法违章现象的通知》（深府办［1988］1584号）	明确了特区内农村规划红线内的私人宅基地属国家所有，分配社员的宅基地，社员只有使用权，在国有土地没有登记发证之前，不准出租和擅自转让，待发证后，如需转让，必须到市土地管理机关办理变更登记，宅基地转卖后的社员不再分配私人建房用地。农村规划红线以外私人宅基地（旧）土地属集体所有，在城市建设未需用之前，社员只有临时使用权，既不准出租、买卖和擅自转让，也不准在旧房的基础上改建扩建。对于超标建房问题提出了严格规定，进一步加强了对超标准建房的管理
8	1989	深圳市人民政府签发《关于制止农村违章使用土地、擅自出租土地的紧急通知》（深府［1989］995号）	明确农村规划用地以外的土地，未经市建设局批准，不得违章兴建永久性和临时性建筑物，违者，所签订的土地出租合同及建设合同一律无效，所兴建的建筑物，作限期拆除或没收处理，并处罚款。没有国土局签发的临时用地证明文件，工商部门不给予办理营业执照，水电部门不供应水电，公安部门不予办理入户，违者，追究有关责任人员行政责任
9	1993.4.26	为妥善处理特区范围内的房地产权属遗留问题，依据《深圳经济特区房地产登记条例》第六十四条第二款的规定，深圳市人民政府制定《关于处理深圳经济特区房地产权属遗留问题的若干规定》（深府〔1993〕426号）	明确规定特区内违法私房、非法合作建房等一系列历史遗留问题的具体处理方法、程序

续表

序号	出台时间	法规政策名称	法规政策简要内容
10	1995.11.13	为了加强深圳经济特区规划、土地和房产的监察工作，保障规划土地法律、法规的贯彻实施，根据国家法律、法规的有关规定，结合特区实际，市人大运用特区立法权制定《深圳市经济特区规划土地监察条例》	明确规定查处违法建筑的主体、职责、调查处理程序、强制执行措施与相关的法律责任，同时明确“违法违章建筑的”及“违法违章在建物”的含义。为有效打击违法建筑提供了更有力的法律武器
11	1998.10.23	深圳市人民政府为切实加强全市城市规划和土地管理工作，合理利用并切实保护土地资源，保障各项建设有序进行，推动全市社会经济持续快速健康发展，签发《关于进一步加强规划国土管理的决定》	该决定明确规定了：1. 各区、镇（街道办事处）要逐级与上级政府签订规划国土管理目标责任状，实行规划国土“一票否决”制度。2. 凡本部门及本辖区发生越权批地、非法占地及违章建筑行为的，主管领导不得提职提级，直接责任人要调离原岗位；所在单位不得考评先进集体。3. 建立土地和建筑违法违章行为的辖区及部门管理负责制。4. 明确各区政府统一负责和组织辖区内各类违法违章的清理和拆除行动，各镇（街道办事处）、村（居委员）对辖区内私人住宅建设及出租的违章行为负管理责任。5. 农村集体经济组织和村民使用的非农建设用地，已作为“历史用地遗留问题”处理、但尚未办理征地手续的，不再办理征地手续，直接按国有土地办理手续。6. 建立土地和建筑违法违章行为的查处机制
12	1998.5.15	为科学地制定城市规划，合理地进行城市建设，加强城市规划管理和环境和保护，市人大颁布《深圳市城市规划条例》	明确了严重影响城市规划的情形以及相应的处罚手段与处理程序：1. 因违法建设而严重影响城市规划或影响城市规划又不能采取改正措施的，应责令其停止建设，限期拆除违法建筑物、构筑物，造成公用设施和市政设施损坏的，当事人应负修复及赔偿责任。2. 因违法建设影响城市规划尚可采取改正措施的，应责令其停止建设、限期改正，补办手续，并处单项工程违法部分土建总造价40%至60%的罚款，并处没收违法所得。3. 违法建设不影响城市规划的，应责令其停止建设，限期补办手续，并处单项工程土建总造价40%至60%的罚款，并处没收违法所得

续表

序号	出台时间	法规政策名称	法规政策简要内容
13	1999. 2. 26	为加大力度查处违法建筑，严厉打击违法行为，建设现代化国际性城市，深圳市人民代表大会常务委员会出台《关于坚决查处违法建筑的决定》	进一步明确细化“违法建筑”的定义。该决定明确规定：1. 禁止租用违法建筑的房屋从事文化、娱乐、饮食等经营的行为，禁止租用违法建筑的房屋从事生产经营。2. 供水、供电、供气部门不得给无合法的房地产产权证明文件或无临时土地使用权证明文件的违法建筑供水、供电、供气。政府其他职能部门应各司其职、相互配合、相互支持，从严查处违法建筑。3. 各新闻单位应积极配合有关部门对违法占地、违法建筑的查处，对严重违法者给予曝光，加强舆论监督工作
14	2001. 1. 17	为处理历史遗留违法私房问题，制止违法建造私房行为，保障城市规划的实施，深圳市第三届人民代表大会常务委员会第十一次会议通过了《深圳经济特区处理历史遗留违法私房若干规定》与《深圳经济特区处理历史遗留生产经营性违法建筑若干规定》（简称“两规”）	明确在1999年3月5日以前兴建的私房，符合以下情形的，可在规定时间内，按历史遗留问题予以确权：1. 原村民非法占用国家所有的土地或者原农村用地红线外其他土地新建、改建、扩建的私房；2. 原村民未经镇级以上人民政府批准在原农村用地红线内新建、改建、扩建的私房；3. 原村民超出批准文件规定的用地面积、建筑面积所建的私房；4. 原村民违反一户一栋原则所建的私房；5. 非原村民未经县级以上人民政府批准单独或合作兴建的私房。同时亦明确规定，1999年3月5日以后新建、改建、扩建私房的违法行为，按照《深圳市人民代表大会常务委员会关于坚决查处违法建筑的决定》和其他有关法律、法规的规定从严查处
15	2003. 7. 3	深圳市政府三届九十四次常务会议作出在全市实施“净畅宁”工程的决定，同时制定了《深圳市“净畅宁”工程实施方案》	“净”，就是净化城市、净化环境，创造卫生、健康、舒适的环境；“畅”，就是整治交通，完善路网，使道路畅通，出行便捷；“宁”，就是加大社会治安综合治理，创造安宁、安心、安全的社会秩序和环境。与此相对应，“净畅宁”工程包括环境净化工程、交通畅通工程和社会安宁工程三大部分。明确规定了政府工作部门的工作责任以及具体可考核的工作目标，成为加快建设国际化城市步伐而推出的重要举措之一
16	2004. 3. 17	为进一步实施“净畅宁”工程，市委、市政府召开市容环境综合治理“梳理行动”动员大会	这次行动对违法建筑，“不管背景、不管情面、不分公私”，坚决拆除。通过梳理行动，拆除了一大批违法临时建筑，维护了良好的市容市貌，促进了环境保护。乱搭建拆除之后，合法的房屋、店铺出租率升高，租金有所上涨，假冒伪劣商品在一定程度上受到打击。党政军及各事业单位带头拆除辖区内的乱搭建，一些“钉子户”和“老大难”的违法建筑，在这次行动中得到彻底解决

续表

序号	出台时间	法规政策名称	法规政策简要内容
17	2004.8	市政府根据《中共广东省委、广东省人民政府关于深圳市深化行政管理体制改革试点方案的批复》（粤委［2004］6号文）的精神，撤销原深圳市规划与国土资源局，同时成立深圳市国土资源和房产管理局、深圳市规划局，并颁发《深圳市人民政府办公厅印发深圳市国土资源和房产管理局职能配置内设机构和人员编制规定的通知》（深府办［2004］60号）、《深圳市规划局职能配置内设机构和人员编制规定》（深府办［2004］61号）	规定：1. 将原市规划与国土资源局承担的全市土地、矿产、测绘、房地产权和房地产市场与行业管理职能划入新设立的市国土资源和房产管理局。2. 将市规划与国土资源局承担的城市规划、勘察设计及地名管理职能划入新设立的市规划局。3. 原市住宅局承担的经济适用房管理、物业管理监管和住宅产业化发展以及住房制度改革职能划入新设立的市国土资源和房产管理局。4. 原市住宅局承担的经济适用房和其他政策性住房的组织建设职能划入市建筑工务署。5. 将有关违法建筑的查处和具体执行职权下放到相应区政府的城市综合执法机构，实行综合执法
18	2004.10.28	为了继续推进“净畅宁工程”，为深圳建设现代化国际化城市创造良好环境，有效打击违法用地及违法建筑行为，深圳市委、市政府出台《中共深圳市委深圳市人民政府关于坚决查处违法建筑和违法用地的决定》（深发［2004］13号）	要求成立“深圳市查处违法建筑和城中村改造工作领导小组”、“深圳市查处违法建筑和城中村改造工作法纪督查组”。明确了各单位职责，决定各区党委、政府统一领导本辖区内查处违法建筑和违法用地工作，各区政府具体组织、协调各有关部门查处违法建筑和违法用地有关执法活动。供水、供电部门应根据区政府或街道办事处的统一部署，按照强制拆除方案的要求，在实施强制拆除行动之前切断违法建筑的用地、用电。坚决从根本上铲除破坏城市环境、阻碍城市发展的违法建筑和违法用地现象
19	2004.11.5	为明确各部门查处违法建筑的职能，市委市政府签发《关于将规划及土地行政执法纳入城市管理综合执法范围的决定》	明确以下违法行为均由城市管理综合执法机构执行查处：1. 对未取得土地使用权而非法占用、使用、处分土地或者对依法取得的土地使用权非法转让、使用等违法行为的行政处罚；2. 对未取得建设工程规划许可证或者违反建设工程规划许可规定进行建设等违法行为行政处罚；3. 对不符合城市容貌标准的违法建筑物或者设施的强制拆除；4. 规划、土地管理方面法律、法规、规章规定的其他行政处罚

续表

序号	出台时间	法规政策名称	法规政策简要内容
20	2004.11	为规范我市城中村（旧村）改造工作，进一步改善城市功能，促进城市发展，提高居民生活水平，市委市政府制定《深圳市城中村（旧村）改造暂行规定》	明确了“城中村”的定义，即我市城市化过程中依照有关规定由原农村集体经济组织的村民及继受单位保留使用的非农建设用地的地域范围内的建成区域。并确定城中村的改造原则为：坚持规划先行、整体开发、合理控制强度、完善功能配套的原则，并应当有利于调整产业结构，改善城市生态环境。另明确规定了城中村改造的具体经济技术指标，包括对城市基础设施和公共服务设施的配套、城市风貌、开敞空间和绿地系统、开发强度等进行系统控制。这是落实科学发展观，改善城市形象，增强城市功能，全面提升城市综合竞争力的重大举措

附录二

深圳市城市规划委员会章程

第一章　总则

第一条　深圳市城市规划委员会（以下简称“市规划委员会”）是深圳市人民政府依据《深圳市城市规划条例》设立的法定机构。其英文名称是：URBAN PLANNING BOARD OF SHENZHEN。简称 UPB-SZ。

第二条　规划委员会的宗旨是：依照《规划条例》的规定，在审议工作中坚持公平、公正和公开的决策原则，鼓励公众参与，监督规划的实施，提高城市规划决策的科学性，促进经济、社会和环境的协调发展，把深圳建设成为一个现代化国际性城市。

第三条　市规划委员会的主要职责是：对城市总体规划、次区域规划、分区规划草案和城市规划未确定和待确定的重大项目的选址进行审议；下达年度法定图则编制任务，审批法定图则并监督实施；审批专项规划；审批重点地段城市设计；以及市政府授予的其他职责。

第二章　机构

第四条　市规划委员会由 29 名委员组成。委员包括公务人员和非公务人员，其中，公务人员不超过 14 名。设主任委员 1 名，由市长担任，设副主任委员 2 名，由常务副市长和主管城市建设的副市长担任。其余公务人员委员由各区区长、计划经贸口、文教卫口、农林口、城建口等代表组成。非公务人员委员由有关专家和社会人士组成。

第五条　市规划委员会设秘书长 1 名、副秘书长 2 名，分别由市规划主管部门首长和业务主管首长担任。

第六条　市规划委员会聘请市内外（包括国外）资深专家组成市规划委员会顾问委员会。顾问委员会由规划、交通、建筑、工程、地理、环境、艺术、社会、经济、法律等方面的专家组成。顾问委员会受市规划委员会的委托，就城市规划建设中的重大问题提供咨询意见。

第七条 市规划委员会根据审议项目类型的不同和工作分工，设立3个专业委员会：发展策略委员会、法定图则委员会和建筑与环境艺术委员会。专业委员会受市规划委员会委托，就各自的议事范围为市规划委员会提供审议或审批意见。

第八条 市规划委员会的办事机构为秘书处。秘书处在市规划委员会的领导下，由秘书长负责，处理市规划委员会及其专业委员会的日常事务。

第九条 发展策略委员会根据市规划委员会的委托对影响城市发展的重大决策提供审议意见。其主要职责是：

（1）对城市总体规划、次区域规划和分区规划草案提出审议意见；

（2）对城市规划未确定和待确定的重大项目的选址提出审议意见；

（3）对专项规划提出审议意见；

（4）市规划委员会授予的其他职责。

第十条 发展策略委员会由29名委员组成。设主任委员1名，由市规划委员会副主任委员兼任。设副主任委员2名，由市规划委员会秘书长及副秘书长兼任。其他委员由有关专业主管部门行政或业务首长以及有关专家组成。

第十一条 法定图则委员会根据市规划委员会的委托审批法定图则，并对法定图则相关工作提供审议意见。其主要职责是：

（1）对规划主管部门提交的法定图则年度编制计划草案提出审议意见；

（2）审批法定图则或对指定由市规划委员会审批的法定图则草案提出审议意见；

（3）负责协调法定图则草案编制过程中各行业主管部门之间的意见分歧，及对社会公众的各类申诉作出裁决；

（4）负责监督法定图则的实施，并对已批准法定图则范围内的地块修改申请和对违反法定图则的建设行为的申诉提出裁决意见；

（5）市规划委员会授予的其他职责。

第十二条　法定图则委员会由19名委员组成，设主任委员1名，由市规划委员会秘书长兼任。设副主任委员1名，由市规划委员会副秘书长兼任。其他委员由市规划主管部门及有关部门的公务人员代表、有关专家和社会人士组成。

第十三条　建筑与环境艺术委员会根据市规划委员会的委托，对城市设计与建筑设计方面的重大问题提出审议意见，其主要职责是：

（1）对城市设计与建筑设计方面的地方性技术规则、规定等的草案提出审议意见；

（2）对单独编制的城市重点地段（主要指《规划条例》第三十一条规定的地段）的城市设计草案提出审议意见；

（3）对城市景观具有重大影响的建筑物、构筑物等提出审议意见，主要包括：①对景观有重大影响的高层建筑及公共建筑；②标志性、纪念性或处于城市制高点的构筑物，如电视塔、纪念碑、跨海大桥等；③旅游区和风景区内部及相邻地区的对景观有重大影响的建设项目；

（4）对位于城市重点地段的环境工程项目提出审议意见，主要包括城市广场、城市雕塑、城市小品、灯光工程、园林绿化工程等；

（5）市规划委员会授予的其他职责。

第十四条　建筑与环境艺术委员会由19名委员组成。设主任委员1名，由市规划委员会秘书长兼任。设副主任委员1名，由市规划委员会副秘书长兼任。其他委员由城市规划、城市设计、建筑设计、雕塑、园林、文化艺术等方面的专家组成。

第十五条　市规划委员会秘书处是市规划委员会及其专业委员会的办事机构。办公地点设在市规划主管部门。其主要职责是：

（1）负责市规划委员会及其专业委员会各项审议会议的组织工作，包括会议记录和决议草案的起草以及会议档案的整理和保存工作；

（2）负责市规划委员会及其顾问和各专业委员会的委员的换届前期准备工作；

（3）负责市规划委员会各个机构之间的业务联系工作；

（4）负责市规划委员会及其专业委员会各项章程、规定和操作规程等的起草工作；

（5）负责组织总体规划及法定图则的公开展示工作和处理公众意见；

（6）市规划委员会授予的其他职责。

第十六条 秘书处负责人由市规划委员会秘书长委任，秘书处成员由秘书处负责人根据工作需要提名，报市规划委员会秘书长批准后聘任。

第三章 委员

第十七条 市规划委员会的委员由市政府聘任，任期五年。各专业委员会的委员由市规划委员会聘任，任期五年。市规划委员会及各专业委员会委员的换届工作和政府换届同步，在政府换届后的三个月内完成。

第十八条 公务人员委员实行部门资格制度，由相关政府部门的代表组成。非公务人员委员的组成应具有广泛的代表性，其任职的资格条件是：

（1）熟悉本市实际情况，具有深圳市户籍；

（2）关心本市城市规划和建设事业，敢于坚持真理，积极维护公共利益；

（3）具有正式职业，身体健康，有较强的议事能力；

（4）承认和遵守本委员会各项章程，保证能参加委员会各项会议。

第十九条 非公务人员委员的推选程序是：

（1）市规划委员会秘书处制定推选表，并在本市主要新闻媒体上公布非公务人员委员的资格条件、推选办法及推选日期；

（2）在本人自愿的基础上，由上届市规划委员会2名以上委员或其所属社会团体（人大代表、政协委员优先，其次包括各协会、学会或联合会等）或其所在单位书面推荐，符合上述资格条件的人员均可填写推选表并报市规划委员会秘书处；

（3）市规划委员会秘书处汇总推荐材料，提交上届市规划委员会进行资格审查，审查合格后成为委员的候选人；

（4）市规划委员会秘书处将候选人名单提交市政府，经市政府按界别公平分配的原则遴选后，由市政府聘为委员。其名单将在本市主要新闻媒体上予以公布；

(5) 委员由市政府发给委员证，有效期5年。

第二十条　非公务人员委员在聘任期间因健康、工作调动或其他原因不能正常履行委员职责的，由市规划委员会秘书处根据该委员的履职情况专题报告规划委员会主任并书面通知委员本人，委员也可同时向规划委员会主任提出申诉或解释。

经规划委员会主任同意批准，可免去该委员的委员资格，并由市规划委员会秘书处提出人员增补方案报市规划委员会主任批准。

第二十一条　委员享有以下权利：

(1) 参加有关审议会议并具有表决权；

(2) 优先参加本委员会组织的各项活动权；

(3) 委员换届时的推荐权；

(4) 对本委员会提出批评、建议权以及对舞弊行为的检举权。

第二十二条　委员必须履行以下义务：

(1) 遵守本委员会章程，执行本委员会的决议；

(2) 承担本委员会委托的有关审议任务；

(3) 支持本委员会工作，维护本委员会的声誉。

第四章　议事规则

第二十三条　市规划委员会会议至少每季度召开1次，由主任或由主任指定副主任召集。参加每次会议的人数不少于15名，其中非公务人员不得少于8名。会议作出的决议必须获得参加会议人数的2/3以上且不少于委员总数的半数通过。

第二十四条　各专业委员会会议根据需要不定期召开，由该委员会主任或副主任召集，每次参加会议的委员人数不得少于本委员会委员总数的2/3。其中，与审议项目有关的行政主管部门代表必须参加。会议作出的决议必须获得参加会议人数的2/3以上且不少于委员总数的半数方可通过。

第二十五条　市规划委员会秘书处负责各委员会会议的会务工作。各委员会会议期间，可邀请有关主管部门派代表列席会议。列席会议的代表经会议主持人同意，向委员介绍有关审议项目的背景、过程和技术内容，并解答委员的提问。

第二十六条 市规划委员会会议及各专业委员会公务人员委员原则上不得缺席；非公务人员委员因故不能参加会议的，应提前书面向会议召集人请假并说明原因，不得授权他人代理参加会议。对于违反章程或在1年内累计3次以上无故缺席的非公务人员委员，将视为自动放弃委员资格，且3年内不获聘任。

第二十七条 各委员会会议必须坚持回避的原则。凡所审议的项目与委员本人或其所在的组织有直接或间接利益关系的，有关委员应在会议召开之前向会议召集人申请回避。

第二十八条 各委员会会议的基本议事规则是：

（1）市规划主管部门（或市规划委员会各专业委员会）就拟审议的项目向市规划委员会有关专业委员会（或市规划委员会）提出申请，并同时将审议项目的有关材料报送秘书处；

（2）市规划委员会（或各专业委员会）如接受申请，即由会议召集人责成秘书处安排会议日程；

（3）秘书处将会议日程通知申请部门，并提前5天将审议项目的有关材料和会议通知发送到参加会议的各位委员；

（4）会议召集人按会议日程主持会议，所有与会委员均需履行签到手续。到会委员符合法定人数，会议方可召开；

（5）会议期间，会议召集人也可视审议项目的具体情况，邀请市规划主管部门及其他有关机构派代表列席会议。会议如须进行最后的表决，所有列席会议的代表均须在开始表决之前退出会场；

（6）所有委员在表决时，必须明确表态为同意或不同意，不得弃权；

（7）决议草案由有关主任或副主任签名后发布。

第二十九条 每次会议的会议记录和决议草案，由秘书处整理后报有关主任或副主任正式签发，并发送参加会议的各位委员。各专业委员会的审议结果，对外应以市规划委员会的名义发布。

第三十条 每次会议的会议资料都属内部文件。各位委员应妥善保管，或者在会后将这些资料交回秘书处处理。除非事先获得委员会同意，否则任何人不得以任何方式获取或向他人直接或间接传送有关资料。如会议资料被列为机密文件，应按有关保密规定执行。

第三十一条　经市规划委员会或各专业委员会主任同意，各委员会在必要时可通过文件传阅的方式开展工作。获得规定人数以上委员书面同意通过的决议，与该委员会会议方式通过的决议效力相同。

第三十二条　凡有关各委员会会议资料的查询，均由秘书处负责统一答复，任何人不得以任何方式透露会议的详情和内容。对于涉及公众利益的项目，秘书处负责发布新闻公报。对于法定图则展示期间应当处理的公众意见，秘书处负责将审议结果书面通知提议人。

第五章　附则

第三十三条　市规划委员会及其各专业委员会可根据本章程制定实施办法和细则，并报市规划委员会备案。

第三十四条　本章程的修改程序为：由于形势发展需要修改时，由市规划委员会全体会议讨论并经 2/3 以上多数通过方可生效。修改后的章程报市政府备案。

第三十五条　本章程条款的解释权属市规划委员会。

第三十六条　本章程自 2002 年 8 月 1 日起施行。

附录三

深圳市城市规划行政许可事项设定

行政许可事项是《行政许可法》执行的依据，深圳市规划局行政许可事项共有十项：

1. 建设项目用地规划审批

（1）建设项目规划选址；（2）核发建设用地方案图（含调整、延期）；（3）旧区重建及旧村改造用地规划审批；（4）核发《临时建设用地规划许可证》。

2. 地名命名、更名、注销

3. 建设用地规划许可（含变更、补办或遗失补办）

（1）核发建筑工程《建设用地规划许可证》（含扩建、改建）；（2）核发市政工程《建设用地规划许可证》（含扩建、改建）。

4. 建设工程规划许可（含变更、补办或遗失补办）

（1）核发建筑工程《建设工程规划许可证》（含扩建、改建、桩基础工程、临时建筑、装饰装修工程）

①方案设计审批；②初步设计审批；③核发《建设工程桩基础报建证明书》；④核发《临时建设工程规划许可证》。

（2）核发市政工程《建设工程规划许可证》（含变更、补办或遗失补办）

①方案设计审批；②初步设计审批。

5. 建设工程规划验线

（1）核准建筑工程规划验线；（2）核准市政工程规划验线。

6. 建设工程规划验收

（1）核准建筑工程规划验收；（2）核准小区规划验收；（3）核准市政工程规划验收。

7. 核准市政接口工程

（1）核准开设机动车道路口；（2）核准市政管线接驳。

8. 城市公共景观项目审批

（1）户外广告；（2）城市雕塑；（3）灯光工程；（4）街道小品；（5）绿地公园。

9. 查处规划违法行为

（1）未取得“一书两证”或不按“一书两证”要求进行建设的；（2）地名违法违规行为；（3）勘察设计市场违法违规行为。

10. 勘察设计行业与市场管理

（1）建设工程勘察设计单位资质初审（含升级、增项）；（2）工程勘察设计单位年检；（3）申请外出设立勘察设计分支机构；（4）核发工程勘察设计许可证；（5）外出承担勘察设计业务。

附录四

深圳市城市规划行政许可办文事项及代码表

主要事项代码				主办事项名称	主办部门	主办时限（工作日）
一级	二级	三级	四级			
1		建设项目用地规划许可证			规划建筑与城市设计	
	11	111		建设项目规划选址		20
		112		核发《建设用地规划许可证》		20
	12	《建设用地规划许可证》变更或遗失补办				
		121	变更《建设用地规划许可证》			60
		122	《建设用地规划许可证》遗失补办			5
	13	131	审批城市说细规划蓝图（建设项目）			15
		建设工程规划许可				
2	建筑工程方案、初步设计审批				建筑与城市设计	
	21	建设工程方案设计审批				
		211	2111	新建建筑工程方案设计审批		20
			2121	改、扩建工程方案设计审批		20
		212		新建建筑工程初步设计审批		20
	核发建筑工程《建设工程规划许可证》					
	22	221		核发新建工程《建设工程规划许可证》		15
		222		核发扩、改建工程《建设工程规划许可证》		20
		223		核发《建设工程木庄基础规划许可证》		10
	23	临时建筑工程				
		231		临时建筑方案设计审查		20
		232		核发《临时建设工程规划许可证》		15
		233		审核临时建筑延期	建筑与城市设计	15
	24	建筑装饰装修工程				
		241		装饰装修工程方案设计审批		10
		242		核发《建设工程装饰装修规划许可证》		10
	25	市政工程方案、初步设计审批			市政	
		251		市政工程方案设计审批		30
		252		市政工程初步设计审批		20

续表

<table>
<tr><th colspan="4">主要事项代码</th><th rowspan="2">主办事项名称</th><th rowspan="2">主办部门</th><th rowspan="2">主办时限（工作日）</th></tr>
<tr><th>一级</th><th>二级</th><th>三级</th><th>四级</th></tr>
<tr><td rowspan="10">2</td><td rowspan="5">26</td><td colspan="3">核发市政工程《建设工程规划许可证》</td><td rowspan="5">市政</td><td></td></tr>
<tr><td>261</td><td></td><td>核发市政工程《建设工程规划许可证》</td><td>20</td></tr>
<tr><td></td><td colspan="2">核准建筑单体市政工程</td><td></td></tr>
<tr><td rowspan="2">262</td><td>2621</td><td>核准开设机动车道路口</td><td>15</td></tr>
<tr><td>2622</td><td>核准接驳市政管线（给排水、燃气等）</td><td>15</td></tr>
<tr><td rowspan="4">27</td><td colspan="3">《建设工程规划许可证》变更、补办或遗失证明</td><td rowspan="3">建筑与城市设计</td><td></td></tr>
<tr><td>271</td><td></td><td>核准变更《建设工程规划许可证》</td><td>10</td></tr>
<tr><td>272</td><td></td><td>核准变更建设工程施工图设计</td><td>15</td></tr>
<tr><td>273</td><td></td><td>已建工程补办施工图设计核准</td><td rowspan="1">20</td></tr>
<tr><td colspan="0" style="display:none"></td></tr>
</table>

<table>
<tr><th colspan="4">主要事项代码</th><th rowspan="2">主办事项名称</th><th rowspan="2">主办部门</th><th rowspan="2">主办时限（工作日）</th></tr>
<tr><th>一级</th><th>二级</th><th>三级</th><th>四级</th></tr>
<tr><td rowspan="2">2</td><td>27</td><td>274</td><td></td><td>《建设工程规划许可证》遗失证明</td><td rowspan="2">市政测绘</td><td>5</td></tr>
<tr><td>28</td><td>281</td><td></td><td>工程验线</td><td>5</td></tr>
<tr><td rowspan="5">3</td><td></td><td colspan="3">建设工程规划验收</td><td rowspan="4">测绘建筑与城市设计</td><td></td></tr>
<tr><td>31</td><td>311</td><td></td><td>竣工测量报告审批</td><td>20</td></tr>
<tr><td>32</td><td>321</td><td></td><td>核准建筑工程规划验收</td><td>20</td></tr>
<tr><td>33</td><td>331</td><td></td><td>编准小区规划验收</td><td>20</td></tr>
<tr><td>34</td><td>341</td><td></td><td>编准市政工程规划验收</td><td>市政</td><td>20/10</td></tr>
</table>

注：①本表参照深圳市规划与国土资源局《依法行政手册》2001 年版制作；

②《办文事项及代码表》是对业务的事项进行分类，包括“审批”、“核准”、“核发”标示的为对外事项，其余为内部事项；

③主办——意为牵头处（室），是按深圳市规划与国土资源局内设部门分工，协助（XB）为协同办理部门。

附录五

构建城市规划执行程序的主要规则

程序规则规定的不是所有的城市规划执行程序，以下三种程序列为执行程序规则：一是与行政效率关系密切的；二是同控制行政权力关系较大的；三是影响当事人权益的。建立在法律、法规、规章基础上的以事权划分，内部行政程序标准化高效的、协调的、便于监督的办事流程是城市规划执行流程再造的基本原则。

1. 基本规则

城市规划执行程序的基本规则包含：告知，听取意见，说明理由、时限、保密等。

（1）告知：在进行城市规划执行的行政行为过程中，将有关事项告诉相对一方当事人的制度。通常包括收文回执、办文告知、补充材料通知、缴费通知单等。

（2）听取意见：也称听证。是指在执行的行为进行过程中，相对人向行政机关陈述意见，能动地参与行政程序。城市规划行政机关在作出执行决定前，特别是作出不利于当事人的决定前，应当听取当事人的意见，体现自然公正原则。深圳市人民政府将有关一项重大交通的规划方案执行——深圳市南坪快速路的路线方案，提交到市人大组织听证会，可以说是充分体现了这一规则。由于听证会的行政成本太高（包括发布公告、组织听证、听证材料准备、听证会的组织、听证人员及监督等），一般采取非正式听证形式——听取意见（法律、法规、规章有规定的、要求正式听证的除外）。承办部门在审查其申请期间，决定需要进一步了解有关情况，或查明核实申请事实，或听取采访意见的。听取现场要做记录，记录作为承办材料一并提交审查、存档，如有必要，可以组织部门内、跨部门或邀请社会上的专家、社区代表参与，共同对事实作出判断。深圳市对申请修改法定图则的项目，在进行为期一个月的公开展示的同时，充分听取所在社区及利益相关者的意见，并组织深圳市城市规划委员会的委员实地考察以充分听取意见，就是非正式听证的有效实践。

确保相对人向行政机关提交证据论证其主张，确保相对人在合理的时间之前得到告知，并在告知中列明规划执行机关的论点和论据，有效地维护相对人的辩护权。

(3) 说明理由：在城市规划执行机关依据法律、法规和规章对申请人作出同意或不同意的决定时，有义务要说明理由并一次说明清楚。这对于操作过程中的自由裁量权是一种理性的控制，已经成为现代法治国家通行的一项原则，有利于人们建立起对行政程序公正性的信心。它既有利于政府在作出行政决定时认真负责，也有利于相对人了解行政决定所认定的事实，适用的法律和规章，使当事人信服，或便于当事人请求救济。

(4) “时限”：既办文时限，指行政行为的全过程或其各个阶段受时间限制。超时要受到督办，并解释超时的理由。

(5) “保密”：对涉及国家机密、个人隐私和其他秘密的案卷、档案、情况负有保密的义务。

2. 过程规则

(1) “受理”：行政机关明确表示接受相对一方当事人提出的采取某种行政行为的请求。统一对外的收发文窗口，由窗口按照法定条件，审查申请人的申请资质、申请材料是否齐备、有效，决定是否受理其申请。如果受理，向申请人发放申请回执。如果不受理，应说明理由。

(2) “移送：实行按属地、按职能分工受理申请，不属于本单位职能范围内的业务申请，受理单位在受理后移送管辖机关。

(3) “预审”：对受理的申请进行初步审查，对申请事项明显不符合法律、法规、规章规定的，作出驳回申请的决定。通过初步审查，如果发现需要补充申请材料或申请不适当的，应告知申请人补交相关材料或另行申请。不需要拟订办文案的直接转部门办理。

通过预审，如有需要，窗口拟订办文案，包括完成申请审查所需要的业务审批事项及其组合、各业务审批事项的启动时间、承办部门、单个时限及组合时限、适用行政程序的类型。办文案拟定后转部门执行，非特殊情况并按原批准程序，办文案不得修改。

（4）“审查”：负责全面审查申请理由、事实，陈述认定的事实，根据法律和政策，提出处理意见。审查人必须对事实负主要责任。

在审查过程中，提交的申请材料或图件、文字资料不足以支持作出判断，或有必要进一步弄明相邻关系、场地现状的，可以进行踏勘，踏勘要做记录，并作支持材料提交审议。

（5）“复审”：负责复核审查人说明的理由，陈述的事实是否全面、准确，是否属“无证据”或“无可定案证据”。或者其中的决定性事实是错误的、被误解的或被忽视的；审查适用法律、法规和规章是否适当，提出的审查意见是否合理、可行。复审人对事实负共同责任，对法律、法规和规章的适用负共同责任。

（6）“批准”：复核适用法律、法规和规章是否适当，核准是否决定复审意见，对外签发行政审批结果，批准人对法律、法规和规章的适用负主要责任。

（7）“合议”：是指采取少数服从多数的原则作出行政决定的制度，在规划局，主要指与作出行政决定相关的各类、各级业务审批会议制度。要明确制定各类各级业务会议的审议范围，同一申请事项只合议一次。合议会议由局长或局长委托局领导主持，相关单位和部门参加，定期召集会议，审议各项议题，会议议题由主管局领导提交。任何一个议题必须限时完成审议。相关单位和部门负责准备会议材料。

应当详细制定包括市、区级业务审批会议的合议制度。总的原则是，审级不能太多，不同的审级有不同的审查范围，不同的审查方式、不同的审查内容，不管哪一审级，都要有时限要求。

（8）“发文”：将办理结果发放给申请人。

（9）“归档”：将申请的办理过程中形成的所有图件、文字材料登记归档。

3. 层级监督规则

（1）“考核”：定期对各单位、各部门、个人的公文办理情况进行统计、综合分析，并将有关情况公布。

（2）“发回重审”：部门提交的合议议题或终审事项，在审查时，发现明显的事实错误或适用法律、法规、规章不当，发回原单位重新办理。

（3）“行政解释”：执行部门在执行政策过程中，政策规定不清楚、明确的，可向决策部门申请行政解决，决策部门按法律法规的规定，在规定时限内答复。行政解释有普遍约束力的，必须征求执行政策的单位和部门的意见，必要时要举行听证。

4. 救济规则

（1）“咨询”：行政机关有义务尽力满足公民依法了解同自己合法权益有关的情况。为此，申请人咨询有关申请条件、审批程序、查询办理结果、政策法规的规定等。还有一种情况是要求查档。

（2）“督办”：对行政行为的效能进行监察，包括行政效率的督办、行政行为的监察、对信访、投诉的受理与查处。

（3）“回访”：定期、随机、按比例对已经办结的申请人进行回访，了解有关单位、部门、个人的效率，作风情况的政策反映，以此作为工作的镜子。

附录六

深圳市规划局窗口办文制度管理模式

1. 概述

窗口式办文采取一个窗口对外，前后台相对分离的模式。前台指行政服务窗口，后台指业务处室。行政服务窗口统一受理业务来文并发放办文结果，业务办理部门不能自行受理来文和发放办文结果。根据工作职责，在行政服务窗口内可分设收发文组、咨询信访组、协调服务组。

（1）收发文组职责

1）收发文

负责受理职能范围内各项业务的收文工作，并对申请人所递交的申请材料进行核查、登记、编号、整理、封装和转发；负责发放收文回执和办文告知；负责业务文件及有关材料的扫描、整理、封装；指导申请人准备业务应提交材料，协助申请人填写申请表；责市局、分局间文件的周转，协调处室、分局的业务办文，向申请人发放办文结果；责审核续文办理的业务文件；负责办文状态的修改，审核退文申请。

2）公文预审和拟定办文案

对受理文件进行预审，拟订办文案和办文告知；跟踪办文案的执行情况，协调办文过程中的问题；在跟踪办文案的执行过程中，对所发现的涉及有关政策、程序等方面的带有普遍性的问题进行总结，并提出建设性意见。

（2）咨询信访组职责

负责日常咨询信访工作及领导接访的落实工作；负责各业务部门约访、预约登记和时间安排；受理各类咨询、查询、信访业务，并作好登记、解答、转接以及分类、统计工作；及时掌握群众急需解决的热点、难点问题，并提出建设性意见。

（3）协调服务组职责

重点为福田、罗湖、南山三区对口服务，配合协助和区政府改善和完善交通市政设施和公共配套设施。具体承办的业务事项包括：

依据已批准规划和有关技术规范办理由三区财政投资的文教体卫建设项目、社区广场绿地等公益性建设项目的《建设用地规划许可证》和《建设工程规划许可证》；办理建设项目对次干道级以下道路开口及市政管线接口业务；核发小区道路及其管线工程的《建设工程规划许可证》；对明显不符合有关法律、法规、政策和技术规定及违法城市规划要求的申请事项直接复函答复。

2. 窗口办文运行机制的有关规定

（1）推行业务无纸化办公

以“电子政府”为目标，通过联网的办文系统，初步实现网络时代的办文模式。业务办文在微机上处理，办文过程及办文结果全部通过办文系统完成，并通过局域网共享。申请人报送的材料及文件处理产生的纸质材料均可通过扫描形成电子数据。

（2）推行办文标准化

统一编制《办文事项及代码表》，将局职能范围内的所有办文事项以公布的法定事项为基础，结合业务程序及机构设置，整合简化办文事项。全局按统一的标准（申请材料、依据与原则、程序等）办文。

（3）实行并联与串联相结合的办文制度

实行并联与串联相结合的办文制度，是指将一些互不为前提的办文事项施行多处（科）室同时办理，将办理结果交由相应主办处（科）室。

（4）实行主办、协办制度

主办事项和协办事项由办文案确定。协办事项由所从属的主办部门启动，与主办事项并行办理，协办事项未办结的，所联系的主办事项不得办结。

（5）窗口办文的配套措施

1）领导接访制度

全局实行全工作日领导接访制度。局领导接访时间表应定期公布，每周一至周五处（科）室领导轮流接访，接待解答来访者提出的问题。领导接访要根据形势的发展和群众的需要，采取灵活多样的形式，拓宽接待群众的渠道，定期和不定期接待来访群众。对接访领导、接访时间、接访地点、接访方式、接访内容、处理方法、组织工作、督办反馈等事项作出规定，形成文件。

2）窗口协调服务办文制度

行政服务窗口内设置协调服务组，业务处室派驻人员组成，经授权可办理较简单的、依据法规和技术规范可直接办理的办文事项，并对口为福田、罗湖、南山三区服务，协调并办理福田、罗湖、南山区范围内由区财政投资的交通市政设施和公共配套设施等公益性建设项目。

3）公文督办制度

公文督办工作由政工人事处（科）具体负责。办文系统设置时间分段提示信号、5天到期预警信号及零天超期催办信号，办文人员可直接在电脑上看到自己各时段的文件及提示信号。

政工人事处（科）在文件到期前3日内向承办部门发出《催办通知书》，承办部门须责成当前承办人员按催办要求办结公文；文件到期后未能按催办要求办结公文的，政工人事处（科）向承办部门发出《警告通知》；《警告通知》发出后的5个工作日内，仍不能办结公文的，按公文督办有关规定进行处理。

（6）业务受理

1）业务受理的原则

①行政服务窗口对外受理申请单位及个人的业务来文，其他部门不能自行受理。领导批示、交办件和分局上报市局的业务文件和经文件交换站、邮寄的业务来文均直接由行政服务窗口受理；行政文件（含“三密件”）由办公室受理；涉及局作为被申请人、被告的行政复议、行政诉状、传票等法律文书，市人大常委会及专门委员会、法制局、上级业务部门等关于法规规章、规范性文件等征求法律意见的来函，统一由政策法规处（科）直接受理，不编业务办文号。

②市局、分局原则上按职能分工分别受理业务来文。特殊情况下，为方便申请人就近提出申请，市局与分局之间可代收文，但受理后需按管辖移送处理。

2）业务受理范围

法律法规规定由局受理的审批、核准和备案事项的申请；已批准事项的变更申请和遗失补办申请；其他与局业务有关的咨询、信访、要求加快办理和协调解决问题的来文；局管理职能范围内的事项申请。

3）收文程序

①收文审查内容→②判断来文的申请事项→③材料初审→④确定业务来文的性质→⑤登记→⑥交收→⑦扫描、封装→⑧转发→⑨移送。

（7）预审与拟订办文案

1）预审

①对受理的申请进行初步审查：意图审查；主体审查；资格审查；文件核查。

对申请事项明显不符合法律、法规、规章及政策规定的，按退文处理。符合申请条件的，通过初步审查，如果发现需要补充申请材料或申请不当的，应告知申请人补交相关材料或另行申请。对不需要涉及其他处（科）室协办的申请，直接确定主办处（科）室，并转相应主办部门办理。

②核查情况

预审工作人员必须认真核查申请事项此前有关情况，并将核查情况形成文字，录入电脑，办文系统中应将核查意见、核查人、日期等记录备查。核查意见只作为拟定办文案的依据，各业务部门在办理业务时，还需要做实质性审查。

2）拟订办文案

拟案人员汇总情况并拟订办文案，具体任务是：

①分析任务，划分办理其申请的阶段，并在不同办文阶段之间应直接建立链接；

②分解任务，根据核查的情况和申请材料，将确定的任务分解成标准办文事项；

③确定各办文事项的类型、承办部门和相应的审批权限、审批人；

④确定各办文事项的办文时限；

⑤按办文事项之间的相互关系提出办文流程组合办法；

⑥确定总的办文时限和答复时限；

⑦形成并打印办文案报领导审批。

窗口预审和拟订办文案的工作时限：一般业务来文为2个工作日，重要办文和进入绿色通道项目为1个工作日。

（8）办文告知和发文

1）办文告知

《办文告知》是局在业务受理和办理过程中告知办文时限、应补交材料等方面事项的书面提示和通知。主要有：①办文案拟订后的办文告知；②办文案调整后的办文告知；③办文状态修改后的办文告知；④补充材料的办文告知。

《办文告知》拟订后，应由申请调整人在3日内通知申请人领取，领取时须办理签收手续。

2）发文

业务件办理结果由窗口统一对外发送（需要送达的法律文书除外）。各部门在文件办结后，将新产生的发文材料的名称、编号，在“材料登记”栏中登记，所有办文资料由档案管理员签收归档。发文材料由行政服务窗口发送；以正式文件（局发文）形式的业务发文，则由办公室负责登记后由窗口发送。

①确认

在“发文登记”界面中确认文号、发文材料清单（局发文，先由收发文员在“发文登记”中，输入办文编号、材料名称等），打印发文签收表，并将发文签收表及发文材料按业务类别分别存放，待申请人凭有关证明领取。收发文员不得接收未经档案员存档、业务部门径送窗口的发文材料。

②核对被委托人证件

来文单位领取文件时，须同时出具下列原件，证件齐全方可取文。收文回执；企业法定代表人证明书、授权委托书和被委托人身份证明；被授权委托人签收；登记；交收；送达。

对逾期不来取文的，窗口定期在行政服务大厅布告栏张榜公告。

业务部门需送达的法律文书由业务部门采用直接送达、邮寄或公告方式送达。

3. 业务咨询与接访

（1）工作依据与制度

1）根据与局业务有关的法律法规、规章及局信访工作有关规定开展工作。

2）局实行全员咨询接访制度，每个工作人员都有责任和义务接访解答来访者的咨询。

（2）业务咨询的分类和处理

1）日常咨询

市局、分局行政服务窗口负责组织安排日常咨询接访工作。对于来访者的一般咨询，接访工作人员直接解答或者咨询相关业务处室后答复来访人；不能当面解答的问题，填写《接访问题处理表》，转接访领导协助解决或由接访领导批示后按信访业务件收文编号，转有关处（科）室办理。

2）电话咨询

建立语音咨询查询系统，对于常规业务和法律法规，咨询者可以通过电话进行咨询；对于涉及具体业务的咨询，由处（科）领导值班电话、局咨询电话以及各单位（部门）咨询电话接访解答。各部门必须确定一部咨询电话，保证工作时间有人接听。对当场不能解决答处理的问题，必须做好电话记录工作，填写《来电问题处理表》，转相关业务部门处理，重大问题向行政服务窗口主任报告。

3）房地产信息网上咨询

咨询者可以通过访问局互联网站（www. szplan. gov. cn 或 www. szhome. com）进行有关法律法规和业务咨询。

4）电子触摸屏查询

来访者通过各行政服务窗口在窗口大厅设立的电子触摸屏进行业务和办文情况查询。

（3）接访

行政服务窗口工作人员在咨询接访工作中，涉及具体业务的，尽量建议来访人按局对外公布的值班接访日程表的时间咨询具体业务事项。根据局窗口办文有关规定，来访须预约。包括提前预约（来函、电话）和现场预约。

（4）信访

1）工作依据与原则

根据国务院《信访条例》、广东省人民政府实施《信访条例办法》、《深圳市群众逐级上访和分级受理制度实施办法》、《深圳市规划局信访工作规定》、《深圳市规划电子信访工作暂行办法》开展工作。

2）受理范围

局在执行法律、法规、规章、政策及上级机关决定过程中及执行后产生的信访问题；上级机关交办的信访事项；其他涉及局职责范围的信访事项；

3）信访件的办理程序

① 分类

根据信访件内容将其分为立案件、办理件、备案件、转办件、阅知件。

② 立案件、办理件的受理

上级有关部门及其他有关部门通过文件交换站转来的信访件（包括来信函件）：转信访主管领导确定主办处（科）室；收文员按信访件收文、编号、转发。

来访、接访中的信访件：

直接受理的信访件：提交相关材料。包括申请文件、相关证明资料、身份证明等；确定主办处（科）室（不能确定的报主管领导）、编号、打印收文回执，转发有关处（科）室处理。

值班局、处领导受理的信访件：填写《接访问题处理表》，编号转值班局、处（科）室领导批示；将值班领导批示意见输入办文系统；收文编号、打印收文回执，转有关处（科）室处理。

③ 核准（备案）件受理

由信访负责人是否备案件；在办文系统“承办意见”栏中将调查处理情况录入电脑；转有关单位调查处理，并存档。

④ 转办件受理

上级信访部门及政府其他信访部门需局办理的信访件，经信访主管领导阅示后认为不属局业务范围内的文件，通过保密室退回原机关。

局需其他单位联合办理或需其他单位协助的信访件，经信访主管领导阅示后报主管局领导，通过保密室转有关单位处理。

⑤ 办理时限

一般信访件处理时限为 30 个自然日。

上级信访部门转来的信访件，有规定答复时限的，以上级有关部门的时限为准。市、市局领导批示急件，时限为一般信访办文时限的 60% 。

信访件原则上不能挂“缺件待补”状态，如需延期，须经行政服务窗口和行政监察处批准。

⑥ 督办

转为收文处理的，由督办部门跟踪督办；特别重要、重大的信访件，以及市、局领导接访批示的信访件，行政服务窗口专人跟踪文件，每月把办理情况及处理进度编成报表。

⑦ 办结、归档

对上级机关或交办的信访事项，承办单位应自收到之日起，按规定时间办结，并正式函复信访单位或信访人。上级交办件和领导批示件，承办单位应将承办意见向有关领导汇报。

对某些不能在规定时限内办结的信访件，应及时向有关部门及信访人说明情况，先复函说明办理的有关情况，待调查情况清楚后再回复。市局、分局行政服务窗口应将该文办结后加后续文号，按办理该项业务所需时限办理。如需协调或司法机关裁定的，由承办部门提出办理时限，经行政服务窗口督办组复核后报行政监察处批准，并将最后办理结果函复有关部门或信访人。

承办单位作了明确答复后，经审核可以结案的，市局、分局行政服务窗口应及时结案、归档。上级信访部门要求退回原件的信访件，承办单位应当把原件及复函一并退回。

⑧信访件承办单位要对承办意见负责，对由此而造成重大信访事件或集体访的要追究行政责任。

4）电子信访

根据局有关电子信访工作的管理规定开展工作。电子信访件的工作流程见附图1。

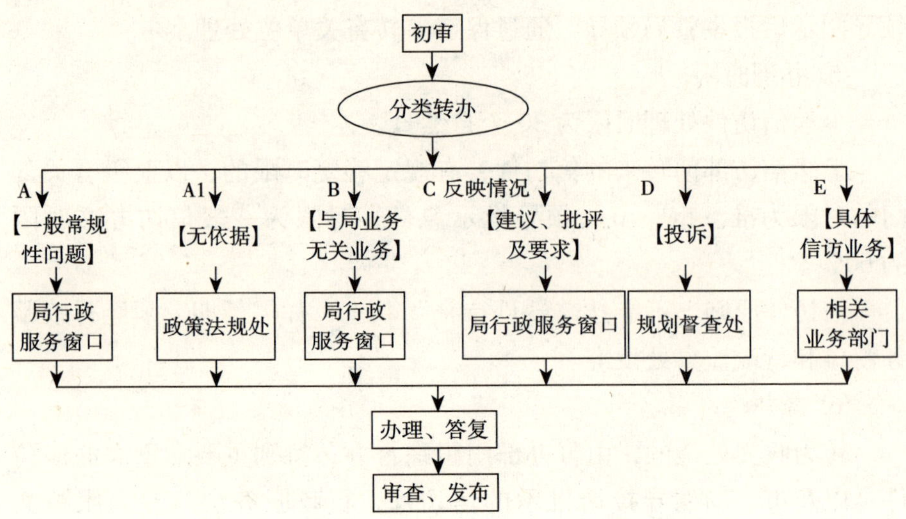

附录七

深圳市龙岗区项目准入流程

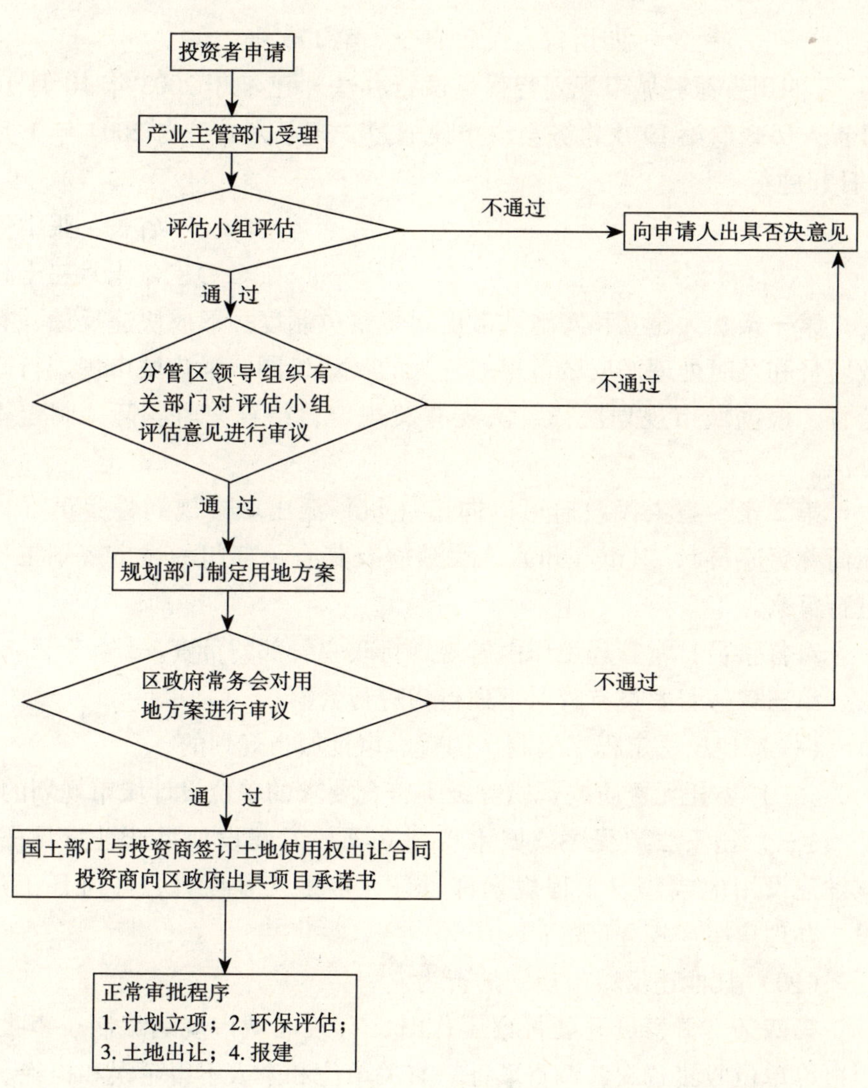

附录八

四川省派驻城市规划督察员试行办法

四川省人民政府令　第175号

《四川省派驻城市规划督察员试行办法》已经于2003年10月16日省人民政府第19次常务会议审议通过，现予发布，自2004年1月1日起施行。

省长：张中伟

二○○三年十月三十日

第一条　为建立和实施城市规划督察员制度，形成快速反馈、有效监督和及时处理违反城市规划行为的督察机制，强化城市规划行政监督，根据城市规划法律、法规有关规定，结合我省实际，制定本办法。

第二条　省人民政府可以向市（州）派出城市规划督察员（以下简称督察员），对市（州）人民政府及其有关部门的城市规划工作进行督察。

对督察员日常管理工作由省规划行政主管部门负责。

第三条　督察员有权对下列行为进行督察：

（一）违反法定程序编制、调整、审批城市规划的；

（二）委托无资质或资质等级不符合要求的单位设计城市规划的；

（三）违反法定程序或城市规划立项核发建设项目选址意见书、核发建设用地或建设工程规划许可证、审批工程设计、许可开工建设、办理房屋产权登记的；

（四）其他违反城市规划的行为。

第四条　督察员开展督察工作时，有权向城市规划编制、审批、申报等单位收集资料，调查取证。有关单位和个人不得延误和拒绝。

第五条　市（州）人民政府及其有关部门应当向督察员通报有关城市规划的重要情况，并对其督察工作予以支持、配合。

第六条　鼓励单位、社会组织和个人向督察员检举、揭发、举报违反城市规划的行为。

第七条　对违反城市规划的行为，督察员应当及时向市（州）人民政府或有关部门提出督察意见，同时将督察意见上报省人民政府及规划、监察行政主管部门。

第八条　市（州）人民政府或有关部门应当认真研究督察意见，做到有错必纠并在收到督察意见之日起15日内向督察员反馈意见。督察员对反馈意见有异议的，应当及时上报。

第九条　对违反城市规划的行为按照下列规定进行处理。

（一）由省人民政府或省规划行政主管部门通知市（州）人民政府改正或通知市（州）人民政府责令有关部门改正；

（二）由省规划行政主管部门依法查处或责令有管辖权的下级规划行政主管部门依法查处；

（三）对违反城市规划的直接责任人和有关责任人按干部管理权限依法给予行政处分。构成犯罪的，依法追究刑事责任。

对违反城市规划的重大、特大行为，省人民政府可以组织调查组调查处理。

第十条　督察员应当对处理决定的执行情况进行跟踪，并将跟踪信息及时反馈给省人民政府及有关部门。

第十一条　督察员履行督察职能所必需的工作经费，由省财政全额拨付。

第十二条　督察员应当忠于职守，秉公督察，廉洁奉公，遵纪守法。

第十三条　市（州）人民政府参照本办法有关规定开展城乡规划督察工作。

第十四条　本办法自2004年1月1日起施行。

附录九

深圳市人民政府关于将规划及土地行政执法纳入城市管理综合执法范围的决定

深圳市人民政府文件深府［2004］190 号

各区人民政府，市政府直属单位：

为了完善城市管理综合执法试点工作，推进行政执法体制改革，根据国务院法制办《关于在广东省深圳市开展城市管理综合执法试点工作的复函》（国法函［2004］8 号）和广东省人民政府办公厅《关于在深圳市开展城市管理综合执法试点工作的通知》（粤办函［2004］236 号）的规定，结合我市城市管理工作实际，现决定将规划，土地管理方面的法律，法规，规章规定的下列范围的行政执法工作纳入城市管理综合执法范围：

一、规划管理方面法律，法规，规章规定的未取得建设工程规划许可或者违反建设工程规划许可规定进行建设等违法行为的行政处罚。

二、土地管理方面法律，法规，规章规定的未取得土地使用权而非法占有，使用，处分土地或者对依法取得的土地使用权非法转让，使用等违法行为的行政处罚。

三、规划，土地管理方面法律，法规，规章规定的对不符合城市容貌标准的违法建筑物或者设施的强制拆除。

四、规划，土地管理方面，法律，法规，规章规定的其他行政处罚。

规划及土地行政执法纳入城市管理综合执法范围后的具体组织实施工作，按照深圳市人民政府《关于开展相对集中行政处罚权试点工作的决定》（深府［2001］143 号）执行。

本决定自发布之日起实施，在此之前，市政府发布的有关规定与此不一致的，以本决定为准。

深圳市人民政府

2004 年 11 月 5 日

后 记

本书是在我的博士论文基础上改写而成。这样一个命题，是我多年从事城市规划管理实践过程中感到非常急迫的问题，同时也是一个跨学科的交叉研究课题。快速城市化是中国改革开放以来社会经济快速发展的一个重要特征，城市规划管理作为政府的重要职能在城市化进程中如何发挥有效的调控作用，是快速城市化地区政府面临的共同问题。尽管有 15 年从事城市规划管理的实践经历，在过去的 5 年中写作并不容易，一方面城市发展之快，很多问题还未有答案，而条件又改变了；另一方面，本人深深感到自身学识浅薄难以把握这样一个交叉学科的命题。现在出版仅向各位专家、同行求教。

在本书的写作过程中，首先要感谢的是我的导师陈秉钊教授，在我选择这样一个交叉学科的命题时，他就给予明确的指导，“交叉学科的研究要注意命题研究的方向与相关学科研究的关系，要能够从研究的主题向交叉学科走出去，但更重要的是能够再走回来。”他的指导意见一直是我写作的指引。另外，在我写作过程的各个阶段，他不顾自身科研工作和社会事务忙碌，对写作模式、研究过程、理论应用等给予较为全面的指导，他严谨的教学态度和敬业精神一直激励着、鞭策着我。在论文和成书过程中，非常感谢给予我极大帮助的于洋硕士、秦世亮硕士、阳光女士、孟丹博士，他们在资料的搜集与研究分析及讨论和修改中给予极大的帮助。我还要感谢我的同事喻祥、石勇、张春杰、肖靖宇、魏广玉、翁其斌、郑育平等，他们在我论文的资料收集及写作过程中给予了大力支持与帮助。在博士论文的评阅及答辩过程中，上海同济大学董鉴泓教授、上海市城市规划协会的高级规划师耿毓修教授、厦门市城市规划委员会马武定教授、上海同济大学吴泗宗教授、李京生教授、南京大学顾朝林教授、北京大学李贵才教授、浙江大学刘卫东教授提出了许多富有价值的意见，对本书的写作和修改产生了积极的影响，借此表示衷心的谢意。当然，本书的文责和不妥全部由作者负责。在我论文及书稿的写作过程中，我的妻子和孩子给予了大力支持，他们的无私奉献是我完成本书撰写工作的保障。

作者

2006 年 5 月于深圳